高等学校计算机专业系列教材

Python语言程序设计

陈　明　编著

清华大学出版社
北京

内容简介

Python是一种跨平台、面向对象的动态型高级程序设计语言，具有易于学习、易于使用、易于维护、功能强大等一系列特点，在大数据与人工智能领域应用广泛。本书系统地介绍Python语言程序设计，主要内容包括概述、数据结构与表达式、程序流程控制、函数、面向对象编程、序列与列表、元组、字典、集合、字符串、异常与处理、日期与时间、多线程、文件处理、数据获取与处理和数据可视化等。

本书注重程序设计基本方法的介绍，实例丰富、语言精炼、逻辑层次清晰，适合作为高等院校Python语言程序设计教材，也可以作为相关科技人员的参考书。

图书在版编目(CIP)数据

Python语言程序设计/陈明编著. —北京：清华大学出版社，2021.12
高等学校计算机专业系列教材
ISBN 978-7-302-59071-2

Ⅰ. ①P… Ⅱ. ①陈… Ⅲ. ①软件工具－程序设计－高等学校－教材 Ⅳ. ①TP311.561

中国版本图书馆CIP数据核字(2021)第181041号

责任编辑：龙启铭
封面设计：何凤霞
责任校对：徐俊伟
责任印制：杨 艳

出版发行：清华大学出版社
网 址：http://www.tup.com.cn，http://www.wqbook.com
地 址：北京清华大学学研大厦A座 **邮 编**：100084
社 总 机：010-62770175 **邮 购**：010-83470235
投稿与读者服务：010-62776969，c-service@tup.tsinghua.edu.cn
质量反馈：010-62772015，zhiliang@tup.tsinghua.edu.cn
课件下载：http://www.tup.com.cn，010-83470236
印 装 者：三河市君旺印务有限公司
经 销：全国新华书店
开 本：185mm×260mm **印 张**：27.5 **字 数**：652千字
版 次：2021年12月第1版 **印 次**：2021年12月第1次印刷
定 价：79.00元

产品编号：089881-01

前言

虽然迄今为止已出现近600种高级编程语言，但目前流行的仅有20余种，其中Python语言、C语言、C++语言和Java语言是当下最为流行的4种高级程序设计语言。

Python是一种跨平台、面向对象的动态型高级程序设计语言，最初设计用于编写自动化脚本(Shell)，之后由于版本的不断更新和新功能的添加，Python更多地用于独立的大型项目开发。

由于Python语言具有简洁性、易读性以及可扩展性，因此用于科学计算日益增多，并且许多大学已经采用Python作为程序设计课程的编程语言。众多的开源科学计算软件包提供Python的调用接口，例如著名的计算机视觉库OpenCV、三维可视化库VTK和医学图像处理库ITK等，而Python专用的科学计算扩展库就更多了，例如十分经典的科学计算扩展库有NumPy、SciPy、Matplotlib和Pandas，它们分别为Python提供了快速数组处理、数值运算、绘图以及数据处理功能。

在设计理念上，Python坚持清晰的风格，这使得它成为一种易使用、易理解、易维护并且受大量用户欢迎的用途广泛的语言。Python的创建者刻意设计了强限制性的语法，使得不规范的程序不能通过编译，其中很重要的一项就是Python的缩进规则，这使得程序更加清晰和美观。

Python拥有一个功能和规模都很强大的标准库。Python语言的核心只包含数字、字符串、列表、字典和文件等常用类型和函数，而Python标准库涉及广泛，提供了系统管理、网络通信、文本处理、数据库接口、图形系统和XML处理等功能。Python标准库的命名接口清晰、文档良好，很容易学习和使用。

Python社区提供了大量的第三方模块，其使用方式与标准库类似。这些模块功能众多，涵盖科学计算、Web开发、数据库接口和图形系统等多个领域，并且大多成熟且稳定。第三方模块可以使用Python或C语言编写。Boost C++ Libraries包含了一组库，使得以Python或C++编写的程序能互相调用。Python已成为一种强大的可应用于其他语言与工具之间的胶水语言。

Python标准库的主要功能有：

- 文本处理，包含文本格式化、正则表达式匹配、文本差异计算与合并、Unicode支持、二进制数据处理等功能。

- 文件处理,包含文件操作、临时文件创建、文件压缩与归档、操作配置文件等功能。
- 操作系统功能,包含线程与进程支持、I/O复用、日期与时间处理、调用系统函数、书写日记等功能。
- 网络通信,包含网络套接字、SSL加密通信、异步网络通信等功能。
- 网络协议,支持HTTP、FTP、SMTP、POP、IMAP、NNTP、XMLRPC等多种网络协议,并提供了编写网络服务器的框架。
- W3C格式支持,包含HTML、SGML、XML的处理。
- 其他功能,包括国际化支持、数学运算、HASH、Tkinter等。

自从20世纪90年代初Python语言诞生至今,已经历了近30年的时间,其应用越来越广泛,主要应用领域包括Web和Internet开发、科学计算和统计、人工智能、数据处理、桌面界面开发、软件开发、后端开发和网络爬虫等。

本书介绍了Python语言的基本内容,重点说明Python语言程序设计的方法,并结合科学计算、数据处理、信息安全和可视化等信息领域的应用实例构造了全书的体例。

由于时间和水平有限,书中的不足之处和错误在所难免,恳请各位读者批评指正。

陈　明

2022.1

目录

第 12 章　日期与时间　/281

第 13 章　文件处理　/299

第1章 概 述

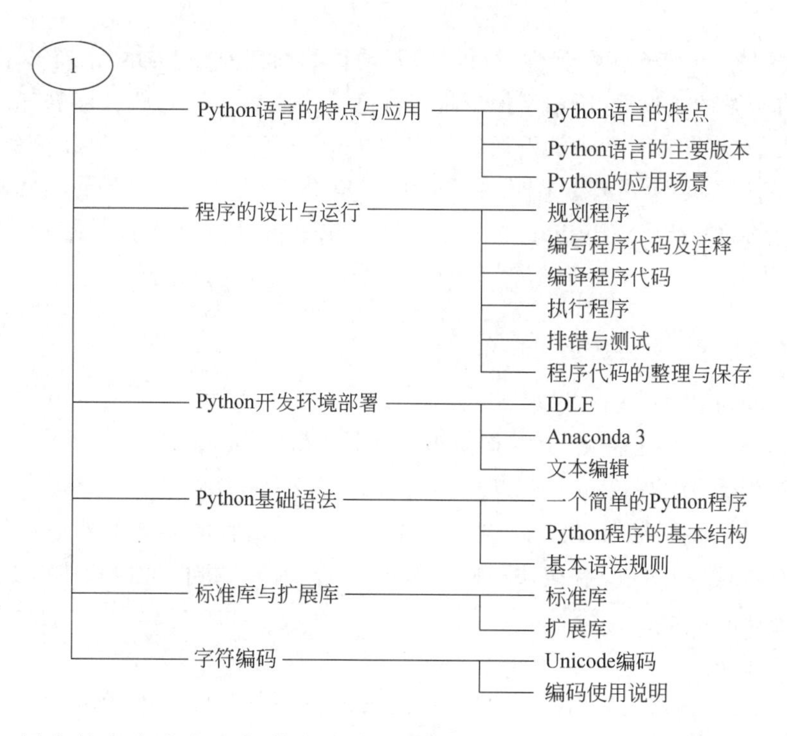

Python 语言的名字来自一部著名的电视剧 *Monty Python's Flying Circus*，Python 之父 Guido van Rossum(图 1-1)是这部电视剧的狂热爱好者，所以将他所设计的程序语言命名为 Python。van Rossum 于 1982 年获得阿姆斯特丹大学的数学和计算机科学的硕士学位，并于同年担任多媒体组织 CWI 调研员。1989 年，他创建了 Python 语言。1991 年初，他发布了 Python 的第一个公开发行版。

图 1-1 Guido van Rossum

van Guido 原居荷兰，1995 年移居到美国。在 2003 年初 Guido 及其家人居住在华盛顿州北弗吉尼亚的郊区。随后搬迁到硅谷，从 2005 年开始就职于 Google 公司，其中有一半时间是用在 Python 上，现在 van Guido 在 Dropbox 工作。

Python 语言是在许多其他程序语言的基础之上发展而来的，其源代码遵守 GPL (GNU General Public License)商用协议。也就是说，如果甲方使用并且修改了乙方的

GPL软件，那么甲方软件也必须开源，否则就不能使用乙方软件，但是甲方是否把甲方软件商用与乙方无关。现在Python语言是由一个核心开发团队维护的，而van Rossum仍然起着至关重要的作用。

虽然迄今为止已出现近600种高级编程语言，但目前流行的仅有20余种，其中Python语言、C语言、C++语言和Java语言是目前最为流行的4种高级程序设计语言。

1.1 Python语言的特点与应用

Python是一个结合了解释性、编译性、互动性和面向对象功能的程序语言。Python的设计具有很强的可读性，语法结构更具有特色。Python语言是解释型语言，与PHP和Perl语言类似，在开发过程中无编译环节。Python是交互式语言，可以在一个Python提示符下直接交互式执行程序。Python是面向对象语言，支持面向对象的风格或将代码封装于对象内的编程技术。Python解决问题快速，提供了丰富的内置对象、运算符和标准库，极大地开拓了Python的应用领域，使之几乎渗透到所有的学科领域。

1.1.1 Python语言的特点

1. 易于学习

Python有较少的关键字，其结构简单并且语法简捷。

2. 易于阅读

Python程序定义清晰，便于阅读。Python与其他语言的显著差异是它没有其他语言通常用来访问变量、定义代码块和进行模式匹配的命令式符号，这就使得Python代码变得更加定义清晰和易于阅读。

3. 易于维护

Python程序的源代码容易维护。源代码维护是软件开发生命周期的组成部分。Python的成功很大程度上要归功于其源代码的易于维护，当代码很长且复杂度较高时更突出了易于维护的作用。

4. 一个广泛的标准库

Python的最大的优势之一是具有跨平台的、非常完善的基础代码库，便于广泛应用。

5. 互动模式

借助交互模式的支持，可以从终端输入执行代码并获得结果，交互式地测试和调试代码片段。

6. 可移植

基于其开源特性，可以将Python移植到多种平台上。因为Python是用C语言书写的，又由于C语言具有可移植性，使得Python可以运行在任何带有ANSI C编译器的平台上。尽管有一些针对不同平台开发的特有模块，但是在任何一个平台上用Python开发的通用软件都可以稍加修改或者原封不动地在其他平台上运行。这种可移植性既适用于不同的架构，也适用于不同的操作系统。

7. 可扩展

当需要一段关键代码的运行速度更快时，就可以使用 C/C++ 语言实现，然后在 Python 中调用它们。

8. 数据库

Python 提供了主要的商业数据库接口。

9. GUI 编程

Python 支持 GUI，可以创建和移植到许多系统调用。

10. 可嵌入

可以将 Python 嵌入 C/C++ 程序中，使程序的用户获得脚本化能力。

1.1.2 Python 语言的主要版本

Python 语言的重要版本如下。

（1）Python 2.0：2000 年 10 月 16 日发布，支持 Unicode 和垃圾回收机制。

（2）Python 2.7：2010 年 7 月 3 日发布。

（3）Python 3.0：2008 年 12 月 3 日发布，此版本不完全兼容之前的 Python 源代码。

（4）Python 3.5：2015 年 9 月 3 日发布。

（5）Python 3.6.2：2017 年 9 月发布。

（6）Python 3.7.2 rel：2018 年 12 月发布。

（7）Python 3.8.3：2020 年 4 月发布。

1.1.3 Python 的应用场景

1. 科学计算

随着 NumPy、SciPy、Matplotlib、Enthoughtlibrarys 等程序库的开发，Python 越来越适合于科学计算。它是一门通用的程序设计语言，比 MATLAB 所采用的脚本语言的应用范围更广泛，有更多的程序库的支持。Python 可以解决很多科学计算的问题，比如微分方程、矩阵解析、概率分布等数学问题。

2. 自动化

Python 是运维工程师首选的编程语言，Python 在自动化运维方面应用广泛，Saltstack 和 Ansible 都是著名的自动化平台。

3. 常规软件开发

Python 支持函数式编程和面向对象编程（OOP），能够承担任何种类软件的开发工作，因此常规的软件开发、脚本编写和网络编程等都属于标配能力。

4. Web 开发

基于 Python 的 Web 开发框架应用广泛，开发速度快，能够帮助开发者快速搭建起可用的 Web 服务。Python 是 Web 开发的主流语言，具有独特的优势，对于同一个开发需求能够提供多种方案。Python 库的内容丰富，使用方便。Python 在 Web 方面也有自己的框架，如 Django 和 Flask 等。使用 Python 开发的 Web 项目小而精，支持最新的 XML 技术，而且数据处理功能较为强大。

5. 数据分析

Python 是数据分析的主流语言之一。当把 Python 用作数据分析时，通常使用 C 语言设计底层的算法并进行封装，然后用 Python 进行调用。因为算法模块较为固定，所以可以用 Python 直接进行调用，方便且灵活，并且可以根据数据分析与统计的需要灵活使用。Python 是一个比较完善的数据分析生态系统，其中 Matplotlib 经常被用来绘制数据图表，有着良好的跨平台交互特性。网络爬虫又称网络蜘蛛，是从互联网获取大数据的核心工具，ScraPy 爬虫框架应用广泛。Pandas 库是数据分析的常用数据分析包，也是很好用的开源工具，可对较复杂的二维或三维数组进行计算，同时还可以处理关系型数据库中的数据。Python 的数据分析功能强大，可在大量数据的基础上，结合科学计算、机器学习等技术，对数据进行清洗、去重、规格化和针对性分析，是大数据处理的基石。

6. 人工智能

在机器学习、神经网络和深度学习等方面，Python 是主流的编程语言，并得到广泛的支持和应用。在人工智能的应用方面，Python 具有强大而丰富的标准库和扩展库以及数据分析能力。在神经网络和深度学习方面，Python 都能够找到比较成熟的包加以调用。而且 Python 是面向对象的动态语言，且适用于科学计算，这就使得 Python 在人工智能方面备受青睐。虽然人工智能程序不限于 Python，但依旧为 Python 提供了大量的 API，这也正是因为 Python 中包含较多的适用于人工智能的模块，它们调用方便，凸显 Python 在人工智能领域的强大竞争力。

1.2 程序的设计与运行

一般来说，程序设计主要分为自顶向下与自底向上两种设计方法。在程序设计的过程中，如果能够将问题分解成多个模块，然后可再将这些模块分别分解成更小的模块，以此类推，直到分解成最容易编写的最小模块，这种程序设计的方式即称为自顶向下法，显然，这是一种还原论的方法。对于利用自顶向下的方式所编写的程序，其结构有层次，容易理解和维护，同时可以降低开发的成本，但是在将程序分解成模块的过程中，可能因此占用较多的内存空间，造成执行时间过长。

如果在进行程序设计时，先将整个问题中最简单的部分编写出来，再结合各个部分以完成整个程序，这种设计方式就称为自底向上法。利用自底向上方式所编写程序的可理解性和可维护性不强，造成程序设计者的负担，反而容易增加开发的成本。

因此在编写程序前的设计就显得相当重要，如果程序的内容很简单，当然可以马上把程序写出来；但是当程序愈大或是愈复杂时，设计的工作就很重要，它可以让程序设计有明确的方向，避免程序的逻辑混乱。有了事前的设计流程，就可以根据这个流程一步步设计出所需的程序。

通常设计程序分为 6 个步骤，如下所述。

1.2.1 规划程序

首先，必须明确编写某个程序的目的、程序的用户对象以及需求度，例如计算员工每

个月的工资、绘制图表、数据排序等,再根据这些数据及程序语言的特性,选择一种合适的程序语言,来达到设计程序的目的。可以在纸上先绘制出简单的流程图,将程序的起始到结束的过程写出来。一方面,便于理清程序的思路;另一方面,可以根据这个流程图进行编写程序的工作。图 1-2 是绘制流程图时常用的流程图符号介绍。

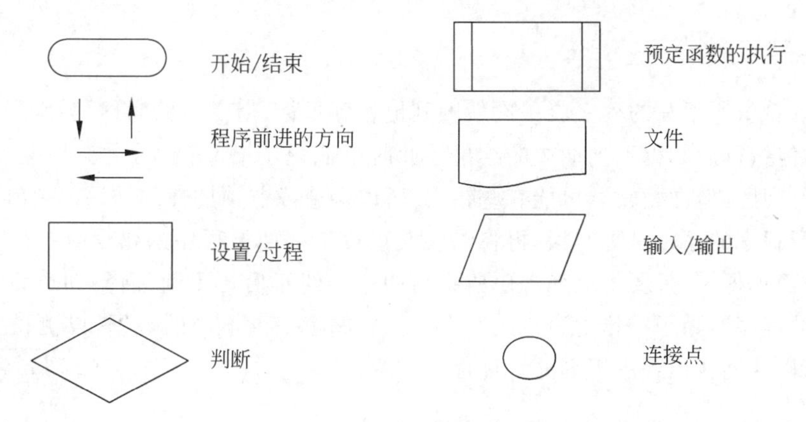

图 1-2 常用的流程图符号

以一个日常生活“出门时如果下雨就带伞,否则戴太阳眼镜”为例,简单地说明如何绘制程序流程图。

在菱形选择框中填入判断条件“下雨”,如果“下雨”这件事为真,即执行“带伞”的动作;否则执行“戴太阳眼镜”的动作。因此在程序方块中分别填入“带伞”及“戴太阳眼镜”,不管执行哪一个动作,都必须“出门”,最后再根据程序的流向,用箭头表示清楚。

可以发现不管是程序设计,还是描述过程,都可以用流程图表示,因此学习绘制流程图能够提升描述过程的能力。

1.2.2 编写程序代码及注释

经过先前的规划之后,便可以根据所绘制的流程图来编写程序内容。通过比较发现,这种方式比边写边想下一步该怎么做要快得多。如果事先没有规划程序,在边写边想时,往往写了又改,改了又写,却一直都达不到满意效果。当很久没有修改这个程序或是别人必须维护程序时,如果在程序中加上了注释,可以增加程序的可阅读性,相对地也增加程序维护的容易程度,可节省日后维护程序所需的时间。

1.2.3 编译程序代码

程序设计完成之后,需要将程序代码转换成计算机能够理解的语言,编译器(或编译程序)可用于完成这种转换。通过编译程序的转换后,只有在没有错误的时候,源程序才会变成可以执行的程序。如果编译器在转换的过程中碰到不认识的语法或者未定义的变量等时,必须先把这些错误纠正过来,再重新编译完成,直到没有错误后,才可以执行所设计的程序。

1.2.4 执行程序

通常编译完程序并且没有错误后,编译程序会帮我们制作一个可执行文件。在 DOS

或 UNIX 的环境下，只要输入文件名即可执行程序；而在 Turbo C、Visual C++ 或 Dev C++ 的环境中，通常只要按下某些快捷键或者选择某个菜单项即可执行程序。

所编写的程序经过编译与链接，将成为可以执行的程序。执行程序后，就可以获得程序运行的结果。

1.2.5 排错与测试

我们都希望所编写的程序能一次就顺利地达到目标，但是有的时候，会发现虽然程序可以执行，但执行后却得不到期望的结果。此时可能犯了语义错误，也就是说，程序本身的语法没有问题，但在逻辑上可能有些错误，所以会造成非预期性的结果。这时必须逐一确定每一行程序的逻辑是否有误，再将错误改正过来。如果程序的错误是一般的语法错误，就变得简单得多，只要把编译程序所指出的错误纠正后再重新编译，即可将源程序变成可执行的程序。除了排错之外，也必须给这个程序提供不同的数据，以测试它是否正确，这也可以帮助找出程序规划的合理性。

1.2.6 程序代码的整理与保存

当程序的执行结果都没有问题时，可以再把源程序修改得更容易阅读(例如将变量命名为有意义的名称或者把程序核心部分的逻辑重新简化等)，以做到简单、易读。此外，还需要将程序保存下来。在图 1-3 中，将程序设计的 6 大步骤绘制成流程图的方式，可以参考上述的步骤查看程序设计的过程。

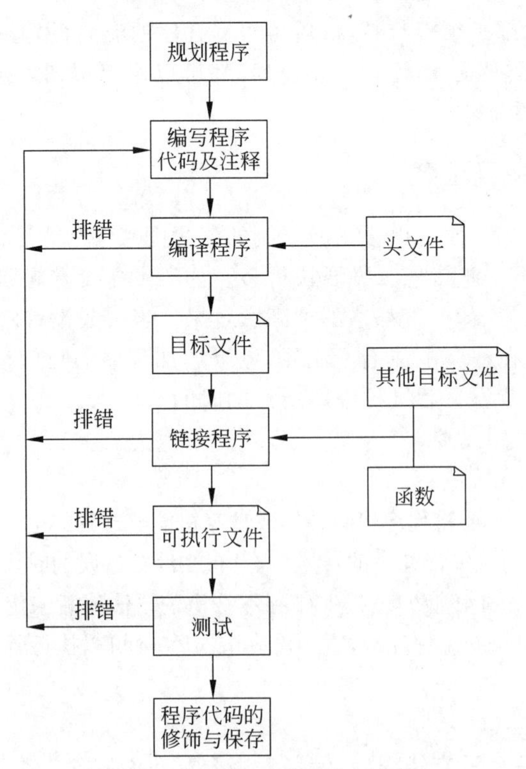

图 1-3 程序设计的基本流程

源程序编译及链接的过程如图 1-4 所示。

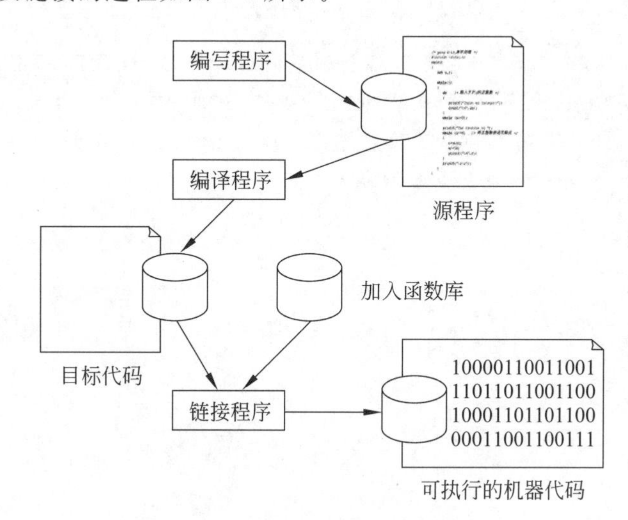

图 1-4 源程序编译及链接的过程

1.3 Python 开发环境部署

IDLE 和 Anaconda 3 是常用的 Python 开发环境。IDLE 环境简单实用，而 Anaconda 3 环境对代码编写和项目管理更为方便。在本书中，所有以交互模式运行的代码都以 IDLE 的交互开发环境提示符“>>>”开头，但在直接运行程序的源代码时，需要先将运行的程序写入一个.py 程序文件并保存后再运行。

1.3.1 IDLE

IDLE 是 Python 官方安装包自带的开发环境，它是开发 Python 程序的集成开发环境，也是学习 Python 程序设计的合理选择。当安装好 Python 以后，IDLE 也会随之自动安装，不需要另外去查找与操作。同时，在使用 Eclipse 这个强大的框架时 IDLE 也可以非常方便地调试 Python 程序。IDLE 的基本功能有语法加亮、段落缩进、基本文本编辑、Table 键控制和调试程序。

在 Python 官方网站 https//www.python.org/上可下载 Python 3.6x 安装包或 Python 3.7x 安装包，根据自己的操作系统选择 32 位或 64 位进行安装。安装位置建议选择 C\Python3.6 或 C\Python3.7。安装完成后，将出现如图 1-5 所示的“开始”菜单。

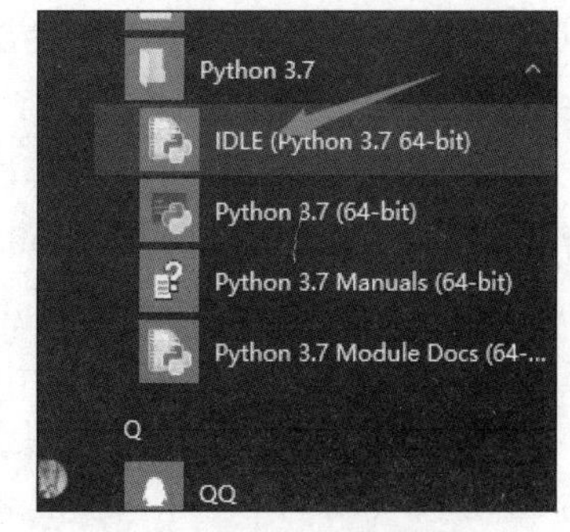

图 1-5 “开始”菜单

在“开始”菜单中，选择 IDLE(Python 3.7 64-bit)，然后可以看到如图 1-6 所示的交互模式界面。

可以在打开的界面上输入一条 print 输出字符串语句，以及计算 2 个变量之和的语句，并将结果输出在屏幕上。

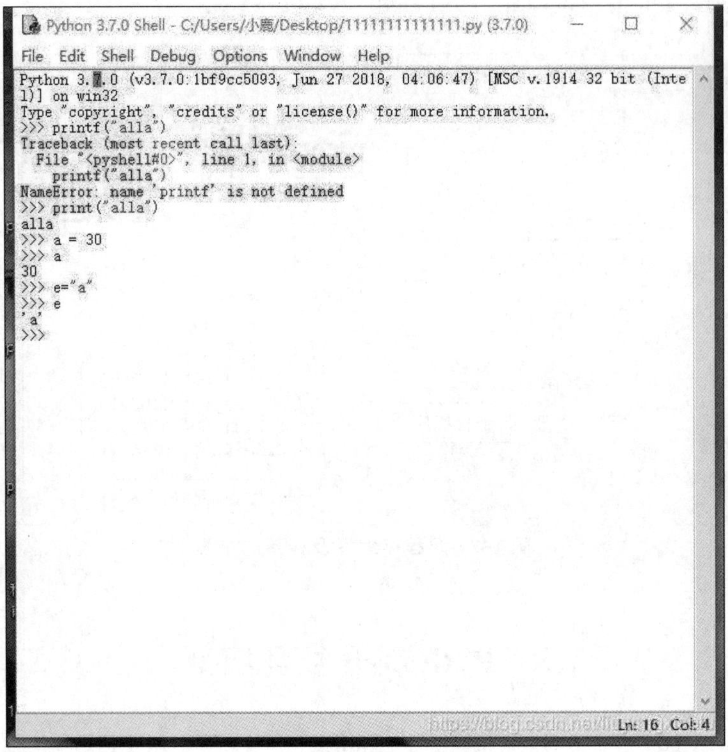

```
Python 3.7.0 Shell - C:/Users/小鹿/Desktop/11111111111111.py (3.7.0)
File Edit Shell Debug Options Window Help
Python 3.7.0 (v3.7.0:1bf9cc5093, Jun 27 2018, 04:06:47) [MSC v.1914 32 bit (Inte
l)] on win32
Type "copyright", "credits" or "license()" for more information.
>>> printf("alla")
Traceback (most recent call last):
  File "<pyshell#0>", line 1, in <module>
    printf("alla")
NameError: name 'printf' is not defined
>>> print("alla")
alla
>>> a = 30
>>> a
30
>>> e="a"
>>> e
'a'
>>>
Ln: 16 Col: 4
```

图 1-6　交互模式界面

1. 交互模式

在交互模式中每次只能执行一条语句，当提示符再次出现时才可输入下一条语句。对于普通语句按一次 Enter 键即可运行并输出结果；而对于选择结果、循环结构、函数定义以及类定义 with 块等复合语句，则需要按两次 Enter 键后才可以运行。

2. 直接运行.py 文件

直接运行.py 文件相当于启动了 Python 解释器，然后一次性执行.py 文件的源代码，而没有机会以交互的方式输入源代码。Python 的交互模式与直接运行.py 文件的区别是：直接输入 Python 进入交互模式，相当于启动了 Python 解释器，等待一行一行地输入源代码，每输入一行就执行一行。在用 Python 开发程序时，完全可以一边在文本编辑器中写代码，一边打开一个交互式命令窗口，在写代码的过程中，把部分代码粘贴到命令行去验证。

如果需要运行大段程序，其过程如下。

(1) 在 IDLE 中新建 Python 文件。打开 IDLE 后，单击左上角的 File 菜单，然后单击 New File 选项，即可创建 Python 文件。或者直接使用快捷键 Ctrl+N 快速创建文件。

(2) 在创建的文件中写 Python 代码。

(3) 保存文件。直接使用快捷键 Ctrl+S，可快速保存文件。也可以单击 File 菜单中的 Save 选项，取个文件名(扩展名为.py 或.pyw)，完成保存。

(4) 运行保存好的 Python 文件。可直接在 IDLE 中运行 Python 程序，单击窗口上

方的 Run 菜单，然后单击 Run Module 选项，可运行程序。也可以按快捷键 F5 快速运行文件。

1.3.2 Anaconda 3

Anaconda 3 开发环境包集成大量常用的扩展库，并提供 Jupyter Notebook 和 Spyder 两个开发环境。可以从官方网站 https//www.anaconda.com/downloag/下载合适版本并安装它，然后启动 Jupyter Notebook 或 Spyder。Jupyter Notebook 尤其适用于机器学习和数据科学。

1. Jupyter Notebook

Jupyter Notebook 主要特点如下。

（1）编程时具有语法高亮、缩进和 Tab 补全功能。

（2）可直接通过浏览器运行代码，同时在代码块下方展示运行结果。

（3）以富媒体格式展示计算结果。富媒体格式包括 HTML、LaTeX、PNG、VG 等。

（4）对代码编写说明文档或语句时，支持 Markdown 语法。

（5）支持使用 LaTeX 编写数学性说明，是较流行的 Python 开发环境之一。

2. Spyder

Anaconda 3 自带的集成开发环境 Spyder 具有交互式开发界面和程序运行界面，以及程序调试和项目管理功能，使用非常方便。在使用 Python 进行交互式或原型化开发时，Spyder 是其中一个较好的选择。Spyder 的主要特点如下。

（1）支持交互式 Python 开发，完全继承了 Ipython shell 版本。

（2）完善的编辑器：高亮显示、动态代码内省、代码浏览器和函数、即时代码检查。

（3）强大的项目管理：定义管理项目，生成符办事项列表。

（4）强大的调试功能：设置要与 Python 调试器 pdb 一起使用的断点和条件断点。

（5）变量和对象检查器：编辑比较变量和数组，实时生成二维图表，以及交互式显示文档字符串。

1.3.3 文本编辑

使用交互模式书写程序的好处是立刻就能得到运行结果，但是不保存结果，下次需要运行结果时，还得再运行一遍程序。所以在实际开发时，总是使用一个文本编辑器书写代码，写完之后，用一个文件保存下来，就可以反复运行它了。在开发中，经常使用 Sublime Text 文本编辑器和 Notepad++文本编辑器。

1. Sublime Text 文本编辑器

Sublime Text 是一款免费的且跨 OS X、Linux 和 Windows 三大平台的文字/代码编辑器，具有高效、无干扰的界面。Sublime Text 的主要功能包括：拼写检查、书签、完整的 Python API、Goto 功能、即时项目切换、多选择和多窗口等。在编辑方面具有多选、宏和代码片段等功能，以及很有特色的 Minimap。

Sublime Text 界面设置非常人性化，左边是代码缩略图，右边是代码区域，可以在左边的代码缩略图区域轻松定位程序代码的位置，其中的高亮色彩功能非常便于编程工作，如图 1-7 所示。

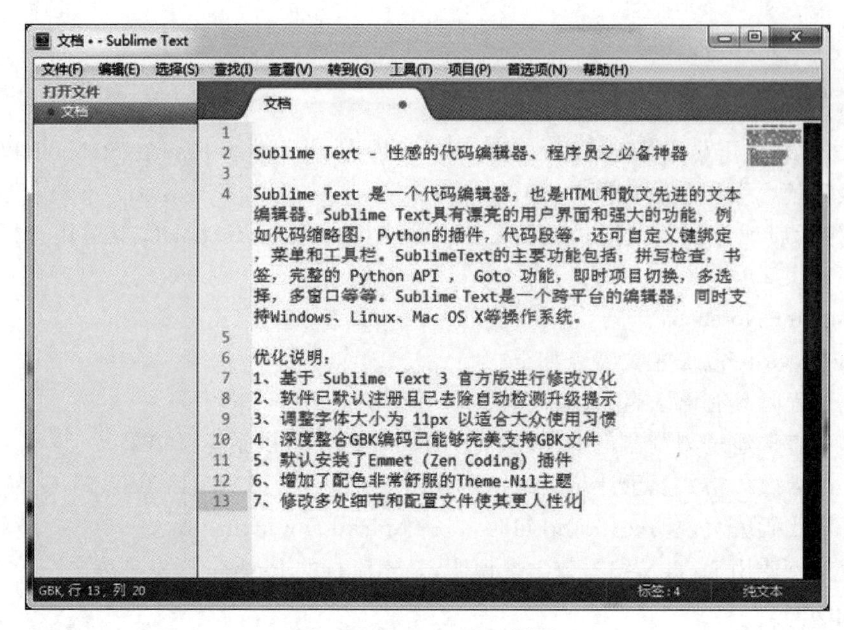

图 1-7 Sublime Text 界面

2. Notepad++文本编辑器

Notepad++文本编辑器也可以免费使用，其中文界面如图 1-8 所示。

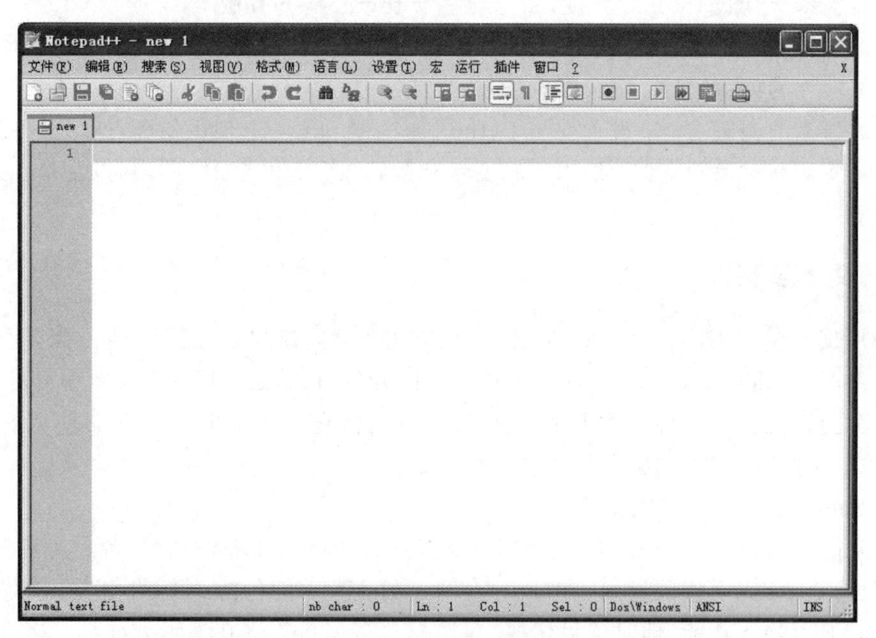

图 1-8 Notepad++文本编辑器的中文界面

Notepad++是 Windows 平台上一款免费且开源的文本编辑器，其功能比 Windows

系统自带的Notepad("记事本")强大。Notepad++除了可以用于一般的纯文本记录,还可以用于编写小型的计算机程序,因为Notepad++不仅支持多种编程语言的语法高亮显示,还有代码折叠功能,并且Notepad++还支持很多具有特色功能的插件,给日常应用带来很多的便利。

不能使用Word和Windows"记事本"编写程序代码,其原因是Word保存的不是纯文本文件。

例如,当Notepad++文本编辑器安装完成之后,在其中输入以下代码:

```
print('hello,world')
```

print前面不要有空格。然后,选择一个目录,例如C:\Workspace,将其保存到文件名为hello.py的文件中,在此之后,打开命令行窗口,将当前目录切换到hello.py文件所在的目录,可以运行这个程序:

```
C:\Workspace>python hello.py
hello,world
```

也可以保存为其他的名字,例如abc.py,但是必须以.py结尾。此外,文件名只能是英文字母、数字和下画线的组合。

如果当前目录下没有hello.py文件,运行python hello.py将给出如下错误提示:

```
python hello.py
python:can't open file 'hello.py':[Errno2]No such file or directory
```

该错误提示说明:因为文件不存在,无法打开hello.py文件。这时需要检查当前目录下是否存在这个文件。

1.4 Python基础语法

计算机需要根据程序执行任务,因此必须保证利用程序语言写出的程序不能出现歧义。由于任何一种程序语言都有自己的语法规范,编译程序或者解释程序负责将符合语法规范的源程序转换成计算机能够理解并直接执行的机器语言程序。下面从Python基础语法开始,逐步深入介绍Python语言。

1.4.1 一个简单的Python程序

首先以一个简单的Python程序为例,说明Python程序的基本结构。

【例1-1】 一个简单的Python程序。

```
#一个简单的Python程序
print("Python world!")
a=100
if a>=0:
    print(a)
```

```
else:
    print(-a)
```

上述 Python 程序解释如下。

(1) 以#开头的语句是注释语句,注释可以是任意内容,解释器将忽略掉注释。这里的注释是"一个简单的 Python 程序"。

(2) print("Python world!")语句是一个输出函数语句,输出"Python world!"字符串。

(3) 每一行都是一个语句,当语句以冒号":"结尾时,被缩进的语句可以看作语句块(语句集)。在本例中,语句块仅有一条语句 print(a)。

(4) 执行过程是:首先为变量 a 赋值 100,然后通过条件语句判断 a 是否大于或等于 0。如果是,则输出 a 的值;否则输出−a 的值。

(5) 缩进的好处是,强制编程者写出格式化的代码,按照约定,应该始终坚持使用 4 个空格的缩进(使用 Tab 键)。缩进的另一个好处是,通过较少的缩进代码,就可以将一段很长的代码拆分成若干函数。缩进的不足之处是,当重构代码时,粘贴过去的代码必须重新检查缩进是否正确。

(6) print()是一条输出函数语句,print(a)是指输出变量 a 的内容,print(−a)是指输出−a 的内容。

(7) 在书写 Python 程序时,要注意区分大小写,Python 与 python 是两个不同的单词。

上述这个简单程序的运行结果是:

```
Python world!
100
```

1.4.2 Python 程序的基本结构

Python 程序由模块构成,模块包含语句,语句包含表达式,表达式又由运算符、变量和常量等对象组成。

(1) Python 程序由模块组成,模块对应后缀为.py 的源文件,一个 Python 程序可以由一个或多个模块组成。

(2) 运行 Python 程序时,需要按照程序中的语句顺序依次执行。

(3) 语句包含表达式,主要用于创建对象、变量赋值、调用函数、控制分支以及创建循环等。

1.4.3 基本语法规则

1. 标识符

在程序设计语言中,将变量、常量、函数和语句块的名字统称为标识符。标识符可以是字、编号、字母、符号,也可以是上述元素的组合。

Python 标识符的命名规则如下。

(1) 首字符必须是字母、汉字或下画线。

(2) 中间可以是字母、下画线、数字或汉字，但不能有空格。

(3) 区分大小写字母，例如 Python 和 python 代表两个不同的变量。

(4) 不能使用下述的关键字。

例如，下面是正确的标识符：

```
Abc、b23、Abc
```

例如，下述的声明都属于语法错误：

```
2x=22
```

2x 的第一个字符是数字 2，因此是错误的。

```
if=32
```

使用关键字 if 作为标识符名称，因此是错误的。

2. 关键字

关键字又称保留字，是 Python 系统内部定义和使用的特定标识符。关键字不能用作常数或变量，或任何其他标识符名称。Python 3.x 的关键字如下：

False	None	True	and	as	assert	async	await	break
class	continue	def	del	elif	else	except	finally	for
from	global	if	import	in	is	lambda	nonlocal	not
or	pass	raise	return	try	while	with	yield	

如果编写的程序使用了关键字作为标识符，那么 Python 解释器就会发出提示语法错误(SyntaxError：invalid syntax)的警告信息。

3. 注释

注释用于说明和备注程序中的语句和运算，适当地书写注释语句可以很好地提高程序的可读性和可维护性，方便对代码进行调试和纠错。

在 Python 语言中，使用“#”符号进行单行注释，使用三个单引号进行多行注释。注释语句仅为说明性文字，不作为代码运行。例如：

(1) 单行注释：

```
#一个简单的 Python 程序
```

(2) 多行注释：

```
'''一个简单的
    Python 程序'''
```

4. 缩进规则

在 Python 中不使用花括号{}，而使用缩进表示代码块，这是 Python 的重要特色之一。缩进的空格数可变，但是要求同一代码块的语句必须使用相同的缩进空格数。在 Python 中，为了明显表现程序的层次，应用了缩进代码风格，一般为 4 个空格。例如，if 分支语句：

```
if a>=0:
    x=10
    print(x)
else:
    x=-10
    print("x<0")
```

5. 语句块

语句是通过缩进形成的语句集合。例如,由于下述程序第3行语句的缩进空格数不对,将导致程序运行错误。

```
if True:
    print("answer:")
    print("True")
else:
    print("answer:")
    print("False")
```

6. 一条语句可跨越多行

(1) 终止行。终止行就是终止语句,例如:

```
x=1;
```

在Python中,一般的原则是:一行的结束会自动终止出现该行的语句,也就是说可以省略分号。例如:

```
x=1
```

- 一行的结束就是终止该行语句(可以没有分号)。
- 嵌套语句是代码块并且与实际的缩进相关。

(2) 语句界定符。在Python中使用分号";"作为语句界定符。

虽然语句一般都是一行一条语句,但在Python中也有可能出现某一行包括多条语句的情况,这时可使用语句界定符";"将其分隔开。例如:

```
a=1;b=2;print(a+b)
```

一行中包括a=1、b=2和print(a+b)三条语句。

(3) 为了能够实现一条语句横跨多行,只需要将语句使用圆括号"()"、方括号"[]"或者花括号"{}"括起来,任何括在这些符号中的程序代码都可跨行。在括号内的语句将一直运行,直到遇到包含闭合括号的那一行。例如:

```
mylist=[000,111,
    222,
    333,
    444]
```

是一条横跨四行的语句。

(4) 括号内可以包含任何表达式,例如:

```
x=(a+b+
c+d)
```

在上述语句中,表达式横跨两行。

(5) 当上一行以反斜杠结束时,可以在下一行继续,例如:

```
total=x1+\
x2+\
x3
```

等价于

```
total=x1+x2+x3
```

反斜杠用于代码跨越多行的情况。如果一条语句过长,在一行内写不完,可使用反斜杠来完成多行书写。由三个引号定义的字符串"""" … """"、元组"(…)"、列表"[…]"和字典"{…}"可以放在多行中,而不必使用续行符,这是由于它们可以准确地表示定义的开始与结束。在"[]"、"{}"和"()"中的多行语句不需要使用反斜杠。例如:

```
total=['x1','x2','x3','x4',
'x5','x6','x7','x8']
```

7. 同一行内可以使用多条语句

(1) 一般情况下,一行书写一条语句。当在一行内书写多条语句时,各条语句之间可以使用分号";"相隔开。当换行时,使用换行符分隔开。例如:

```
a=1;b=2;c=3
s="abc";print(s)
```

(2) 从第一行开始,前面不能有任何空格,否则将出现错误。

(3) 注释语句可以在任何位置开始。

(4) 复合语句构造体必须缩进以表示层次关系。

例如,循环语句:

```
for i in range(5);
    print(i)
```

循环体语句 print(i)向右缩进 4 个空格。

1.5 标准库与扩展库

库是具有相关功能模块的集合,Python 具有强大的标准库和第三方扩展库,这也是 Python 的特色之一。

1.5.1 标准库

在 Python 中提供了功能强大的标准库，Python 的标准库内容丰富，常用的标准库如表 1-1 所示，其中所包含的内置模块（用 C 语言编写）提供了访问系统的功能。Windows 平台的 Python 安装程序包括整个标准库，而且还包含许多额外的组件。对于 UNIX 操作系统，Python 通常提供作为软件包的集合，因此它可能需要使用操作系统提供的包装工具获取某些或所有的可选组件。

表 1-1 常用的标准库

标 准 库	说 明
math	数学模块
random	随机数以及随机化相关模块
datetime	日期时间模块
collections	包含更多扩展性序列的模块
functools	与函数以及函数式编程有关的模块
tkinter	开发 GUI 程序的模块
urllib	与网页内容读取以及网页地址解析有关的模块

除了标准库，还有正在增长的几千个组件，包括从个别程序和模块的软件包到整个应用程序开发框架，可以从 Python 软件包索引选择下载它们。

Python 的标准库是随着 Python 安装时默认自带的库，当安装 Python 完成之后，标准库也随之安装完毕。在程序中调用标准库时需要导入，导入方法如下。

调用标准库需要使用 import 语句。

（1）import 标准库名 [as 别名]。

必须以"标准库名.对象名"或"别名.对象名"的形式访问对象，即需要前缀。例如：

```
#计算最大公约数
import math
math.gcd(2,4)
```

（2）from 标准库名 import 对象名[as 别名]。

不需要使用标准库名作为前缀，推荐使用如下方式。

```
from math import gcd()
gcd(2,4)
```

（3）from 标准库名 import * 。

一次性导入标准库的所有对象，一般不推荐使用。

```
from math import *
gcd(2,4)
sin(5)
```

1.5.2 扩展库

扩展库是程序设计者为了实现某个功能编写的模块,需要下载后安装到 Python 的安装目录下。不同扩展库的安装及使用方法也不同,但它们的调用方式是相同的,都需要用 import 语句调用。简单地说,标准库是默认自带而不需要下载安装的库,扩展库是需要下载安装的库,它们的调用方式是一样的。例如,Pandas 库用于数据分析,NumPy 库用于数组技术与矩阵计算,SciPy 库应用于科学计算等,已经涉及众多领域。常用扩展库如表 1-2 所示。

表 1-2 常用扩展库

扩 展 库	场 景
Openpyxl	读写 Excel 文件
Python-Docx	读写 Word 文件
NumPy	数组计算和矩阵计算
SciPy	科学计算
Pandas	数据分析
Matplotlib	数据可视化或科学计算可视化
ScraPy	爬虫框架
Shutil	系统运维
Pyopengl	计算机图形学编程
Pygame	游戏开发
Sklearn	机器学习
Tensorflow	深度学习

1. 扩展库安装

标准库在安装 Python 时会随之安装,扩展库则需要先安装之后,再导入和使用。扩展库的管理工具 pip 功能说明如表 1-3 所示。

表 1-3 pip 功能说明

pip 命令实例	说 明
pip freeze	列出已安装模块及其版本号
pip install package[==version]	在线安装指定模块(的指定版本)
pip install package.whl	离线安装扩展模块
pip install package1 package2	依次在线安装模块 1、模块 2
pip install --upgrade package	升级模块
pip uninstall package[==version]	卸载模块

如果计算机上安装了多个版本的 Python 或者希望在虚拟环境中安装模块,最好切换至相应环境的 scripts 文件夹下再执行命令。

2. 扩展库调用方式

扩展库调用方式与标准库调用方式相同,在此不再赘述。

1.6 字符编码

默认情况下,Python 3 源码文件采用 UTF-8 编码,所有字符串都是 Unicode 字符串,但也可以采用源码文件所指定的编码。

1.6.1 Unicode 编码

因为计算机只能处理数字,如果需要处理文本,就必须先把文本转换为数字之后才能处理。早期的计算机在设计时采用 8 比特(bit)作为 1 字节(byte),所以 1 字节能表示的最大整数就是 255。如果要表示更大的整数,就必须用更多的字节。例如 2 字节可以表示的最大整数是 65 535,4 字节可以表示的最大整数是 4 294 967 295。将 127 个字母编码(主要有大小写英文字母、数字和一些符号等)称为 ASCII 编码,例如大写字母 A 的编码是 65,小写字母 z 的编码是 122。对于各种程序语言,各国有各自的标准,出现冲突不可避免,导致在多语言混合的文本中容易出现乱码。

基于上述问题,Unicode 编码应运而生。最常用的是用 2 字节表示一个字符,对于极其不常用的字符,可用 4 字节表示,这样做显然提高了效率。

当下的操作系统和大多数编程语言都支持 Unicode 编码。ASCII 编码是 1 字节,而 Unicode 编码通常是 2 字节。汉字已经超出了 ASCII 编码的范围。如果将 ASCII 的 A 字符编码用 Unicode 编码表示,只需要在 ASCII 的 A 字符编码前面补 0 即可,因此 A 的 Unicode 编码是 0000000001000001。

可以看出,如果统一为 Unicode 编码,就可以避免乱码问题。但是,如果文本基本上全部是英文,则用 Unicode 编码比 ASCII 编码需要多一倍的存储空间,在存储和传输上会消耗更多资源。为此,出现了将 Unicode 编码转化为可变长编码的 UTF-8 编码的方法。UTF-8 编码是将一个 Unicode 字符根据不同的数字大小编码成 1～6 字节,常用的英文字母编码为一个字节,汉字通常是 3 字节,只有不常用的字符被编码成 4～6 字节。如果需要传输的文本包含大量英文字符,使用 UTF-8 编码就可以节省空间。除此之外,UTF-8 编码还有一个好处就是可以将 ASCII 编码看成是 UTF-8 编码的子集,所以大量只支持 ASCII 编码的软件可以在 UTF-8 编码下继续工作,进而实现了向下兼容的功能。

在计算机内存中统一使用 Unicode 编码,当需要保存到硬盘或者需要传输时就转换为 UTF-8 编码。在用“记事本”编辑时,将从文件中读取的 UTF-8 字符转换为 Unicode 字符后存到内存中,编辑完成后,再将 Unicode 转换为 UTF-8 保存到文件中,其过程如图 1-9 所示。

浏览网页时,服务器将动态生成的 Unicode 内容转换为 UTF-8,然后再传输到浏览器。如果在网页的源码中含有形如＜metacharset＝'UTF-8'/＞之类的信息，则表示该网页使用了 UTF-8 编码。

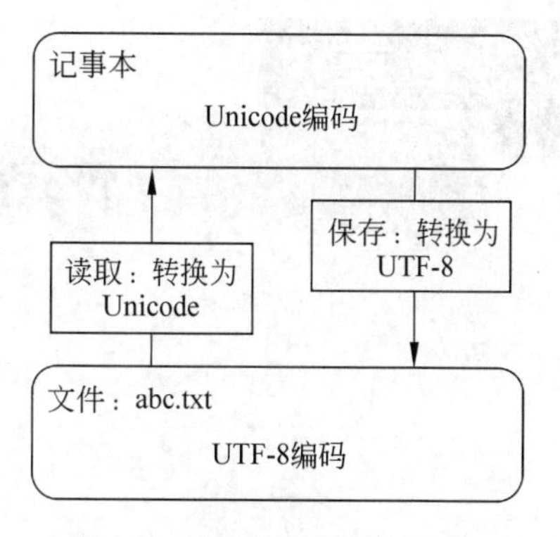

图 1-9 Unicode 编码与 UTF-8 编码的转换

1.6.2 编码使用说明

由于 Python 源代码是一个文本文件，所以当源代码中包含中文时，为了保存源代码，就需要指定保存为 UTF-8 编码。当 Python 读取源代码时，为了按 UTF-8 编码读取，通常在文件开头书写如下两行：

```
#!/usr/bin/envpython
#-*-coding:utf-8-*-
```

第 1 行注释指示，这是一个 Python 可执行程序，Windows 系统会忽略这个注释。

第 2 行注释指示，按照 UTF-8 编码读取源代码；否则在源代码中书写的中文输出可能出现乱码。

如果使用 Notepad＋＋进行编辑，除了要加上 #-*-coding：utf-8-*-外，中文字符串必须是 Unicode 字符串。

如果.py 文件本身使用 UTF-8 编码，并且也声明了 #-*-coding：utf-8-*-，打开命令提示符测试就可以正常显示中文。

本 章 小 结

本章主要介绍了 Python 语言的特性、程序的设计与运行、部署 Python 环境、文本编辑器和 Python 基础语法。通过这部分内容的学习，可以初步了解计算机程序语言、程序设计与运行的过程，以及 Python 环境部署和基本语法。

习 题 1

1. 举例说明 Python 是一个动态语言。
2. 说明解释方式和编译方式的区别。
3. 结合 import 语句，说明库的导入方法。
4. 举例说明扩展库的安装方法。
5. 从功能上说明 Unicode 编码、UTF-8 编码和 ASCII 编码的区别。

第2章 数据类型与表达式

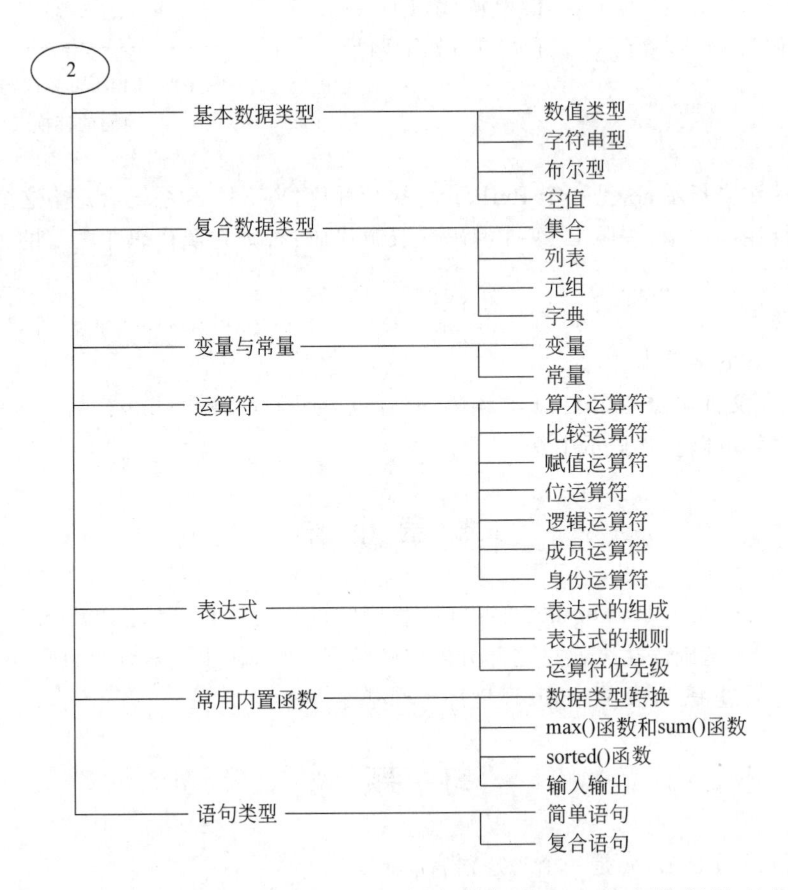

Python数据类型可分为基本数据类型和复合数据类型。基本数据类型主要有数值型、字符串型和布尔型，复合数据类型主要有集合、列表、元组和字典等。

2.1 基本数据类型

在Python语言中，任何数据类型的数据都可以看成一个对象，可以利用变量指向这些数据对象。也就是说，可以通过对变量赋值实现数据与变量相关联。

2.1.1 数值类型

数值类型主要有整型数、浮点数和复数型数。

1. 整型数

整型数可以表示任意大小的正、负整数,表示方法与数学上的写法完全相同。字面量是以变量或常量给出的原始数据,在 Python 中有各种类型的字面量,例如,b=101 是将整数十进制字面量分配给变量 b。

数值的字面量通常以十进制表示,根据特定情况,数值的字面量也可以使用二进制、八进制或十六进制来表示。

在 Python 语言程序中,整型数的表示方法如下。

(1) 十进制整数:与数学上的写法完全相同,例如 1、50、100、-8080、-100 和 0。

(2) 二进制整数:以 0b 开头,后跟二进制数的数据,例如 0b100。

(3) 八进制整数:以 0o 开头,后跟八进制数的数据,例如 0o100。

(4) 十六进制整数:以 0x 开头,后跟十六进制数的数据,例如 0x90f。

2. 浮点数

浮点数可以表示实数数据,浮点数由整数部分、小数点和小数部分组成。浮点数的表示方法如下。

使用十进制小数表示法表示浮点数,如 3.1415926、12.3 和 0.0 等,这里的 0.0 并不是 0,小数点左边的 0 表示一个整数,而小数点右边的 0 表明是一个浮点数。

在 Python 中,用字母 e(或 E)表示以 10 为底数的指数,可将 1.23×10^9 写成 1.23e9 或者 12.3e8。

整数和浮点数在计算机内部存储的方式不同,其中,整数运算可以永远保持精确,而浮点数运算则包含了由于四舍五入引起的运算误差。基于这一点考虑,应该避免在浮点数之间直接进行相等的比较。如果一定需要比较,则可以使用两个浮点数之差的绝对值是否足够小来作为判断两个浮点数是否相等的条件。

例如:

```
>>>0.5-0.4==0.1
False
>>>abs(0.5-0.4-0.1)<1e-6
True
```

可以使用下述语句获得当前系统下浮点数所能够表示的最大数和最小数。

```
>>>import sys                #导入系统模块
>>>sys.float_info.max        #当前系统下浮点数所能够表示的最大数
1.7876931348623157e+308
>>>sys.float_info.min        #当前系统下浮点数所能够表示的最小数
2.2250738585072014e-308
```

3. 复数型数

复数型数表示数学中的复数,复数由实数部分和虚数部分组成,可以使用 re+imj 或者 re+imJ 表示,其中复数的实部 re 和虚部 im 都是浮点数。j(或 J)为虚数单位,j 的平方等于−1。

(1) 复数的实部和虚部的获取方法。

可以使用 a+bj 或 complex(a,b)来表示复数的实部和虚部,其语法格式如下:

```
complex(re,im)
```

其中,re 为 real,表示复数的实部;im 为 imag,表示复数的虚部。

复数的实部和虚部都是浮点型。由于 complex 本身也是类,因此,属性 re 和 im 可用于获取复数的实部和虚部,相关属性获取的语法格式如下:

获取复数的实数部分:

```
x.real
```

获取复数的虚数部分:

```
x.imag
```

(2) 获取共轭复数的方法。

获取共轭复数的方法为:

```
z.conjugate()
```

其中,z 为 complex 对象。如果 z=1.1+5j,则使用 conjugate()方法可以获取其共轭复数为 1.1−5j。

```
>>>z=1.1+5j
>>> z.conjugate()
1.1-5j
```

4. 数值类型的转换

可以对数值类型进行转换,常用下述的 4 个函数完成这种转换。

(1) int(x)函数。

利用 int(x) 函数可将 x 转换为一个整数,转换原则是对 x 的小数部分四舍五入取整。例如:

```
>>>int(123.4)
123
```

(2) float(x)函数。

利用 float(x) 函数可将 x 转换为一个浮点数,转换原则是对 x 添加小数点并在小数点后面添加一个 0。例如:

```
>>>float(123)
123.0
```

例如,对于付款中的免除找零的问题,可以利用 int(x)函数和 float(x)函数的复合操作完成。首先使用 int(x)函数将 x 取整,然后再使用 float(x)函数转换成浮点数。

```
>>>float(int(123.4))
123.0
```

说明对 123.4 免除找零时，仅找回 123.0 即可。

(3) complex(x) 函数。

利用 complex(x)函数可以将 x 转换为一个复数，其实数部分为 x，虚数部分为 0。例如：

```
>>>x=2.2
>>>complex(x)
(2.2+0.0j)
```

(4) complex(x,y) 函数。

利用 complex(x,y)函数可将 x 和 y 转换为一个复数，其实数部分为 x，虚数部分为 y，x 和 y 是数学表达式。例如：

```
>>>x=2.2
>>>y=3.3
>>>complex(x,y)
(2.2+3.3j)
```

2.1.2 字符串型

字符串(String)是由数字、字母、下画线组成的一串字符。字符串是用单引号(')或双引号(")括起来的单行字符串，用三个引号括起来的是多行字符串。可用 str 表示其类型，例如，'abc'、"xyz"等都是 Python 语言的字符串。其中单引号或者双引号只是一种标注方式，其本身并不是字符串的一部分，因此字符串'abc'只包含 a、b、c 这 3 个字符。如果单引号本身也是一个字符，可以使用双引号括起来，例如，"I'm OK"包含的字符是 I、'、m、空格、O、K 这 6 个字符。例如：

```
>>>str1='Big Data'
>>>str2='Data Manning'
```

用三引号括起来的内容是两行或两行以上的多行字符串，例如，下面是两行字符串。

```
>>>'''Big Data
>>>Analysis & Manning'''
```

2.1.3 布尔型

布尔型数值与布尔代数的表示完全一致，一个布尔值只有 True、False 两种取值，可以用于表示具有两个确定状态的量，在计算机中可用 1 和 0 来表示。在 Python 中，可以直接使用 True、False 来表示布尔值，也可以通过布尔运算(and、or 和 not 运算)计算而得。

```
>>>True
```

```
True
>>>False
False
>>>3>2
True
>>>3>5
False
```

布尔值可以使用 and、or 和 not 运算。

(1) and 运算。

and 运算又称为“与”运算，只有所有操作数都为 True，and 运算结果才是 True。

```
>>>True and True
True
>>>True and False
False
>>>False and False
False
```

(2) or 运算。

or 运算又称为“或”运算，只要其中有一个操作数为 True，or 运算的结果就是 True。

```
>>>True or True
True
>>>True or False
True
>>>False or False
False
```

(3) not 运算。

not 运算又称为“非”运算，它是一个单目运算符，其功能使将 True 变成 False，False 变成 True。

```
>>>not True
False
>>>not False
True
```

布尔型数值经常用在条件判断中，例如：

```
if age>=18:
    print('adult')
else:
    print('no adult ')
```

2.1.4 空值

空值是 Python 语言的一个特殊值，用 None 表示。不能将空值理解为 0，这是因为 0

是一个有意义的数，而 None 是一个空值。

2.2　复合数据类型

Python 包含的复合数据类型主要有序列类型、映射数据类型和集合类型。序列类型是一个元素向量，元素之间存在先后关系，通过序号进行访问，序列类型主要有列表、元组和字符串等。映射数据类型是一种键值对，一个键只能够对应一个值，但是多个键可以对应相同的值，而且通过键可以访问值。字典是 Python 中唯一的映射数据类型。字典中的元素没有特定的顺序，每个值都对应一个唯一的键。字典类型的数据与序列类型的数据的区别在于存储和访问方式的不同。另外，序列类型仅使用整数作为序号；而映射类型可以使用整数、字符串或者其他类型的数据作为键，而且键和值具有一定关联性，即键可以映射到数值。集合类型是通过数学中的集合概念而引入，集合是一种无序不重复集。

集合的元素类型只能够是固定数据类型，例如整型、字符串、元组等，而列表、字典等是可变数据类型，不能够作为集合中的数据元素，集合可以进行交、并、差、补等集合运算。

2.2.1　集合

集合是一个无序的无重复元素的序列，其基本功能是完成成员关系测试和删除重复元素。集合的语法格式如下：

$\{value_1, value_2, \cdots value_i \cdots value_n\}$

其中，使用花括号括起来的 $value_i$ 为集合元素，各个元素之间使用逗号隔开。例如，number 集合为：

```
number={1,2,3,4,5,6}
```

2.2.2　列表

在 Python 语言中，用方括号表示一个列表。在方括号中，可以是整型数据，也可以是字符串型的数据，甚至可以是布尔型数值。列表的语法格式如下：

$[value_1, value_2, \cdots value_i \cdots value_n]$

其中，使用方括号括起来的 $value_i$ 为列表元素，各个元素之间使用逗号隔开。例如，list1、list2 和 list3 是三个列表，其内容如下：

```
lis1=['bigdata','proceding',2008,2018]
lis2=[10,20,30,40,50,60,70,80,90]
lis3=["a","B","c","D"]
```

列表是 Python 语言中的一种最常用的数据类型，列表的各数据项不需要具有完全相同的数据类型。列表初始化之后，可以对其元素进行修改。可用 a=[]定义了一个变量 a，表明它是列表类型变量，但其内容为空。

2.2.3 元组

Python 的元组是另一种有序列表，元组用“()”符号表示。元组的语法格式如下：

$(value_1, value_2, \cdots value_i \cdots value_n)$

元组与列表相似，但是在 Python 中元组是不可变数据类型，一旦初始化元组之后，其元素就不能修改。因为元组元素不可变，所以其代码更为安全。基于这一点考虑，在 Python 程序中，如果能用元组代替列表，就尽量使用元组。

例如，tup1、tup2 和 tup3 是三个元组。

```
tup1=('Bigdata','Datamining',1997,2000)
tup2=(1,2,3,4,5)
tup3=("a","b","c","d")
```

2.2.4 字典

Python 字典是另一种可变容器模型，字典是由键值对组成的集合，字典中的值通过键引用。字典的语法格式如下：

```
{k1:v1,k2:v2,…,kn:vn}
```

其中，ki 为键，vi 为值。例如：

```
dict={'xiaowang':2341, 'xiaozhang':9102}
```

(1) 每个键与值用冒号隔开，前面为键，后面为值。各个键值对之间用逗号分隔，字典整体放在花括号中。

(2) 键必须为字符串、数字或元组，但其值则不一定为字符串。

(3) 值可以取任何数据类型，但必须不可变，如字符串、数值或元组。

2.3 变量与常量

程序设计语言的最强大功能之一是操纵变量。

2.3.1 变量

变量代表某个数值的名字，以后再使用这个数值时，就可以直接引用名字，不用再重写具体的值。

在 Python 中，在使用变量前无需显式声明变量，而且变量类型也不固定，直接赋值即可。例如，可以将一个整型数赋予变量，但随后也可以将一个字符串再赋给这个变量。变量在程序中用一个变量名表示，变量名必须遵循变量命名规则。

1. 变量命名规则

在 Python 中，当为变量赋值时，变量名就会存在。变量的命名同样遵守标识符的命名规则。

(1) 变量名可以由字母、数字、下画线组成,其中数字不能打头。

(2) 变量名不能是 Python 关键字,但可以包含关键字。

(3) 变量名不能包含空格。

(4) 变量名区分大小写。

例如下面的变量符合标识符的命名规则:

```
abc_xyz、HelloWorld、abc
```

下面的变量不符合标识符的命名规则:

```
xyz#abc、12abc
```

一般选择有意义的名字作为变量名,以此标记变量的用处,有助于记忆。建议变量名以小写字母开头。

2. 举例说明

(1) 下画线可以出现在变量名中,经常可以连接多个词组。例如:

```
happy_learning
happy_working
```

(2) 如果变量名非法,解释器将提示语法错误。例如:

```
>>>5Big_Data=12345678
```

上述例子出现了语法错误,表明为无效的语法,其原因是变量名以数字 5 开头。又如:

```
>>>xiaozhang@me='computenetwork'
```

上述例子为无效的语法,其原因是变量名中包含了非法字符@。又如:

```
>>>from=5678
```

上述例子为无效的语法,其原因是不能使用关键字 from 作为变量名。

3. 变量的赋值

在 Python 中,变量的赋值是通过变量对对象的引用实现的。变量与对象的关系体现在引用上。变量引用对象就是建立变量到对象的连接。变量由赋值语句创建,而且是在第 1 次给这个变量赋值时创建变量。创建对象的同时也建立了变量与对象的连接,如图 2-1 所示。

变量　对象
x —引用→ 50

图 2-1　变量 x 引用对象 50

例如:

```
a=1
```

变量 a 引用一个整数 1,即变量 a 指向存储整数 1 的内存地址。

```
j_09='j09'
```

变量 j_09 引用字符串'j09',其中变量名中带有下画线。

```
answer=True
```

将一个布尔值赋给变量 answer。

从上述例子可以看出,同一个变量可以反复赋值,而且可以是不同类型的数据,这是由于 Python 变量并不直接存储值,而是存储了值的内存地址的原因。下面的程序:

```
a=123
print(a)
a='ABC'
print(a)
```

运行结果:

```
123
ABC
```

将这种变量类型可以不固定的语言称为动态语言,与之对应的是静态语言。静态语言在使用变量时必须先声明变量类型,如果赋值的类型不匹配,就会提示出错。与静态语言相比,动态语言更为灵活。

不要将赋值语句中的等于号等同于数学中的等于号。例如,下面的代码:

```
x=10
x=x+2
```

如果从数学上理解 x=x+2,那是不成立的,但在程序中,赋值语句先计算右侧的表达式 x+2,得到结果 12,再赋予变量 x。由于 x 之前的值是 10,重新赋值后,x 的值就变成 12。

4. Python 变量在内存中的赋值过程

Python 变量是类型不固定的变量,在内存中的表示说明如下。对于 a='ABC'语句,Python 解释器将完成下述工作。

(1) 在内存中创建了一个'ABC'字符串。

(2) 在内存中创建了一个名为 a 的变量,并将 a 指向'ABC'字符串。

将一个变量 a 赋值给另一个变量 b 时,完成的操作是将变量 b 指向变量 a 所指向的数据,例如,下面的程序:

```
a='ABC'
b=a
a='XYZ'
```

print(b)的运行结果:

```
ABC
```

执行上述程序的过程:

(1) 执行 a='ABC',解释器创建了字符串'ABC'和变量 a,并将 a 指向字符串'ABC',如图 2-2 所示。

(2) 执行 b=a,解释器创建了变量 b,并将 b 指向 a 所指向的字符串'ABC',如图 2-3 所示。

图 2-2　变量 a 引用字符串'ABC'　　图 2-3　a 和 b 都引用字符串'ABC'

(3) 执行 a='DEF',解释器创建了字符串'DEF',并将 a 改为指向字符串'DEF',但 b 的指向并没有更改,如图 2-4 所示。

(4) 最后输出变量 b 的结果为'ABC'。

'ABC'
a
b
'DEF'

图 2-4　a 引用'DEF'

2.3.2　常量

常量是指在程序运行过程中不能变化的数据,也就是说,常量是一旦初始化之后就不能够修改的固定值。按其值类型分为整型常量、浮点型常量、字符串常量等,例如,整型常量有 0、−15,浮点型常量有 3.14159265359,字符串常量有'DEF'。

整数的除法即使除不尽,也可以按四舍五入规则取整,使得整数除法的结果也永远是整数。例如:

```
>>>10//3
3
```

如果需要做精确的除法,只需将其中一个整数换成浮点数做除法,例如将 10//3 改为 10.0/3:

```
>>>10.0/3
3.3333333333333335
>>>10/3
3.3333333333333335
```

因为整数除法只取结果的整数部分,所以 Python 还提供一个余数运算,运算符为"%",其结果是两个整数相除后所得到的余数。例如:

```
>>>10%3
1
```

无论是整数做除法还是取余数除法,结果商值和余数值永远是整数。

2.4　运　算　符

Python 程序是语句的集合,而语句是 Python 程序运行的一个基本单元,即可以执行的命令。表达式是值、变量和运算符的组合,运算符是组成表达式的基本成分。Python 语言中的运算符种类丰富,运算能力强大,主要包括算术运算符、比较运算符、赋值运算符、位运算符、逻辑运算符、成员运算符和身份运算符等多种运算符。

2.4.1 算术运算符

如表 2-1 所示，以变量 x＝4 和 y＝2 为例，描述算术运算符的功能。

表 2-1 算术运算符与运算规则

运算符	功 能 描 述	举例(假设 x＝4，y＝2)
＋	加：两个对象相加，x＋y	x＋y＝6
－	减：两个对象相减，x－y	x－y＝2
*	乘：两个数相乘，x * y	x * y＝8
/	除：x 除以 y，x/y	x/y＝2
%	取余：返回除法的余数，x % y	x%y＝0
**	幂：返回 x 的 y 次幂，x**y	x**y＝16
//	取整除：返回商的整数部分 x//y	x//y＝2

例如，算术运算符的用法如下：

```
>>>x=4
>>>y=2
>>>z=0
>>> x+y
6
>>> x-y
2
>>> x * y
8
>>> x/y
2.0
>>>x%y
0
>>>x=2
>>>y=3
>>>x**y
8
>>>x=10
>>>y=5
>>>x//y
2
```

Python 的求余运算符完全支持对浮点数求余。求余运算的结果不一定总是整数，它是使用第一个操作数来除以第二个操作数，得到一个整除的结果后剩下的值就是余数。由于求余运算也需要进行除法运算，因此求余运算的第二个操作数不能是 0，否则程序会报出 ZeroDivisionError 错误。例如：

```
>>>5%3
2
>>>5.2%3.1
2.1
>>>-5.2%-3.1
-2.1
>>>5.2%-2.9
-0.5999999999999996
>>>5.2%-1.5
-0.7999999999999998
>>>-5.2%1.5
0.7999999999999998
```

前三个算式进行的都是很简单的求余计算。但对 5.2%－2.9 的预计结果为－0.6，而实际输出的是－0.5999999999999996，这是由浮点数的存储机制所导致的。计算机底层的浮点数的存储机制并不是精确保存每一个浮点数的值，此处正常计算的结果应该是－0.6，但实际计算出来的结果是一个非常接近的值。

2.4.2 比较运算符

Python 语言的比较运算符及其功能如表 2-2 所示。

表 2-2 比较运算符的运算规则

运算符	描　述	举例（假设 x=4，y=2）
==	等于，比较对象是否相等	(x==y)返回 False
!=	不等于，比较两个对象是否不相等	(x! =y)返回 True
>	大于，返回 x 是否大于 y	(x>y)返回 True
<	小于，返回 x 是否小于 y	(x<y)返回 False
>=	大于或等于，返回 x 是否大于或等于 y	(x>=y)返回 True
<=	小于或等于，返回 x 是否小于或等于 y	(x<=y)返回 False

例如，比较运算符的用法如下：

```
>>>x=25
>>>y=15
>>>z=0
>>>x==y
False
>>>x!=y
True
>>>x<y
```

```
False
>>>x>y
True
>>>x=5
>>>y=20
>>>x<=y
True
>>>y>=x
False
```

2.4.3 赋值运算符

Python 语言的赋值运算符的功能如表 2-3 所示。

表 2-3 赋值运算符的运算规则

运算符	描　述	举　例
=	简单的赋值运算符	z=x+y 将 x+y 的运算结果赋值给 z
+=	加法赋值运算符	z+=x 等效于 z=z+x
-=	减法赋值运算符	z-=x 等效于 z=z-x
*=	乘法赋值运算符	z*=x 等效于 z=z*x
/=	除法赋值运算符	z/=x 等效于 z=z/x
%=	取模赋值运算符	z%=x 等效于 z=z%x
**=	幂赋值运算符	z**=x 等效于 z=z**x
//=	取整除赋值运算符	z//=x 等效于 z=z//x

例如，变量 x 为 21，变量 y 为 20，Python 赋值运算符的程序如下：

```
>>>x=21
>>>y=10
>>>z=0
>>>x+y
31
>>>z+=x
21
>>>z*=x
>>>z
441
```

2.4.4 位运算符

位运算符是将数字以二进制位来进行计算，需要将数值转换为二进制后再进行位运算。假设变量 x=60，y=13，Python 中的位运算符的功能描述如表 2-4 所示。

表 2-4　位运算符的运算规则

运算符	描　述	举　例
&	按位与运算符：在参与运算的两个值中，如果两个相应位都为1，则该位的结果为1，否则为0	(x&y)输出结果为12 二进制为：00001100
|	按位或运算符：只要对应的两个二进制位有一个为1，则结果位就为1	(x|y)输出结果为61 二进制为：00111101
^	按位异或运算符：当两个对应的二进制位相异时，结果为1	(x^y)输出结果为49 二进制为：00110001
～	按位取反运算符：对数据的每个二进制位取反，即把1变为0，把0变为1	(～x)输出结果为－61 二进制为：11000011
<<	左移位运算符：将运算数的各二进制位全部左移若干位，由"<<"右边的数指定移动的位数，并将高位丢弃，低位补0	x<<2输出结果为240 二进制为：11110000
>>	右移位运算符：把">>"左边的运算数的各二进制位全部右移若干位，">>"右边的数指定移动的位数	x>>2输出结果为15 二进制为：00001111

例如，Python位运算符的示例程序如下：

```
>>>x=60                              #60=00111100
>>>y=13                              #13=00001101
>>>z=0
>>> x&y                              #12=00001100
12
>>> x|y                              #61=00111101
61
>>>x^y                               #49=00110001
49
>>>~x                                #-61=11000011
61
>>>x<<2                              #240=11110000
240
>>>x>>2                              #15=00001111
15
```

2.4.5　逻辑运算符

Python语言支持逻辑运算，假设变量x＝True，y＝False，则其逻辑运算符功能如表2-5所示。

表 2-5　逻辑运算符的运算规则

运算符	描　述	举　例
and	布尔"与"：仅当x为True且y为True时，(x and y)返回True；否则返回False	(x and y)返回False

续表

运算符	描　述	举　例
or	布尔“或”：仅当 x 为 False 且 y 为 False 时，(x or y)返回 False；否则返回 True	(x or y)返回 True
not	布尔“非”：如果 x 为 True，则返回 False，如果 x 为 False；则返回 True	not(x)返回 False

例如，变量 x 为 True，变量 y 为 False，Python 逻辑运算符的示例程序如下：

```
>>>x=True
>>>y=False
>>>not(x and y)
False
>>>x or y
True
>>>not(x or y)
False
```

2.4.6 成员运算符

除了以上的一些运算符之外，Python 还支持成员运算，测试实例中包含了一系列的成员，包括字符串、列表或元组等，成员运算符的运算规则如表 2-6 所示。

表 2-6　成员运算符的运算规则

运算符	描　述	举　例
in	如果在指定的序列中找到值，则返回 True；否则返回 False	如果 x 在 y 序列中，则返回 True
not in	如果在指定的序列中没有找到值，则返回 True；否则返回 False	如果 x 不在 y 序列中，则返回 True

例如，Python 成员运算符的示例程序如下：

```
>>>x=10,y=20
>>>list=[1,2,3,4,5];
>>>x in list
False
>>>y not in list
True
>>>x=2
>>>x in list
True
```

2.4.7 身份运算符

身份运算符用于比较两个对象的存储单元，其功能描述如表 2-7 所示。

表 2-7　身份运算符的运算规则

运算符	描　述	举　例
is	is 判断两个标识符是否引用同一个对象	x is y 等同于 id(x)==id(y)。如果引用的是同一个对象,则返回 True;否则返回 False
is not	is not 判断两个标识符是否引用不同的对象	x is not y 类似于 id(x)!=id(y)。如果引用的不是同一个对象,则返回 True;否则返回 False

在上表中所用的 id()函数可以用于获取对象的内存地址。例如:

```
>>>x=50,y=50
>>>x is y
True
>>>y=60
>>>x is y
False
>>>x is not y
True
```

需要说明的是,is 与==区别是:is 用于判断两个变量引用的是否是同一个对象,==则用于判断引用变量的值是否相等。例如:

```
>>>x=[1,2,3]
>>>y=x
>>>y is x
True
>>>y==x
True
>>>y=x[:]
>>>y is x
False
```

2.5 表　达　式

在程序中,经常需要使用表达式,Python 表达式的组成与书写规则如下。

2.5.1　表达式的组成

由操作数、运算符和圆括号按一定规则组成表达式,表达式通过运算后产生运算结果,并返回结果对象,运算结果的类型由操作数和运算符共同决定。运算符指明对操作数做何种运算,例如+、-、*、/等。操作数包括文本常量(没有名称的常数值,如 1、"cde")、类的成员变量和函数(如 math.pi、math.sin(x))等,也包括子表达式(如 2*8)等。例如:

```
a+b-c
```

```
a * b/c
a+b * c+d**2
```

2.5.2 表达式的规则

表达式的书写规则如下。

(1) 在同一基准上,表达式从左到右书写,例如,将数学运算式 $b+d^2$ 写成如下的 Python 表达式:

```
b+d**2
```

(2) 乘号不可省略,例如,数学运算式 b+df 可以写成如下 Python 表达式:

```
b+d * f
```

(3) 括号必须成对出现,而且只能使用圆括号,并且圆括号可以嵌套使用。

例如,数学运算式 a+b×5+sin(x)−e 可以写成如下 Python 表达式:

```
a+b * 5+math.sin(x)-e
```

2.5.3 运算符优先级

表达式既可以很简单,也可以很复杂,尤其是当表达式包括多个运算符时,由运算符的优先级控制各个运算符的计算顺序。从最高到最低优先级的所有运算符如表 2-8 所示。

表 2-8 表达式的运算符优先级

运 算 符	描 述
**	指数(最高优先级)
～、＋、－	按位取反、一元加号和减号
*、/、%、//	乘、除、取模和取整除
＋、－	加法、减法
>>、<<	右移、左移运算符
&	位"与"运算符
^|	位"或"运算符
<=、< >、>=	比较运算符
<>、==、!=	不等于、等于运算符
=、%=、/=、//=、-=、+=、*=、**=	赋值运算符
is、is not	身份运算符
in、not in	成员运算符
not、or、and	逻辑运算符

例如,演示 Python 运算符优先级的操作程序如下:

```
>>>a=20,b=10
>>>z=15,d=5
>>>e=0
>>>e=(a+b) * z/d                #(30 * 15)/5
90
>>>e=((a+b) * z)/d              #(30 * 15)/5
90
>>>e=(a+b) * (z/d);             #(30) * (15/5)
90
>>>e=a+(b * z)/d;               #20+(150/5)
50
```

又如:

```
>>> not "Abc"=="abc" or 2+3!=5 and "23"<"3"
True
```

2.6　常用内置函数

内置函数的特点是不需要导入任何模块就可以直接使用,所以内置函数具有非常快的运行速度。应用内置函数可以提高编程的速度和编程技巧。在 Python 语言中,设置有大量的内置函数。为了便于使用,可以使用下面的语句查看所有的内置函数和内置对象。

```
>>>dir(__builtins__)
```

2.6.1　数据类型转换

用于数据类型转换的内置函数如表 2-9 所示。

表 2-9　数据类型转换函数

函　　数	描　　述
int(x[,base])	将 x 转换为一个整数
long(x[,base])	将 x 转换为一个长整数
float(x)	将 x 转换为一个浮点数
complex(real[,imag])	创建一个复数
str(x)	将对象 x 转换为字符串
repr(x)	将对象 x 转换为表达式字符串
eval(str)	计算字符串中的有效 Python 表达式,并返回一个对象

续表

函　　数	描　　述
tuple(s)	将序列 s 转换为一个元组
list(s)	将序列 s 转换为一个列表
set(s)	将序列 s 转换为一个可变集合
dict(d)	创建一个字典，d 必须是一个序列(key,value)元组
frozenset(s)	转换为不可变集合
chr(x)	将一个整数转换为一个字符
unichr(x)	将一个整数转换为 Unicode 字符
ord(x)	将一个字符转换为它的整数值
hex(x)	将一个整数转换为一个十六进制字符串
oct(x)	将一个整数转换为一个八进制字符串

(1) 使用 bin()、oct()和 hex()内置函数分别将整数转换为二进制数、八进制数和十六进制数。

```
>>>bin(553)
'0b000101001'
>>>oct(555)
'0o1053'
>>>hex(555)
'0x22b'
```

(2) 使用 float()内置函数将整数或字符串转换为浮点数，使用 complex()内置函数可以用来生成复数。

```
>>>float('5.6')
5.6
>>>float(123)
123.0
>>>complex(5,8)
5+8j
```

(3) 单个字符与 Unicode 码之间的相互转换。

利用 ord()函数返回单个字符的 Unicode 码：

```
>>>ord('a')
97
```

利用 chr()函数返回 Unicode 码所对应的字符：

```
>>>chr(65)
'A'
```

```
>>>chr(ord('A')+1)
'B'
```

利用 str()函数将其对应的任意类型参数转换为字符串：

```
>>>str(1234)
'1234'
>>>str([1,2,3])
'[1,2,3]'
>>>str((1,2,3))
'(1,2,3)'
```

（4）其他类型数据到列表、元组、字典和可变集合的转换。利用 list()、tuple()、dict()和 set()内置函数可以完成其他类型数据到列表、元组、字典和可变集合的转换，或者创建空列表、空元组、空字典和空集合。

将 range 对象转换为列表：

```
>>>list(range(5))
[0,1,2,3,4]
```

在上述的例子中，使用的 range()函数的一般格式中含有 a、b、step 三个参数，其中 a 代表起始值，每次循环都会把 a 加上 step，一直加到最后一个比 b 小的值为止。在实际使用中，a 和 step 可以缺省，默认为 0 和 1。

转换为元组：

```
>>>tuple(_)                    #括号中的下画线代表上一次的输出结果
(0,1,2,3,4)
```

转换为字典(创建字典)：

```
>>>dict(zip('1234','abcde'))
{'4':'d','2':'b','3':'c','1':'a'}
```

创建可变集合，自动去除重复元素：

```
>>>set('111222334')
{'4','2','3','1'}
```

（5）类型转换。利用 eval()内置函数计算字符串之和：

```
>>>eval('3'+'8')
11
```

利用 eval()内置函数完成数字字符串到数字的转换：

```
>>>('7')
7
```

eval()内置函数不允许以 0 开头的数字：

```
>>>eval('08')
SyntaxError:invalid token
```

int()函数允许以 0 开头的数字：

```
>>>int('06')
6
```

字符串求值：

```
>>>eval(str([1,2,3,4]))
[1,2,3,4]
```

将字符串中的每个字符都变为列表中的元素：

```
>>>list(str([1,2,3,4]))
['[','1',',','2',',','3',',','4',']']
```

（6）使用 type()内置函数判断数据类型：

```
>>>type([3])
<class 'list'>
>>>type({3})
<class 'set'>
>>>type((3))
<class 'tuple'>
```

使用 isinstance()函数，判断 10 是否为 int 类型：

```
>>>isinstance(10,int)
True
```

判断 8j 是否为 int、float、complex 三种类型中的一种：

```
>>>isinstance(8j,(int,float,complex))
True
```

2.6.2 max()函数和 sum()函数

max()函数和 sum()函数可以计算列表、元组或其他包含有限个元素的可迭代对象中所有元素的最大值、最小值及所有元素之和。

1. max()函数

求元组的最大值：

```
>>> a='1,2,3,4,5,6'
>>> type(a)                    #判断 a 的类型
<type 'str'>
>>> max(a)                     #max()函数返回了最大值
'6'
```

求列表的最大值：

```
>>> a=[1,2,3,4,5,6]
>>> type(a)                      #判断 a 的类型
<type 'list'>
>>> max(a)                       #max()函数也返回了最大值
6
```

如果列表中的元素是元组，则计算最大值的方法是：按照元素中的元组的第一个元素的排列顺序(按 ASCII 码大小)输出最大值，如果第一个元素相同，则比较第二个元素，以此类推，计算出最大值。

例如：

```
>>> a=[(1,2),(2,3),(3,4),(4,3)]
>>> max(a)
(4, 3)
>>> a=[('a',1),('A',1)]
>>> max(a)
('a', 1)
>>> a=[(1,3),(2,2),(2,3),(3,1),(3,2)]
>>> max(a)
(3, 2)
>>> a=[(1,3),(2,2),(3,1),(3,'b'),('a',1)]
>>> max(a)
('a', 1)
>>> a=[(1,3),(2,2),(3,1),(3,'b'),('a',1),('f',3)]
>>> max(a)
('f', 3)
```

求字典最大值。比较字典里面的最大值，其中最大的键值为字典的最大值。

```
>>> a={1:2,2:2,3:1,4:'aa',5:7}
>>> max(a)
5
```

2. sum()函数

```
>>>sum([1,2,3])
3
>>>sum([4,5,6],2)
17
>>>sum([0,1,2,3],5)
11
```

2.6.3　sorted()函数

sorted()函数可以对列表、元组、字典和集合进行排序并返回新列表，可以使用参数指定排序规则。

1. 按规则排序

```
>>>x=list(range(11))
>>>import random
>>>random.shuffle(x)              #shuffle(x)用于随机排序
>>>x
[4,2,5,8,3,1,7,6,9,10,0]
sorted(x)                         #按默认规则(从小到大)排序
[0,1,2,3,4,5,6,7,8,9,10]
```

又如：

```
>>>g=[1,4,6,8,9,3,5]
>>>sorted(g)
[1, 3, 4, 5, 6, 8, 9]
>>>g
[1,4,6,8,9,3,5]                   #对列表 g 排序,返回的对象不会改变原列表 g
```

2. 倒序排序

```
>>>example_list =[5, 0, 6, 1, 2, 7, 3, 4]
>>> result_list = sorted(example_list, key=lambda x: x*-1)
                                  #根据自定义规则降序排序
>>> print(result_list)
[7, 6, 5, 4, 3, 2, 1, 0]
>>>example_list = [5, 0, 6, 1, 2, 7, 3, 4]
>>> sorted(example_list, reverse=True)
                                  #通过传入第三个参数 reverse=True 实现反向排序
[7, 6, 5, 4, 3, 2, 1, 0]
```

2.6.4 输入输出

input()函数和 print()函数是基本的输入/输出内置函数。

1. input()函数

input()函数用于接收用户的键盘输入,并存放到一个变量中。不论用户输入的内容是什么,input()函数一律将其作为字符串处理,并且可以根据需要,对输入的内容使用内置函数 int()、float()、eval()进行类型转换。

input()输入函数的功能是等待任意一个字符的输入。使用 input()可从标准输入中读取一个字符串,但对于用户输入的换行符不读入,这是因为 input()以换行符作为输入结束的标志。如果 input()输入函数得到一个整数、小数或者其他的值,则将在输入值的左右两边各加上一个引号,即转换成字符串。如果需要非字符串,则需要做后期的转换处理。

该函数的第一个参数是提示语,它默认是空的。

input()函数的语法格式如下：

```
x=input('x:')
```

'x'是指通过键盘输入的提示。例如：

```
>>>x=input('input:')
input:666
>>>x
666
>>>type(x)
<class 'str'>
>>>int(x)
666
>>>eval(x)
666
>>>x=input('input:')
input:[1,2,3]
>>>x
'[1,2,3]'
>>>type(x)
<class 'str'>
>>>eval(x)
[1,2,3]
```

input()函数具有自动识别输入内容的能力,常用于输入数字类型数据。例如：

```
>>>x=input("输入 x:")
```

输入 x：5678

```
>>>type(x)
< class'str'>
>>>x
"5678"
```

如果使用 x=input('input string:\n'),那么接收输入数据作为 string 类型传给 x,其中\n 为换行提示信息。

(1) 输入整数。为了得到一个整数,可以使用强制类型转换。例如：

```
>>>x=int(input("输入 x:"))
```

输入 x：555

```
>>>type(x)
<class'int'>
>>>x
555
```

(2) 输入多个数据。可以使用 eval()函数,接收多个数据输入,间隔符必须是逗号。

eval()函数的功能是单纯的去除引号，当 eval()函数执行后，将引号中的内容写回了代码的原来位置。例如，利用 eval()函数输入两个任意类型的数据，并分别赋予 a 变量和 b 变量的语句如下：

```
>>>a,b,c=eval(input())
1,2,3
>>>a
1
>>>c
3
```

例如：

```
>>>x=input('x=')              #输入 3000
x=3000
>>>x
'3000'
>>>x=input('x=')              #输入 xyz
x=xyz
>>>x
'xyz'
>>>x=float( input('x='))      #输入 324.95
x=324.95
>>>x
324.95
```

其中，3000、xyz 和 324.95 都为键盘输入。

当输入 x=input('x=')并按下 Enter 键后，Python 交互式命令行就等待输入。这时可以输入任意字符，然后按 Enter 键后完成输入。输入完成后，没有任何提示，Python 交互式命令行又回到命令态，那么刚才输入的内容已存放到 x 变量中。

2. print()函数

利用 print()函数组成的 print 语句可以输出指定格式的运算结果，也可以用 print()加上字符串，就可以向屏幕上输出指定的文字。例如，输出'hello，world'字符串的代码如下：

```
>>>print('hello,world')
```

print 语句也可以后跟多个字符串，字符串之间用逗号“，”隔开，就可以将多个字符串连成一串输出。

```
>>>print('BigData','Analyses and Manning','Information')
```

输出结果是依次打印每个字符串，遇到逗号“，”时输出一个空格，输出内容如下：

```
BigData Analyses and Manning Information
```

print()函数也可以输出整数或者计算结果，例如：

```
>>>print(300)
300
>>>print(100+200)
300
```

输出100＋200的结果：

```
>>>print('100+200=',100+200)
100+200=300
```

对于100＋200，自动计算出结果300，但是'100＋200＝'是字符串而非数学公式。每次运行该程序，根据用户输入的不同，Python输出结果也不同。在命令行下，输入和输出比较简单。任何计算机程序都是为了执行一个特定的任务，有了输入，用户才能告诉计算机程序所需的信息；有了输出，程序运行后才能告诉用户任务执行的结果。

input()函数和print()函数是最基本的输入和输出函数，但是用户也可以通过其他更高级的图形界面完成输入和输出。

2.7　语句类型

Python语句可分为简单语句和复合语句。

2.7.1　简单语句

简单语句由一个逻辑行组成，常用的简单语句如下。

1. 表达式语句

表达式也可以是语句，它可以是函数调用或者文档字符串。

2. 断言语句

断言语句可以检查条件是否为真，如果不是则会引发一个异常。

3. 赋值语句

赋值语句将变量绑定到值上，多个变量可同时赋值。

4. 增量赋值语句

赋值可以通过运算符扩充，运算符将已有变量增值，然后将变量重新绑定到结果上。

5. pass语句

pass语句是一个无操作语句，也就是什么都不做，但可起到占位符的作用。

6. del语句

del语句解除变量和特性的绑定，并且移除数据结构中的某个部分。

7. print语句

print语句对一个或多个值自动使用字符串格式化，并由单空格隔开输出。

8. return语句

return语句终止函数的运行，并且返回值。如果没有提供值，则返回None。

9. raise语句

raise语句引发一个异常。可以不用参数进行调用。在except子句内，重引发当前捕捉到的异常,在这种情况下,将构造一个实例,或是使用 Exception 子类的一个实例。

10. break 语句

break 语句会结束当前的循环语句,并且立即执行循环语句的后继语句。

11. continue 语句

continue 语句类似于 break 语句,但其作用是终止当前循环中的迭代,并从下一个迭代的开始处继续执行。

12. import 语句

import 语句用于从外部模块导入函数等,这也包括了 from_future_import...语句,这个语句用于导入在未来的 Python 版本中包含的特性。

2.7.2 复合语句

复合语句由一个或多个子句组成。复合语句主要有:if 语句、for 语句、while 语句、函数定义语句、类定义语句和 try 语句等。在结构上,复合语句比简单语句复杂;在功能上,复合语句比简单语句强大。常用的 6 条复合语句如下。

1. if 语句

通过 if 语句可以实现程序的单分支结构、双分支结构和多分支结构。主要根据条件判断结果决定程序的走向。

单分支结构是的执行过程是,当测试条件不成立时,越过语句往下执行其后续语句或结束,通常用于指定某一语句块是否执行。

双分支结构程序的执行过程是:当判断条件为真时,执行语句块 1;当判断条件为假时,执行语句块 2。

多分支结构通常设有 N 个条件和 $N+1$ 个语句块(或语句),测试条件从上向下测试某个值为真时,执行对应的语句块,然后退出多分支结构去执行其他语句。

2. for 语句

for 语句是一种最常用的循环语句。for 循环是一种遍历型循环,因为它依次对某个序列中的全体元素进行遍历,遍历完所有元素之后便终止循环。for 语句的语法格式如下:

```
for 控制变量 in 可遍历的表达式:
    <循环体>
```

其中,关键字 in 是 for 语句的组成部分,为了遍历可遍历的表达式,每次循环时,都将控制变量设置为可遍历的表达式的当前元素,然后在循环体开始处执行。当可遍历的表达式中的元素都遍历一遍之后,没有元素可供遍历时,就退出循环。

3. while 语句

while 语句的功能是:当给定的条件表达式为真时,重复执行循环体,直到条件为假时才退出循环,并执行循环体后面的后继语句。while 语句的语法格式如下:

```
while 条件表达式:
    循环体
```

循环体中要设有控制循环结束的代码，否则会造成无限循环。

4. 函数定义语句

函数能提高应用的模块性和代码的重用率。自定义函数需要用户先定义，然后再调用。自定义函数需要指定函数名称并编写函数的语句集。定义函数的语法格式如下：

```
def 函数名([形参列表]):
    函数体
    return [表达式]
```

函数调用是以实参代替定义函数中的形参，格式如下：

```
函数名([实参列表])
```

5. 类定义语句

类描述具有相同属性和方法的对象集合。在 Python 中，使用关键字 class 定义类，类定义的语法格式如下：

```
class 类名(object):                  #定义一个类，派生自 object 类
    '类的帮助信息'                    #类文档字符串
    语句 1 ⎫
    语句 2 ⎪
    …      ⎬ 类体
    语句 n ⎭
```

其中，class 为类定义的关键字，class 之后为空格，接下来是所定义的类名。如果派生自其他类，则需要将所有基类放到一对圆括号中，并使用逗号相隔开，然后用一个冒号结尾，最后换行并定义类的内部实现。

在定义类之后，可以进行类的调用，主要包括属性的调用和对象方法的调用等。

6. try/except 语句

try/except 语句是一种异常处理语句，该语句由 try 子句和 except 子句组成，其中 try 子句用于检测异常，except 子句用于处理异常。基本 try/except 语句的语法格式如下：

```
try:
    被检测的可能出错的程序代码
except 异常类名:
    出错后的处理程序代码
else:
    程序代码块
```

其中，try 子句之后是可能出错的代码；except 子句之后是捕获的异常类型，并指明捕获到异常后的处理方法；当 try 子句中被检测的程序代码中没有异常发生时，将不执行 except 子句中的异常处理程序代码，而是继续向下执行 else 子句中的程序代码。

本章小结

本章较详细地介绍了数据结构和表达式，主要内容包括基本数据类型、复合数据类型、变量与常量、运算符与表达式、数据类型转换、表达式的组成与书写规则、语句类型与编码规范等。上述内容是组成程序的基本细胞，掌握这些内容后，可为程序设计建立必不可少的基础。

习　题　2

1. 假设 a=10，写出运算下面表达式后 a 的值。

(1) a+=a　　(2) a-=-2　　(3) a*=2+3

(4) a/=2+3　　(5) a%=a-a%4　　(6) a//=a-3

2. 如果 x=8，y=3，写出运算下面表达式后的结果值。

(1) x+y　　(2) x-y　　(3) x*y　　(4) x/y　　(5) x%y　　(6) x**y

(7) x//y

3. 如果 x=4，y=2，写出运算下面表达式后的结果值。

(1) x==y　　(2) x!=y　　(3) x>y　　(4) x<y　　(5) x>=y　　(6) x<=y

4. 如果 x=60，y=12，写出运算下面表达式后的结果值。

(1) x&y　　(2) x|y　　(3) x^y　　(4) ~x　　(5) x<<2　　(6) x>>2

5. 如果变量 x 为 True，变量 y 为 False，写出运算下面表达式后的结果值。

(1) x and y　　(2) x or y　　(3) not(x)

6. 如果 x=2，y=4，写出运算下面表达式后的结果值。

(1) x is y　　(2) x is not y

7. 如果 x={5,6,7}，那么可以进行 3*x 的计算吗？如果可以，其值是多少？如果不可以，说明其原因。

第3章 程序流程控制

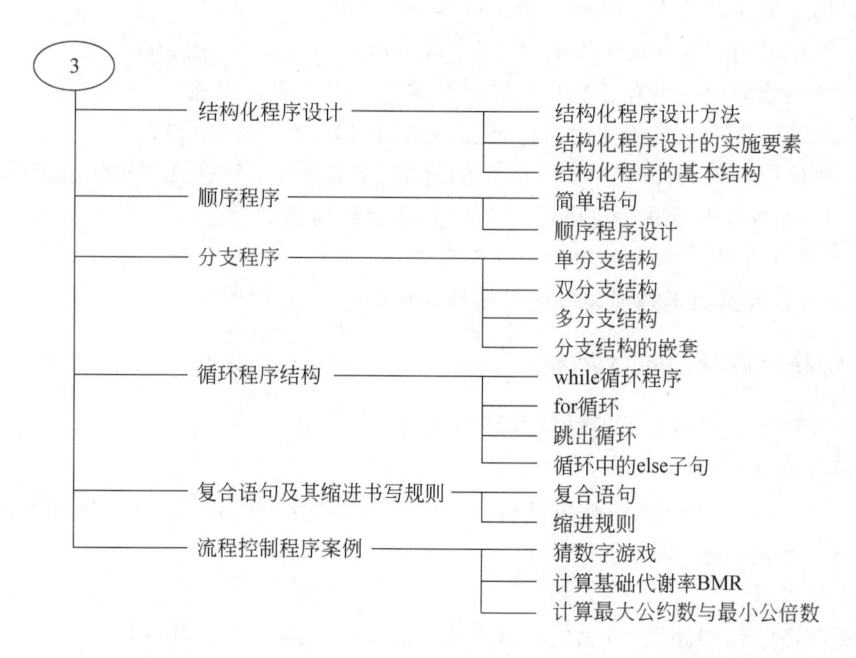

Python 的结构化程序可分为顺序结构程序、分支结构程序和循环结构程序三种基本程序结构。

3.1 结构化程序设计

结构化程序设计可将复杂程序系统的设计转换为多个简单的独立模块的设计，是软件发展的一个重要的里程碑。

3.1.1 结构化程序设计方法

采用结构化程序设计方法构造的程序结构清晰，易于阅读、测试、排错和修改。由于每个模块执行单一功能，模块间联系较少，使程序设计更为简单，程序更可靠，并且每个模块可以独立设计和测试，进而增加了可维护性。

结构化程序设计是以模块功能和处理过程为主的详细设计来构造程序，任何程序都可由顺序、分支、循环三种基本结构构造。详细描述处理过程常用的三种工具主要有图形、表格和语言。图形主要包括程序流程图、N-S 图和 PAD 图；表格主要包括判定表等；语言主要包括过程设计语言(PDL)等。

3.1.2 结构化程序设计的实施要素

在结构化程序设计的具体实施中，需要注意如下要素。

(1) 使用程序设计语言中的顺序、分支、循环等有限的控制结构表示程序的控制逻辑。

(2) 选用的控制结构只准有一个入口和一个出口。

(3) 程序语句组成容易识别的块，每个块只有一个入口和一个出口。

(4) 复杂结构应该用嵌套的基本控制结构进行组合嵌套实现。

(5) 对于语言中没有的控制结构，应该采用前后一致的方法模拟。

(6) 严格控制无条件转移 goto 语句的使用，经常可在下述情况下使用 goto 语句。

- 用一个非结构化的程序设计语言实现一个结构化的构造。
- 如果不使用 goto 语句将使得功能模糊。
- 在可以改善而不是损害程序可读性的情况下。

3.1.3 结构化程序的基本结构

结构化程序主要由以下三种基本结构组成。

1. 顺序结构

顺序结构是一种线性、有序的结构，它依次执行各语句模块。顺序型由几个连续的处理步骤依次排列构成，如图 3-1 所示。

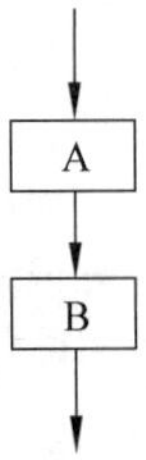

图 3-1 顺序型

2. 分支结构

虽然顺序结构程序能解决计算、输出等问题，但不能完成做判断后再选择的问题。例如，仅用顺序结构程序将不能够求解最大数问题和排序问题。对于需要先做判断再选择的问题就要使用分支程序结构。分支程序结构的执行是依据一定的条件选择执行路径，而不是完全按照语句出现的物理顺序执行。分支程序设计的关键是构造合适的分支条件和分析程序流程，根据不同的程序流程选择适当的分支语句。分支结构适合于带有逻辑或关系比较等条件判断的计算，例如若 x=0 成立，则选择路径 A，否则选择路径 B。通常，设计这类程序时需要先绘制其程序流程图，然后根据程序流程书写出源程序，这样可以将程序设计分析与程序语言分开，进而使得问题简单化和高效，更易于理解。

分支结构表明处理步骤出现了分支，需要根据某一特定条件选择其中的一个分支执行。分支结构主要分为单分支结构、双分支结构和多分支结构三种主要结构。

(1) 单分支结构。单分支结构是通过条件测试，当测试条件不成立时，则越过语句往下执行其他语句或结束，通常用于指定某一语句块是否执行。单分支结构的执行过程如图 3-2 所示。

(2) 双分支结构。双分支结构程序的执行过程是：当判断条件为真时，执行语句 1；

当判断条件为假时，执行语句 2，如图 3-3 所示。

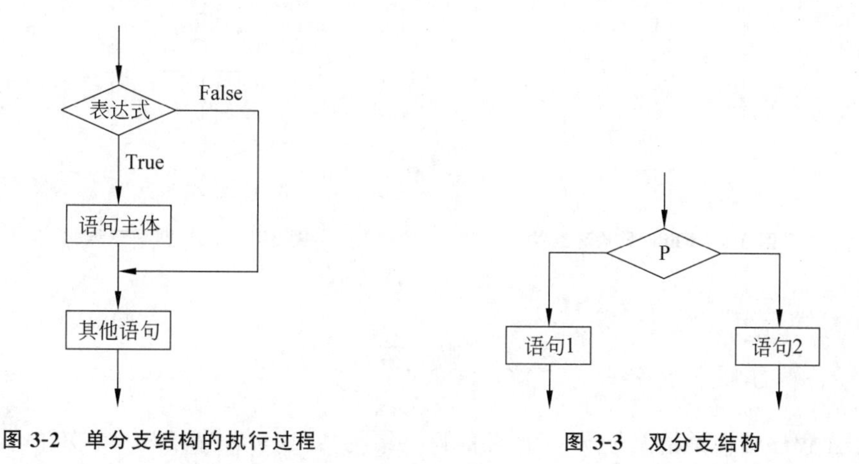

图 3-2　单分支结构的执行过程　　图 3-3　双分支结构

(3) 多分支结构。多分支结构是双分支结构的扩展，通常设有 N 个条件和 N+1 个语句块(或语句)，测试条件从上向下测试到某个值为真时，执行对应的语句块，然后退出多分支结构去执行其他语句，如图 3-4 所示。

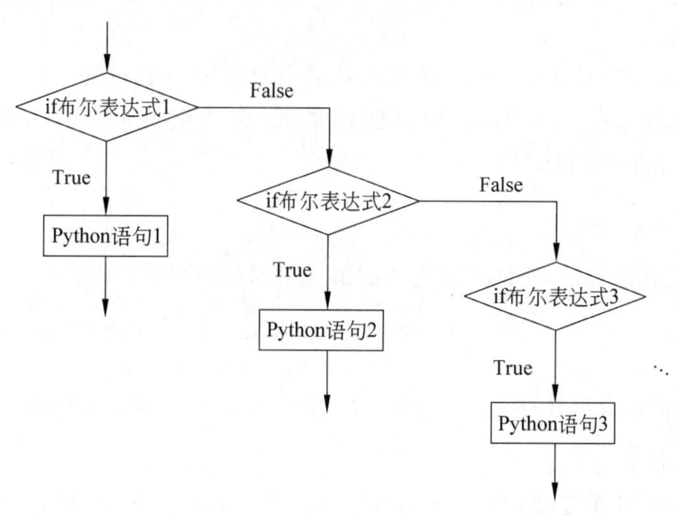

图 3-4　多分支结构

3. 循环结构

循环结构是指重复执行一个或几个模块，直到满足某一条件为止。常用的循环结构有 while 型循环结构和 until 型循环结构等。

(1) while 型循环结构。while 型循环结构是先判定循环条件，在循环控制条件成立时，再重复执行后续的特定处理，其执行过程如图 3-5 所示。

(2) until 型循环结构。until 型循环结构是后判定循环条件，在循环控制条件成立时，重复执行某些特定的处理，直到控制条件成立为止，其结构如图 3-6 所示。

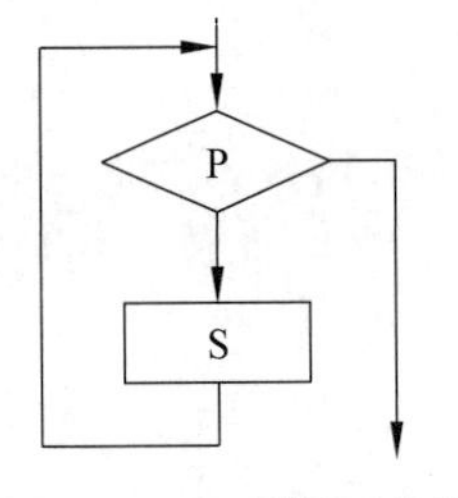

图 3-5　while 型循环结构

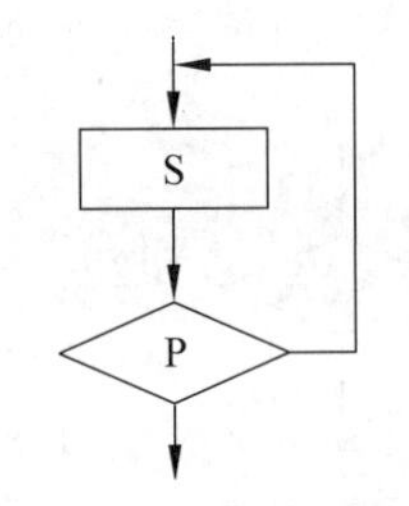

图 3-6　until 型循环结构

3.2　顺序程序

顺序程序结构是指无分支、无循环的程序结构，在这种程序结构中，按语句的物理位置顺序执行程序。

3.2.1　简单语句

简单语句是指一种无分支、无循环的语句，顺序程序是由简单语句构成的。

1. 赋值语句

Python 的赋值语句是将一个变量绑定到某个对象来完成对变量的赋值。赋值语句有多种形式，主要包括一般形式、增量赋值形式、链式赋值形式和多重赋值形式等。Python 赋值语句的语法格式如下：

```
变量名=表达式
```

对于复杂的表达式，首先计算表达式的值，然后将变量指向计算结果。例如：

```
x=32+28                          #将变量 x 指向 32+28 的计算结果 60
s='hello'                        #将变量 s 指向 hello 字符串
[s,h]=['hello','Python']         #将列表元素 s 和 h 分别指向字符串 hello 和 Python
```

(1) 序列赋值。

在 Python 中，多个变量可以同时赋值，而不需要对一个变量赋值之后，再对另一个变量赋值，也就是说，多个变量可以同时赋值，使用一条语句就可以完成这个任务。

例如，序列赋值运算：

```
a,b,c=1,2,3
a,b=b,a
print(a,b,c)
```

程序运行结果如下：

```
2 1 3
```

可以看出，a 和 b 的值已完成交换，所以利用序列赋值可以进行两个或多个变量的值交换。在 Python 中,交换工作称为序列解包或可选迭代解包,即将多个值的序列解开,然后将其存入变量序列中。序列解包允许函数返回一个以上的值并打包成元组,可以通过下面的例子进一步理解。

例如,序列解包:

```
nums=1,2,3
print(nums)
a,b,c=nums
print(a)
print(a,b,c)
```

程序运行结果如下:

```
(1,2,3)
1
1 2 3
```

在上述程序中,nums=1,2,3 完成元组打包,a,b,c=nums 完成序列解包,由输出结果可以看出,序列 nums 解包之后,变量 a、b、c 获得了对应的值 1、2、3。

应说明的是,解包序列中的元素量必须和放置在赋值符号"="左边的变量数量完全一致,否则,在赋值时引发出错提示。

例如,在程序中,如果书写"a,b,c=1,2",则出错提示为:

```
Traceback(most recent call last):
File"<pyshell#45>",line1in<module>
a,b,c=1,2
Value Error:not enough values to unparck(expected3,got2)
```

如果书写"a,b,c=1,2,3,4,5",则出错提示为:

```
Traceback(most recent call last):
File"<pyshell#45>",line1,in<module>
>>>a,b,c=1,2,3,4,5
ValueError:too many values to unparck(expected3)
```

可以看出,由于左边元素的数量与右边元素的数量不相等,造成了执行结果的错误。其原因是左边变量个数多于右边元素个数(a,b,c=1,2),没有足够的值解包;或者左边变量个数少于右边元素个数(a,b,c=1,2,3,4,5),造成多个值没有解包。

可以给嵌套序列赋值:

```
>>>string='SPAK'
>>>(a,b),c=string[:2],string[2:]
>>>a,b,c
('S','P','AK')
```

赋值语句也可以将一系列整数赋给一组变量:

```
>>>red,green,blue=range(3)   #range(3)值为 0,1,2
>>>red,blue
(0,2)
```

(2) 链式赋值。

序列解包适用于对不同变量赋予不同值的情况,对于给不同变量赋予相同值的情况,可以采用链式赋值,即通过多个等式对多个变量赋予同一个值。

例如,对变量 a、b、c 进行多目标链式赋值。

```
a=b=c=20
print(a)
print(b)
print(c)
```

程序运行结果如下:

```
20
20
20
```

(3) 增强赋值。

增强赋值是指将表达式放在赋值运算符"="的左边,例如将 x=x+1 写成 x+=1,这种写法对 *(乘)、/(除)、%(取模)等标准运算都适用。例如:

```
>>>a=6
>>>a+=2
>>>a
8
>>>a-=3
>>>a
5
>>>a*=2
>>>a
10
>>>a/=2
>>>a
5.0
```

可以看出,增强赋值是通过运算符来扩充完成,使赋值操作更为简单而有效。增强赋值的方法也适用于二元运算符的数据类型,例如:

```
>>>f='Hello,'
>>>f+='Python'
>>>f
'Hello,Python'
>>>f*=2
```

```
>>>f
'Hello,PythonHello,Python'
```

(4) 增强赋值语句总结。

① 增强赋值语句类型与功能描述。

x+=y：x+y→x,两个数相加。

x-=y：x-y→x,两个数相减。

x|=y：x|y→x,按位或运算。

x*=y：x*y→x,两个数相乘。

x^=y：x^y→x,按位异或运算。

x/=y：x/y→x,x除以y。

x>>=y：x>>y→x,右移位运算。

x%=y：x%y→x,返回除法的余数。

x<<=y：x<<y→x,左移位运算。

x**=y：x**y→x,返回x的y次幂。

x//=y：x//y→x,取整除返回商的整数部分。

② 增强赋值语句的特点。

- 使用增强赋值语句,致使程序更为简捷,输入量减少。
- 左侧只需计算一次。在x+=y中,y可以是复杂的对象表达式。在增强形式中,则只需计算一次。然而,在完整形式x=x+y中,x出现两次,必须执行两次。可以看出,增强赋值语句通常执行得更快。
- 增强形式可以自动执行对象的原处修改,提高了运算速度。

例如,列表的增强赋值：

```
>>>L=[1,2,3]
>>>L+=[4,5,6]
>>>L
[1,2,3,4,5,6]
```

由于i+=1的效率往往要比i=i+1更高,所以经常使用增强型赋值语句替换普通赋值语句,以此来优化代码。但并不是在任何情况下i+=1都等效于i=i+1。

例如,使用增强型赋值语句：

```
>>>a=[1,2,3]
>>>b=a
>>>b+=[1,2,3]
>>>print(a,b)
[1,2,3,1,2,3][1,2,3,1,2,3]
>>>id(a)                        #id(a)是对象a的存储地址
140213762276096
>>> id(b)
140213762276096
```

例如,使用普通赋值语句:

```
>>>a=[1,2,3]
>>>b=a
>>>b=b+[1,2,3]
>>>print(a,b)
[1,2,3][1,2,3,1,2,3]
>>>id(a)
140213762466232
>>> id(b)
140213762276168
```

上述的例子中,将一个列表类型对象赋值给变量 a,再将变量 a 赋值给变量 b,此时 a、b 指向了同一个内存对象[1,2,3]。然后分别应用增强赋值运算符和普通赋值运算符来操作变量 b。从最后的结果来看,使用增强型赋值语句的 a、b 在进行运算后依旧指向了同一个内存对象。但使用普通赋值语句则相反,a、b 分别指向了不同的内存对象,也就是说,隐式新建了一个内存对象。

使用增强赋值运算符操作可变对象(如列表)时可能会产生不可预测的结果。在 Python 中,允许若干个不同的变量引用指向同一个内存对象。增强赋值语句比普通赋值语句的效率更高,这是因为在 Python 源码中,增强赋值比普通赋值多实现了写回的功能,也就是说增强赋值在条件符合的情况下将以追加的方式来进行处理,而普通赋值则以新建的方式进行处理。这一特点导致了增强赋值语句中的变量对象始终只有一个,Python 解析器解析该语句时不会额外创建出新的内存对象,所以变量 a、b 的引用在最后依旧指向了同一个内存对象。相反,对于普通赋值运算语句,Python 解析器无法分辨语句中的两个同名变量(例如: b=b+1)是否应该为同一内存对象,所以再创建出一个新的内存对象用来存放最后的运算结果,导致 a、b 从原来指向同一内存对象,到最后分别指向了两个不同的内存对象,如图 3-7 所示。

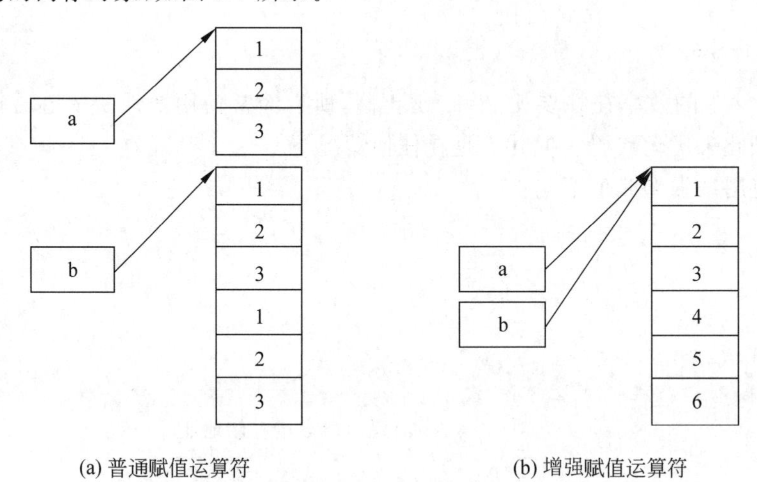

图 3-7 增强赋值运算符与普通赋值运算符的比较

2. pass 语句

在 Python 程序中,当要求语句不执行任何操作时,可以使用 pass 语句。pass 语句是一个空(null)操作语句,pass 语句不做任何事情,一般作为占位符来使用或者用于创建占位程序。

3. del 语句

del 语句的功能是解除变量和特性的绑定,并且移除数据结构(映射或序列)中的某部分,但不能用于直接删除数值,这只能通过垃圾收集来进行。

```
a=1                          #对象 1 被变量 a 引用
b=a                          #对象 1 被变量 b 引用
c=a                          #对象 1 被变量 c 引用
del a                        #删除变量 a,解除 a 对对象 1 的引用
del b                        #删除变量 b,解除 b 对对象 1 的引用
print(c)                     #最终变量 c 仍然引用对象 1
```

可以看出,使用 del 语句删除的是变量,而不是数据。

例如,对于列表 li=[1,2,3,4,5],列表本身不包含数据 1、2、3、4、5,而是包含变量 li[0]、li[1]、li[2]、li[3]和 li[4]。first=li[0]是创建新的变量引用,而不是复制数据对象。

3.2.2 顺序程序设计

在 Python 程序中,语句执行的基本顺序是按各语句出现位置的先后顺序(物理顺序)执行,这种程序结构称为顺序程序结构,程序的运行轨迹是一条直线,无分支和循环出现。

如果某段程序由下述三条语句组成:

```
语句 1
语句 2
语句 3
```

如图 3-8 所示,程序执行顺序是先执行语句 1,再执行语句 2,最后执行语句 3,三个语句之间是顺序执行关系。

【例 3-1】 顺序程序结构。

```
#example3.1
a=10
b=20
c=30
d=a+b+c
print(a)
print(b)
print(c)
print(d)
```

语句1

语句2

语句3

图 3-8　顺序程序结构

程序运行结果如下：

```
10
20
30
60
```

3.3 分支程序

基于分支结构的三种主要形式，可将Python的分支程序分为单分支程序、双分支程序和多分支程序。

3.3.1 单分支程序

单分支程序是按照单分支结构构造的程序。单分支if语句的语法格式如下：

```
if 条件
    语句块
后继语句
```

if语句的功能是：首先完成条件判断，当测试条件成立时(非零)，则执行后面的语句块；否则跳过语句块，执行if语句的后继语句。其中条件是一个条件表达式，表达式后面是冒号“:”，表示一个语句块的开始，并且语句块做相应的缩进，一般是以4个空格为缩进单位。语句块是一条或多条语句序列。

在Python程序中，由于分支程序结构的执行是依据一定的条件测试来选择执行路径，所以必须掌握条件的设置方法。通过检测某个条件，达到分支选择。条件是一个表达式，测试的结果值为布尔型数据，即True或False。

(1) 假(False)。False是表示假的值，例如，FALSE、None、0、''(没有空格)、""(没有空格)、()、[]、{}都是假的值。

(2) 真(True)。除了上述假的值之外，其他的值都可以判定为真。可以使用命令行的运行方式，测试说明其真假值。

分支程序中的条件在多数情况下是一个关系比较运算。if语句的判断条件可以用>(大于)、<(小于)、==(等于)、>=(大于或等于)、<=(小于或等于)等表示其关系。

例如，输入两个数字，找出其中最大的数(包括相等)输出。

```
x=eval(input("x="))
y=eval(input("y="))
if x>y:
    y=x
print("max:",y)
```

程序运行结果如下：

```
x=15
y=9
max:15
```

又如，使用列表作为条件表达式。

```
a=[1,2,3]
if a:                              #使用列表作为条件表达式
    print(a)
```

程序运行结果如下：

```
[1,2,3]
```

3.3.2 双分支程序

双分支程序是使用较多的一种分支结构，其基本 if 语句的语法结构如下：

```
if 条件:
    语句块 1
else:
    语句块 2
```

双分支 if 语句是在单分支 if 语句的基础上添加一个 else 语句，其含义是，如果 if 判断是 False，就不执行 if 语句块 1，而是执行语句块 2。else 之所以叫子句，是因为它不是独立的语句，而只能作为 if 语句的一部分，当条件不满足时执行它。

例如，如果输入数为 10，则输出 true；否则输出 false。

```
x= eval (input('Input a numbers: '))
if x==10:
    print("true")
else:
    print("false")
```

【例 3-2】 输入两个不相等的数字，处理后输出其中较大的数字。

```
#example3.2
x=eval(input('输入第 1 个数字:'))
y=eval(input('输入第 2 个数字:'))
print('输入的两个数字: ',x,y)
if x>y:
    print('较大数字:',x)
else:
    print('较大数字:',y)
```

程序运行结果如下：

```
输入第 1 个数字:22
输入第 2 个数字:55
输入的两个数字:22 55
较大数字:55
```

3.3.3 多分支结构

当判断的条件有多个且判断结果有多个的时候,可以用多分支 if 语句进行判断,其结构如图 3-3 所示,多分支 if 语句的语法格式如下:

```
if 条件 1
    语句块 1
elif 条件 2
    语句块 2
elif 条件 3
    语句块 3
…
elif 条件 n
    语句块 n
else
```

在上述格式中,使用了 elif 子句。elif 是"elseif"的简写,表示 if 和 else 子句的联合使用,它是具有条件的 else 子句。if 语句执行是从上向下判断,如果某个判断结果是 True,则执行该判断所对应的语句块,当然也就忽略掉剩下的 elif 和 else。

【例 3-3】 判断年龄范围程序。

```
#example3.3
Age=int(input('age='))
if age>18:
    print('>18')
elif age>6:
    print('18>=age>6')
else:
    print('<=6')
```

程序运行结果如下:

```
age=18
18>=age>6
=====================
age=6
<=6
=====================
age=15
18>=age>6
```

```
======================
age=-1
<=6
```

if 判断条件还可以简写如下：

```
if x:
    print('True')
```

只要 x 是非零数值、非空字符串、非空 list 等，就判断为 True，否则为 False。

3.3.4　分支结构的嵌套

当 if 语句主体中又包含 if 语句时，就称这个语句为嵌套 if 语句，或称为分支结构的嵌套。在程序结构上，嵌套 if 语句就是将 if…elif…else 结构放在另外一个 if…elif…else 结构中，其一般格式如下：

```
if 表达式 1:
    if 表达式 2:
        语句块
    elif 表达式 3:
        语句块
    else:
        语句块
    elif 表达式 4:
        语句块
else:
    语句块
```

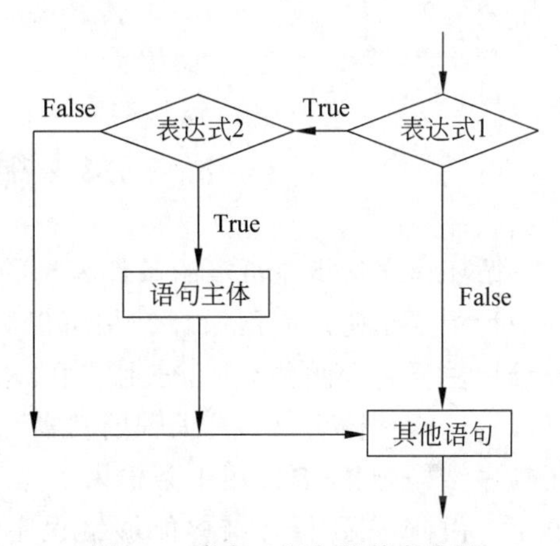

图 3-9　嵌套 if 语句的基本流程

嵌套 if 语句可以用流程图 3-9 表示。

【例 3-4】　在 if 语句中嵌套 if 语句。

```
#example 3.4
x=int(input('Please enter an integer in 0-10:'))
if x>=0:
    if x>9:
        print('x>9')
    elif x==0:
        print('x=0')
    else:
        print('9>x>0')
else:
      print('x<0')
```

程序运行结果如下：

```
Please enter an integer in 0-10:10
x>9
```

```
======================
Please enter an integer in 0-10:-1
x<0
>>>
======================
Please enter an integer in 0-10:0
x=0
>>>
======================
Please enter an integer in 0-10:1
9>x>0
>>>
======================
Please enter an integer in 0-10:7
9>x>0
======================
```

3.4 循环程序结构

循环程序是指在给定的条件为真的情况下，重复执行某些语句。它是程序设计中的一种重要结构。应用循环结构可以减少程序中大量重复的语句。Python 语言的循环结构主要包含两种类型，分别是由 while 语句实现的 while 循环和由 for 语句实现 for 循环。这两种循环语句是编程的基本元素，例如，当需要用户输入十个整数时，如果使用顺序结构，则需要使用十条输入语句，但是使用循环结构，只需要一条输入语句就足够了。由此可见，循环结构能够给程序设计开发带来极大的便利与高效，使设计的程序更为简洁。

Python 语言中涉及循环程序设计的常用语句主要有：while 语句、for 语句以及与 for 语句一起使用的 range()内置函数。与此同时，还包括与循环语句紧密相关的 break 语句、continue 语句和 pass 语句等。

3.4.1 while 循环程序

while 循环程序主要由 while 语句构成，while 语句的功能是：当给定的条件表达式为真时，重复执行循环体(即内嵌的语句块)，直到条件为假时才退出循环，并执行循环体后面的语句。while 语句的语法格式如下：

```
while 条件表达式:
循环体{
```

while 语句的工作流程图如图 3-10 所示。

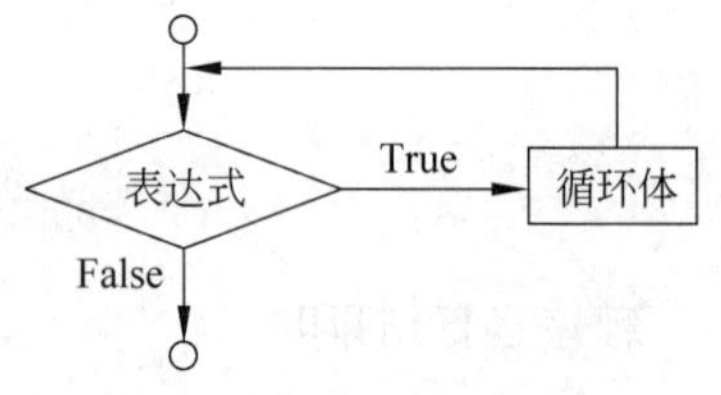

图 3-10 while 语句的流程图

将 while 语句的流程图与 if 语句的流程图相比较后可以看出，两者都由一个表达式和语句体或循环体组成，并且都是在表达式的值为真时执行语句体或循环体。但两者的关键区别是，对于 if 语句，它执行完循环体后，就退出了 if 语句；而对于 while 语句，它执行完循环体后，又返回表达式，只要表达式的值为真，它将一直周而复始地重复这一过程。

关于 while 语句的几点说明如下。

- 保持组成循环体的各语句的缩进格式。
- 循环体中要有控制循环结束的代码，否则会造成无限循环。
- 循环体既可以由单条语句组成，也可以由语句块组成，但是不能没有任何语句。
- 因为 Python 语言区分大小写，关键字 while 必须为英文小写。

例如，在下面的列表赋值中，将 while 循环中的序列分割为开头和剩余的两部分。

```
>>>L=[1,2,3,4]
>>>while L:                          #当 L 为空时,结束循环
        front,L=L[0],L[1:]
        print(front,L)               #单击两次 Return 键
1 [2,3,4]
2 [3,4]
3 [4]
4 []
```

【例 3-5】 计算并输出 1～20 之间的奇数的程序。

```
#example3.5
integer=1
while integer<=20:
    if integer%2==1:
        print(integer)
    integer=integer+1
```

程序运行结果如下：

```
1
3
5
7
9
11
13
15
17
19
```

【例 3-6】 打印斐波那契数列的前 n 个元素的程序。

```
a=0
b=1
```

```
sum=0
n=int(input('n='))
while n>0:
    sum=a+b
    a=b
    b=sum
    n-=1
        print(a,end='  ')
```

程序运行结果如下：

```
n=10
1 1 2 3 5 8 13 21 34 55
```

当使用循环结构时，需要考虑控制循环结束的方法。对于 while 语句，通常使用下述两种方式来控制循环的结束：一种是计数器循环控制法，一种是信号值循环控制法。

1. 计数器循环控制法

计数器控制的循环结构适于在循环执行之前就需要知道重复执行次数。例如，要求用户输入 10 个整数，每次输入一个数字之后，求出其平均值并输出结果。使用计数器来控制输入循环必须设置一个变量 counter 作为计数器，可以用它来控制输入语句的执行次数。计数器一旦超过 10，便停止循环。此外，还需要一个变量 total 来累计输入整数的次数，将变量 total 初始化为 0。

程序运行过程如下：首先，用户输入 10 个整数。用一条 while 语句使函数循环执行 10 次。循环语句中的表达式为：counter＜＝10，因为 counter 的初始值为 1，而循环体中使循环趋向于结束的语句是：counter＝counter＋1，所以循环体将执行 10 次。

每轮循环中，函数会输出“输入一个整数：”，提示用户进行输入。当用户输入后，int()函数将输入的内容转换为一个整数，并累加到变量 total 中。这三个动作是用一条语句完成的。

【例 3-7】 计算输入数据平均值的程序。

```
#example3.7
total=0
counter=1
while counter<=10:
    total= total+int(input('input a int data:'))
    counter=counter+1
print('average value:',float(total)/10)
```

首先将累加的结果转换为浮点数，然后除以 10，并用 print()函数输出。如果使用计数器 counter 除以累加值 total 计算平均值，将导致错误。因为当用户输入第十个整数时，counter 的值为 10，表达式值为真，所以循环体继续执行。当执行了循环体的最后一条语句即 counter＝counter＋1 之后，counter 的值变成 11，再次判断表达式，这时表达式的值为假，所以退出循环。也就是说，当循环退出时，counter 的值是 11，而不是 10。所以，用它来求 10 个整数的平均值显然是错误的。

程序运行结果如下：

```
input a int data:2
input a int data:3
input a int data:3
input a int data:3
input a int data:3
input a int data:3
input a int data:3
input a int data:3
input a int data:3
input a int data:5
average value:3.1
```

2. 信号值循环控制法

计数器循环控制法适合于事先能确定循环次数的场景，但是当无法事先确定具体的循环次数时，就需要使用信号值循环控制法。例如，设计一段程序来计算某计算机学院的各系教师的平均年龄。可以使用一个循环语句来录入各人员的年龄，但是由于各系人员数不一致，计数器循环控制法不适合这种场景，这时可以使用信号值循环控制方法。信号值就是使用一个特殊数值，用它来控制循环结束。

在使用信号值循环控制法的程序中，可以不断地输入各系人员的年龄，直到输入结束时就可以输入信号值，告诉程序输入各系人员年龄的工作结束了。因为信号值跟正常的数据一起输入，所以选择信号值时一定要使信号值与正常的数据有明显的区别，以防止与正常的值相混淆。例如，各系人员的年龄都大于或等于 18 岁，为了防止与正常的值相混淆，选择 1 作为信号值，这样就绝对不会产生混淆。

【例 3-8】 使用信号值循环控制的平均值计算程序。

```
#example3.8
total=0                          #用变量 total 存储年龄之和
counter=0                        #用 counter 存储人员数量
age=int(input('输入人员年龄,用 1 表示输入结束:'))
while age!=1:
    total=total+age
    counter=counter+1
    age=int(input('输入人员年龄,用 1 表示输入结束:'))

if counter!=0:
    print('平均年龄是:',float(total)/counter)
else:
    print('输入完成')
```

程序运行结果如下：

```
输入人员年龄,用 1 表示输入结束:20
输入人员年龄,用 1 表示输入结束:40
输入人员年龄,用 1 表示输入结束:60
输入人员年龄,用 1 表示输入结束:1
平均年龄是: 40.0
```

如果 counter 变量的值为 0,那么执行上述选择结构中 else 子句的内嵌语句,即输出"输入完成!"。

在循环体中,将输入的年龄累加到变量 total 中,并将计数器加 1。接着执行循环体中的最后一条语句:要求用户再次输入一个人的年龄。需要注意的是,对 while 结构的条件进行判断之前先请求下一个值,这样就能先判断刚才输入的值是否是信号值,再对该值进行处理。当循环体中的语句执行一遍后,程序会重新检测 while 语句的条件表达式,以决定是否再次执行 while 结构的循环体。换句话说,如果刚才输入的值是信号值,则退出循环体;否则,继续重复执行循环体。只要循环体执行一次,那么当退出循环后,统计人员数量的变量 counter 的值肯定大于 0,所以这时就会执行最后面的选择结构中的 if 子句内嵌的语句体,即计算平均年龄并输出。

3.4.2 for 循环

for 循环是一种遍历型的循环,因为它依次对某个序列中全体元素进行遍历,遍历完所有元素之后便终止循环。for 语句的语法格式如下:

```
for 控制变量 in 可遍历的表达式:
循环体{
```

其中,关键字 in 是 for 语句的组成部分,为了遍历可遍历的表达式,每次循环时,都将控制变量设置为可遍历的表达式的当前元素,然后在循环体开始处执行。当可遍历的表达式中的元素遍历一遍之后,即没有元素可供遍历时,就退出循环。for 语句的工作流程图如图 3-11 所示。

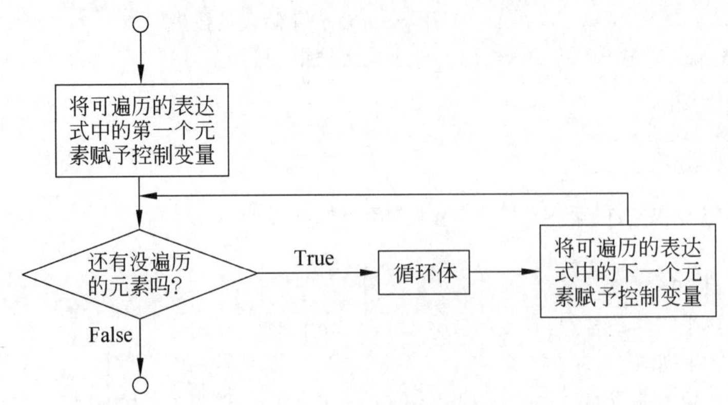

图 3-11 for 语句的工作流程图

例如：

```
for char in 'hello':
    print (char)
```

程序运行结果如下：

```
h
e
l
l
o
```

1. for i in range()结构

可将 for 语句与 range()函数结合使用，构成 for i in range()结构。例如，用于输出 0～9 之间的偶数的程序如下：

```
#输出 10 以下的非负整数中的偶数
for integer in range(10):
    if integer % 2==0:
    print(integer)
```

程序运行结果如下：

```
0
2
4
6
8
```

上述程序的执行过程说明如下：首先，for 语句开始执行时，range()函数会生成一个由 0～9 这十个值组成的数字序列。然后，将序列中的第一个值即 0 赋给变量 integer，并执行循环体。在循环体中，将变量 integer 除以 2，如果余数为零，则打印该值；否则跳过打印语句。执行循环体中的选择语句后，将序列中的下一个值装入变量 integer，如果该值是序列中的，那么继续循环，以此类推，直到遍历完序列中的所有元素为止。

【例 3-9】 打印九九乘法表的程序。

```
#输出九九乘法表
    for i in range(1, 10):
    for j in range(1, i+1):
        print('{}x{}={}\t '.format(j, i, i * j), end='')
    print('')
```

程序运行结果如下：

```
1×1
1×2=2  2×2=4
```

```
1×3=3  2×3=6   3×3=9
1×4=4  2×4=8   3×4=12  4×4=16
1×5=5  2×5=10  3×5=15  4×5=20  5×5=25
1×6=6  2×6=12  3×6=18  4×6=24  5×6=30  6×6=36
1×7=7  2×7=14  3×7=21  4×7=28  5×7=35  6×7=42  7×7=49
1×8=8  2×8=16  3×8=24  4×8=32  5×8=40  6×8=48  7×8=56  8×8=64
1×9=9  2×9=18  3×9=27  4×9=36  5×9=45  6×9=54  7×9=63  8×9=72  9×9=81
```

2. for e in L 结构

在 for e in L 结构中，L 为一个列表。与上述的 for i in range()结构不同的是，如果循环中 L 被改变了，将会影响到 for e in L 结构。

例如，如果需要遍历列表 L，并打印出 L 中的所有元素，还要在元素为 0 时向列表中添加元素 100，使用 for e in L 结构的方法如下。

(1) 直接使用 append()函数在原列表中添加新元素 100，程序如下：

```
L=[0,1,2,3,4,5]
for e in L:
    print(e,end=' ')
    if e==0:
        L.append(100)
```

程序运行结果如下：

```
0 1 2 3 4 5 100
```

(2) 可以使用 L＝L＋[100]这种方式添加新元素 100，程序如下：

```
L=[0,1,2,3,4,5]
for e in L:
    print(e,end=' ')
    if e==0:
    L+= [100]
```

程序运行结果如下：

```
0 1 2 3 4 5 100
```

3.4.3 跳出循环

使用 break 语句和 continue 语句可以改变循环流程。当在循环结构中执行 break 语句时，将导致立即跳出循环结构，转而执行该结构后面的语句。使用 break 语句可以打破最小封闭的 for 或 while 循环。

可以使用 break 语句终止循环语句，即在循环条件没有 False 条件或者序列还没被完全循环结束的情况下，也可停止执行循环语句。

1. break 语句

在 while 和 for 循环中，如果使用嵌套循环，break 语句将停止执行最深层的循环，并开始执行下一行代码,其工作流程如图3-12所示。

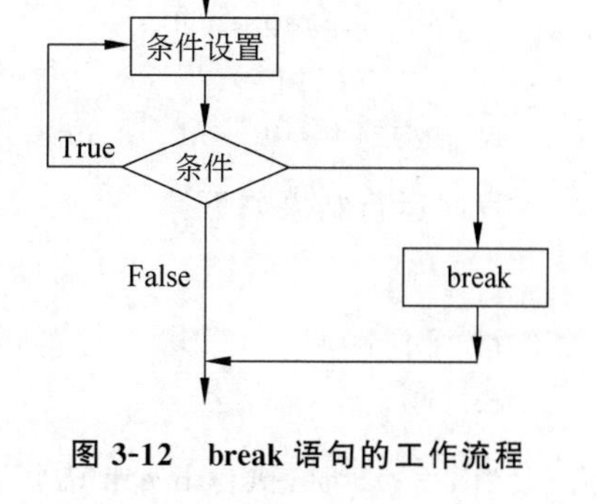

图3-12　break语句的工作流程

例如,如果i>10,则退出循环。

```
while True:  #使用常量True作为条件表达式
    s+=i
    i+=1
    if i>10: #如果符合i>10条件,使用break语句
             #退出循环
        break
```

又如,当i=l时,停止循环:

```
for i in 'Hello':
    if i=='l':
        break
  print("当前字母",i)
```

程序运行结果如下:

```
当前字母:H
当前字母:e
```

又如:

```
var=0
while var<10:
    var+=1
    if var==5:
        break
    print("var=",var)
```

程序运行结果如下:

```
var=1
var=2
var=3
var=4
```

又如,下述程序:

```
li1=[8,7,2,3,5]
li2=[]
li3=[]
for i in li1:
    if i==5:
    break
    elif i<5:
        li2.append(i)
```

```
    else:
        li3.append(i)
            print(li2)
    print(li3)
```

程序运行结果如下：

```
[]
[]
[8, 7]
```

当 i==5 时，执行 break 语句，跳出循环，所以不执行 print(li2)语句。

2. continue 语句

利用 break 语句可以跳出本次循环，而使用 continue 语句可以跳过当前循环的剩余语句，然后继续进行下一轮循环。continue 语句的工作流程如图 3-13 所示。

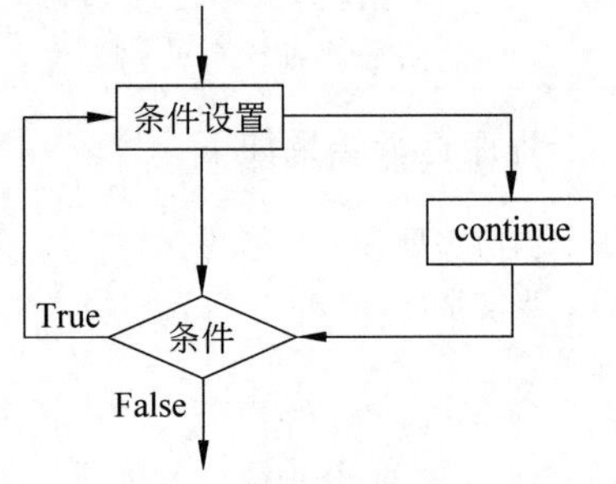

图 3-13　continue 语句的工作流程

使用 continue 语句跳出循环结构与 break 语句不同，当在循环结构中执行 continue 语句时，并不会退出循环结构，而是立即结束本次循环，重新开始下一轮循环，也就是说，跳过循环体中在 continue 语句之后的所有语句，继续下一轮循环。对于 while 语句，执行 continue 语句后会立即检测循环条件；对于 for 语句，执行 continue 语句后并不会立即检测循环条件，而是先将可遍历的表达式中的下一个元素赋给控制变量，然后再检测循环条件。例如，在下面的例 3-10 中，依次输出字符串 hello 中的各个字符，但忽略字符串中的字符 l。

【例 3-10】　continue 语句的应用。

```
#example3.10
for i in 'Hello':
    if i=='l':
        continue
    print('current letter:',i)
var=0
while var<5:
    var+=1
    if var==3:
        continue
    print('current variables:',var)
```

程序运行结果如下：

```
current letter:H
current letter:e
```

```
current letter:o
current variables:1
current variables:2
current variables:4
current variables:5
```

3.4.4　循环中的 else 子句

Python 语言的两种循环语句有一个共同之处，那就是都可以带有 else 子句。

1. 带有 else 子句的 while 循环语句

while 循环语句的语法格式如下：

```
while 循环表达式:
循环体{
else:
语句体{
```

当 while 语句带 else 子句时，如果 while 子句内嵌的循环体在整个循环过程中没有执行 break 语句（循环体中没有 break 语句，或者循环体中有 break 语句但是始终未执行），那么循环过程结束后，就执行 else 子句中的语句体。否则，如果 while 子句内嵌的循环体在循环过程中一旦执行 break 语句，那么程序的流程将跳出循环结构，因为这里的 else 子句也是该结构的组成部分，所以 else 子句内嵌的语句体也不会执行。

2. 带有 else 子句的 for 循环语句

带有 else 子句的 for 语句的语法格式如下：

```
for 控制变量 in 可遍历的表达式:
循环体{
else:
语句体{
```

与 while 语句类似，如果 for 循环从未执行 break 语句的话，那么 else 子句内嵌的语句体将得以执行；否则，一旦执行 break 语句，程序流程将连带 else 子句一并跳过。

【例 3-11】 判断给定的自然数是否为素数。

```
number=int(input('输入一个自然数:'))
factor=number//2
while factor>1:
    if number%factor==0:
        print (number, '具有因子',factor, ',所以它不是素数')
```

```
        break                      #跳出循环,包括 else 子句
    factor=factor-1
else:
    print(number, '是素数')
```

程序运行结果如下：

```
输入一个自然数:9
9 具有因子 3 ,所以它不是素数
=====================
输入一个自然数:3
3 是素数
=====================
输入一个自然数:7
7 是素数
=====================
输入一个自然数 2
2 是素数
=====================
```

从运行结果可以看出，只要循环体中执行了 break 语句，那么循环结构中的 else 子句就不执行，只有循环体正常退出时，才执行 else 子句。

3.5 复合语句及其缩进书写规则

在 Python 语言中，经常使用复合语句，所以需要掌握复合语句的缩进书写规则。

3.5.1 复合语句

复合语句是由多行代码组成的语句，它由头部语句和构造体语句块两部分组成，后者又由一条或多条语句组成。例如，循环语句、分支语句等都是复合语句。

3.5.2 缩进规则

头部语句由关键字开始，构造体语句块为下一行开始的一行或多行缩进代码。例如：

```
sum=0
for i in range(1,11):
    sum=sum+i
print(sum)
```

输出结果如下：

```
55
```

通常，缩进是相对头部语句缩进 4 个空格，也可以是任意空格，但是同一个构造体语句块的多条语句缩进的空格数必须一致。如果语句不缩进或缩进不一致，将导致编译错

误。缩进可以保证源代码的规范性和可读性。

如果条件语句、循环语句、函数定义和类定义比较短，可以放在同一行中。

例如，输出 Python 的每个字母的程序。

```
for letter in 'Python':
    if letter=='h':
        pass
        print('This is passblock')
print('current letter: ',letter)
```

程序运行结果如下：

```
current letter:P
current letter:y
current letter:t
This is passblock
current letter:h
current letter:o
current letter:n
```

3.6　流程控制程序案例

3.6.1　猜数字游戏

Python 实现的简单猜数字游戏程序的主要功能如下：随机给定一个 1～99 之间的数，由用户来猜出给定的数字。当用户猜错时，将提示用户猜的数字是过大还是过小，然后用户再猜，直到用户猜出给定数字。猜对给定数字所用的次数越少，则成绩越好。程序如下：

```
import random

count=1
n = random.randint(1, 99)                          #随机产生一个1~99之间的待猜数n
guess = int(input('Enter an integer from 1 to 99:'))            #用户输入猜数
while n != guess:
    if guess < n:
        print('猜数小了')                                        #提示猜数小了
        guess = int(input('Enter an integer from 1 to 99:'))     #重猜
    elif guess > n:
        print ("猜数大了")                                       #提示猜数大了
        guess = int(input('Enter an integer from 1 to 99:'))     #重猜
    else:
        print('猜对了!')                                         #猜对了
        break
```

```
    count=count+1
print ('猜的次数为:',count)
```

程序运行结果如下：

```
Enter an integer from 1 to 99:50
猜数小了
Enter an integer from 1 to 99:60
猜数小了
Enter an integer from 1 to 99:70
猜数大了
Enter an integer from 1 to 99:65
猜数小了
Enter an integer from 1 to 99:66
猜数小了
Enter an integer from 1 to 99:67
猜数小了
Enter an integer from 1 to 99:68
猜的次数为: 7
```

3.6.2 计算基础代谢率 BMR

基础代谢率(Basal Metabolic Rate,BMR)是指人在安静状态下(通常在静卧状态)消耗的最低能量,人的其他活动都建立在这个基础上。其计算公式为

$$\text{BMR(男)}=(13.7\times\text{体重(kg)})+(5.0\times\text{身高(cm)})-(6.8\times\text{年龄})+66$$

$$\text{BMR(女)}=(9.6\times\text{体重(kg)})+(1.8\times\text{身高(cm)})-(4.7\times\text{年龄})+655$$

程序如下：

```
def main():
    y_or_n=input('退出程序(y/n)?:')
    while y_or_n == 'n':
        print('输入以下信息,用空格分隔')
        input_str = input('性别 体重(kg) 身高(cm) 年龄:')
        str_list = input_str.split(' ')
        gender = str_list[0]
        weight = float(str_list[1])
        height = float(str_list[2])
        age = int(str_list[3])

        if gender == '男':
            bmr = (13.7 * weight) + (5.0 * height) - (6.8 * age) + 66  #男性
        elif gender == '女':
            bmr = (9.6 * weight) + (1.8 * height) - (4.7 * age) + 655  #女性
        else:
            bmr = -1
```

```
        if bmr != -1:
            print('性别:{0};身高:{2}厘米;体重:{1}公斤;年龄:{3}岁'.format
(gender, weight, height, age))
            print('基础代谢率:{}大卡'.format(bmr))
        else:
            print('暂不支持该性别')
        print()      #输出空行
        y_or_n = input('是否退出程序(y/n)?:')

if __name__ == '__main__':
    main()
```

程序运行结果如下：

```
是否退出程序(y/n)?:n
输入以下信息,用空格分隔
性别 体重(kg)身高(cm)年龄:男 60  178  20
性别:男,身高:178,体重:60.0公斤,年龄:20岁
基础代谢率:1642.0大卡
是否退出程序(y/n)?:
```

3.6.3 计算最大公约数与最小公倍数

计算最大公约数与最小公倍数的程序功能是：输入两个数值，求两个数的最大公约数和最小公倍数。两个或多个整数公有的倍数称为公倍数，而除0以外最小的一个公倍数称为这几个整数的最小公倍数。求最小公倍数的算法是：最小公倍数=两个整数的乘积/最大公约数。

程序如下：

```
n1 = int(input("输入第一个数:"))
n2 = int(input("输入第二个数:"))
if n1 >= n2:                    #找出两个中较小的数存入min
    min = n2
else:
    min = n1
for i in range(1,min+1):
    if n1%i == 0 and n2%i == 0:
        max = i
print('最大公约数%d' %(max))
print('最小公倍数%d' %((n1 * n2)/max))
```

程序运行结果如下：

```
输入第1个数:5
输入第2个数:6
```

```
最大公约数:1
最小公倍数:30
```

在上述程序中,使用了双分支结构和循环结构。

本章小结

本章介绍了Python程序流程控制的内容,主要包括结构化程序设计、顺序程序、分支程序和循环程序。除此之外,还介绍了复合语句及其缩进书写规则。最后,列举了三个流程控制程序案例。通过本章内容的学习,可以掌握Python程序的基本结构,为进一步构建更复杂的程序建立了基础。

习题3

1. 编写程序,用户从键盘输入小于100的整数,并对其进行因式分解。

例如:60=2×2×3×5。

2. 编写程序,计算小于1000的所有整数中能够同时被5和7整除的最大整数。

3. 编写程序,如果用户输入的一个整数是正数就输出1;如果输入的是负数就输出-1;否则就输出0。

4. 编写程序,在用户输入一些数字中,如果某个数字出现了多次,只保留一个。

5. 编写程序,计算一元二次方程 $y=ax^2+bx+c$ 的根。

6. 编写程序,输入两个数,求两个数的最大公约数。

7. 编写程序,判断输入的一个数字是否为素数(只能被1和自身整除的数称为素数)。

8. 编写程序,使用if/else语句表达当分数小于60时,显示“不及格”信息。

9. 编写程序,使用while循环计算2~200之间的偶数和。

10. 编写程序,输入三角形的三条边,先判断是否可以构成三角形。如果可以,则求出三角形的周长和面积;否则报错:“无法构成三角形”。提示:构成三角形的条件是:每条边必须大于0,并且任意两条边之和大于第三边。

第 4 章 函　数

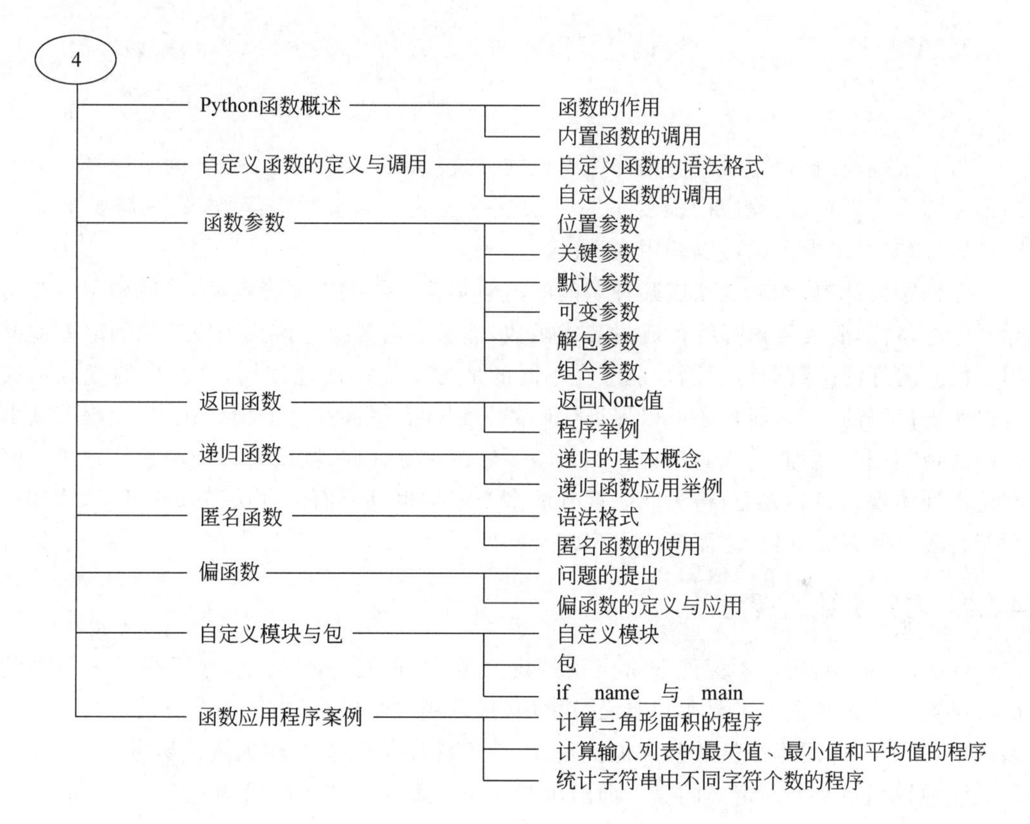

函数是 Python 编程的核心内容之一，它是可重用的，用来实现单一或相关联的功能。函数能提高程序的模块性和代码的重用率。

4.1　Python 函数概述

Python 提供了丰富的内置函数，例如 print()函数、input()函数等，除此之外，Python 还允许用户定义与调用自定义函数。

4.1.1 函数的作用

编写程序遵循的原则是：根据业务逻辑至顶向下设计，用一段代码来实现指定的功能。在开发过程中，最常用的操作是将之前实现的代码块复制到所需功能处，这种编程方式仅可以解决一般性问题。例如：

```
r1=16.2
s1=2*3.14*r1
r2=9.3
s2=2*3.14*r2
r3=56.23
s3=2*3.14*r3
```

为了求得圆的周长，需要使用计算周长的公式：周长＝2*3.14*r。为了计算三个不同半径的圆的周长，在程序中需要书写三次这个公式。如果利用函数，就只需要书写一次，以后需要用多少次就可以调用多少次。

在程序设计中，函数是完成某种功能的语句集合。函数需要先定义，然后调用。在实际开发中，将需要反复执行的代码封装成函数，然后在需要执行该代码段功能的地方就调用已经封装好的函数即可。函数能够在不同的地方不止一次地使用，这样做的优点不仅可以实现代码的重用，而且还可以保证代码的一致性和提高程序的模块化，最大程度减少代码冗余，有利于后期的代码维护。如果需要修改函数代码，则所有调用函数位置的程序都可得到体现。另一方面，将大问题拆分成多个函数也是分而治方法的基本思想，这样有利于将复杂问题简单化，进而解决大型复杂问题。

4.1.2 内置函数的调用

在 Python 中，用户不但能非常灵活地定义函数，而且 Python 本身还提供了丰富的内置函数。内置函数不需要用户定义，可以直接调用，这是由于内置函数早已定义并存于系统中，而且对应用程序员透明。也就是说，应用程序员只需关注内置函数的用法，而无须关注内置函数是如何定义的。下面给出了一个内置函数调用的示例。

```
>>>print('hello python')
hello python
>>>type('hello')
<class'str'>
>>>int(35.16)
35
```

其中，print()函数、type()函数和 int()函数都是 Python 的内置函数，print('hello world')、type('hello')、int(35.16)均为内置函数调用。函数括号中的表达式是函数的实参。函数接收实参，经过函数计算后返回值。例如，输出函数 print('hello python')中的'hello python'就是就是函数接收的实参，得到的结果 hello python 是函数调用后的返回值，类型判别函数 type('hello')中的'hello'就是函数接收的实参，得到的结果 hello 是返回值，取整函数 int

(35.16)中的 35.16 就是函数接收的实参,得到的结果 35 是返回值。

Python 的内置函数无需用户定义就可以直接调用,知道其名称和参数就可以调用它们。Python 3 提供了大量的内置函数,可以从 Python 官方网站查看文档:

http:/docs.python.org/3/library/functions.html

4.2 自定义函数的定义与调用

与内置函数不同,自定义函数需要用户先定义,然后再调用。自定义函数需要指定函数名称并编写函数定义的语句集,不同的函数具有不同的功能、不同的函数名称和不同的函数定义的语句集。在完成函数定义之后,可以使用函数名称调用已定义的函数。

4.2.1 自定义函数的语法格式

Python 支持自定义函数,可以由应用程序员定义实现某个功能的函数,然后在程序中再调用已经定义过的函数。定义函数的语法格式如下:

```
def 函数名([形参列表]):
    函数体
    return [表达式]
```

(1) 使用关键字 def 定义函数,后接函数名(标识符)和放在圆括号中的可选形参列表(函数定义中的参数),也可没有参数,但圆括号要保留。函数名是指函数的名称。

(2) 函数内容以冒号开始并且缩进。

(3) return [表达式]语句表明结束函数,并选择性地返回一个值给调用者。不带表达式的 return 返回 None,如果没有返回值,可以不写 return。如果返回多个值,以逗号相隔,相当于返回一个元组。None 表示什么也没有。

(4) 函数体描述了函数中进行的一系列具体操作。函数体内的语句数量不限,但必须保持缩进一致,因为在函数中,缩进结束就表示函数结束。

(5) def 是定义函数的关键字,不可缺少。根据函数名调用函数;参数为函数体提供数据;返回值是当函数执行结束之后可以给调用者返回的数据。

上述最重要的是参数和返回值。函数是一个功能块,该功能执行成功与否,需要通过返回值告知调用者。

例如,自定义一个计算圆周长的函数 fun_s1(r)如下:

```
def fun_s1(r):
    s=2*3.14*r
    return 2*3.14*r
```

fun_s1 是自定义函数名,r 是形式参数,使用 return 语句将 2*3.14*r 的计算结果返回。

4.2.2 自定义函数的调用

已定义的函数可以通过另一个函数调用执行,也可以直接从 Python 提示符执行。

function()是无参数的函数调用，而 func3(4,5)为有参数的函数调用，其中 4、5 是实际参数。

在定义函数后，就可以调用它。例如，fun_s1(r) 函数的定义与调用的程序如下：

```
def fun_s1(r):
    s=2 * 3.14 * r
    return s

print(fun_s1(2))
```

程序运行结果如下：

```
12.56
```

在调用上述函数时，传递了一个实参值 2，形参 r 被赋值 2，fun_s1(2)就是函数调用，使用 return 将 2 * 3.14 * 2 的结果返回。

关于自定义函数的调用，进一步解释下述几个问题。

1. 形参与实参

形参是形式参数的简称，是在定义函数名和函数体时使用的参数，其作用是接收调用函数传递的参数。实参是实际参数的简称，是在调用函数时传递给函数的参数，实参可以是常量、变量、表达式和函数等，在调用函数时，实参必须有确定值，并将这些值传递给形参。在上例中，fun_s1(r)中的 r 为形参，而 fun_s1(2)中的 2 是实参。实参是形参赋值之后的值，实参将参与实际运算。

2. 传递参数值的变化

在 Python 中，函数被调用后获得了实参，被传递的参数值变化情况有两种可能。一种情况是：当参数是字符串、数字和元组时，则不可改变，即这种类型的参数无法修改；另一种情况是：当参数是列表、字典类型时，则可修改，即这种类型的参数可以修改。

3. return 语句的说明

在函数调用时，利用 return 语句可以返回需要的计算结果，另一个问题是返回值的类型问题。

在 return 语句后如果没有定义返回值，则返回值为 None，表示没有任何值。如果 return 语句定义返回一个值，则返回值的类型就是对应值的类型。如果返回多个值，那么这些值将聚集起来以元组类型表示。例如：

```
def fun_n(x,y):
      return x,y
print(fun_n(2,4))               #输出函数调用的返回值
print(type(fun_n(2,4)))         #输出函数调用的返回值类型
```

程序运行结果如下：

```
(2,4)
<class 'tuple'>
```

【例 4-1】 自定义函数的定义与调用。

```
def func1():                    #函数 func1()无传入参数
    print('func1')              #无 return 值

def func2():
    return('func2')             #return 字符串"func2"

def func3(c,d):                 #需要传送两个参数
    print(c,d)

def func4(c,d):                 #需要传送 c 和 d 两个参数
    return(c+d)                 #返回 c+d 的值

func1()                         #函数调用
print(func2())                  #函数调用
func3(3,4)                      #函数调用
print(func4(3,4))               #函数调用
```

程序运行结果如下：

```
func1
func2
3  4
7
```

在上述例子中,说明下面几点：

(1) 当没有 return 语句时,函数执行完毕时也可以返回结果 None,也就是说,return 为 return None 的简写。

(2) 定义函数时,需要保持函数体中同一级代码缩进一致的风格。

(3) 调用函数与定义函数之间留有一个空行。

(4) 如果定义一个无任何操作的空函数,在循环体中可以使用 pass 语句,如下述函数定义：

```
def donothing():
    pass

donothing()                     #调用 donothing()函数
```

上述程序运行结果无任何输出,仅起到占位符作用。

4.2.3 函数的变量作用域

在函数定义与调用中,需要注意函数的变量作用域问题。变量作用域是表示一个变量起作用的范围,它决定哪一部分程序可以访问特定的变量名称。在 Python 中,分为局部变量和全局变量两个最基本的变量作用域。

1. 局部变量

在函数内部定义的变量只能够在函数内部所引用，不能够在函数外引用，也就是说，这个变量的作用域是一个局部作用域，将这种变量称为局部变量。例如：

```
def func():
    d=200
    print(d)
```

在 func()函数中，d 是在函数体中定义的变量，并且是第一次出现，所以 d 为局部变量。根据局部变量的定义，局部变量仅能在函数体内访问，如果在函数体外访问它，将提示语法错误。例如：

```
def func():
    d=300
    print(d)                    #在函数体内的访问

func()
print(d)                        #在函数体外的访问，不允许
```

程序运行结果如下：

```
300
Traceback(most recent call last):
File"D:python/work space/function def.py,line6,in<module>
print(d)
NameError.name'a'is not defined
```

从结果可以看出，第 6 行的语句中的 d 变量是函数体内的局部变量，但在函数体外调用，所以提示出错。

2. 全局变量

在函数外定义的变量拥有全局作用域，将其称为全局变量。在函数内部可以引用全局变量，如果在函数内对全局变量进行修改，需要使用 global 关键字进行声明后再修改。

【例 4-2】 修改全局变量。

```
c=5                             #全局变量 c
def func1():
    print('c=',c)

def func3():
    c=10
    print('c=',c)

func1()
func3()
```

程序运行结果如下：

```
c=5
c=5
```

在Python中,如果在函数内部对全局变量c进行修改,但是没有声明局部变量c,所以按全局变量对待。为了使局部变量有效,需要在函数内使用global关键字进行声明,修改后的程序如下:

```
c=5                          #全局变量 c
def func1():
    print('c=',c)

def func3():
    global  c
    c=10                     #修改全局变量 c
    print('c=',c)

func1()
func3()
```

程序运行结果如下:

```
c=5
c=10
```

【例4-3】 全局变量和局部变量的使用方法。

```
a=20                         #创建全局变量 a
def fun5():                  #定义 fun5()函数
    global a                 #在函数内使用 a 之前执行 global 语句
    a=5                      #修改全局变量的值
    b=6                      #b 为局部变量
    print(a,b)

fun5()                       #本次调用修改了全局变量 a 的值
print(a)
print(b)
```

程序运行结果如下:

```
5  6
5
Traceback (most recent call last):
  File "D:/Python/Python38/例 4.3.py", line 10, in <module>
    print(b)
NameError: name 'b' is not defined
```

3. 修改嵌套作用域中的变量

在一个嵌套的函数中,可以使用nonlocal关键字修改嵌套作用域中的变量,例如:

```
def func():
    c=1
    def func_in():
        c=12
    print(c)

func()
```

程序运行结果如下：

```
1
```

在上述程序中的嵌套 func_in()函数中，对变量 c 赋值，同样创建一个新的变量，而不使用 c=12 语句中的 c。如果需要修改嵌套作用域中的 c，需要使用 nonlocal 关键字，举例如下：

```
def func():
    c=1
    def func_in():
        nonlocal c
        c=12

    func_in()
    print(c)

func()
```

程序运行结果如下：

```
12
```

在上例中，func_in()函数中使用了 nonlocal 关键字，对 func_in()函数中的变量 c 可直接进行修改，程序最后输出 12。

4. global 关键字与 nonlocal 关键字的区别

nonlocal 关键字与 global 关键字的区别如下。

(1) 两者的功能不同：global 关键字修饰变量后标识该变量是全局变量，对该变量进行修改就是修改全局变量；而 nonlocal 关键字修饰变量后标识该变量是上一级函数中的局部变量，如果上一级函数中不存在该局部变量，nonlocal 位置会发生错误，显然，最上层的函数使用 nonlocal 修饰变量会发生错误。

(2) 两者的使用范围不同：global 关键字可以用在任何地方，包括在最上层函数中和嵌套函数中，即使之前未定义该变量，经 global 修饰后也可以直接使用；而 nonlocal 关键字只能用于嵌套函数中，并且外层函数中已经定义了相应的局部变量，否则会发生错误。

4.3 函数参数

在 Python 中,参数使用非常灵活。自定义函数在定义之后才可以调用,函数定义形式多样,常用必选参数、默认参数、可变参数、关键参数和组合参数 5 种参数作为形参。这 5 种参数还可以组合起来使用,但是参数定义的使用顺序必须是必选参数、默认参数、可变参数、关键参数和组合参数。

4.3.1 位置参数

Python 函数调用与其他程序语言中的函数调用一样,在调用函数时,需要给定与形参相同个数的实参。例如,在下述函数定义中,函数名为 fun,形参为 name、age、gender,函数调用的实参为'xiaowang'、18、'man'。

```
def fun(name,age,gender):    #函数定义
    print('Name: ',name, 'Age: ',age, 'Gender: ',gender)

fun('xiaowang',18, 'man')    #函数调用
```

程序运行结果如下:

```
Name:xiaowang Age:18 Gender:man
```

位置参数必须以正确的顺序传入函数,调用时参数数量也必须与定义时相同。例如,在上例中,定义了必须传入三个参数的函数 fun(name,age,gender),三个参数分别为 name、age、gender,调用时,将'xiaowang'、18、'man'分别传给 name、age、gender。传入的实参与定义的形参数量一致,传入顺序一致,即字符串、数值和字符串三个类型的参数。如果不是这样,则会得到出错提示。

4.3.2 关键参数

调用函数给出的参数都是按照定义的顺序进行,但是也可以使用关键参数作为实参来调用函数,通过关键参数可以按参数名字传递值,明确将哪个值传递给哪个参数,避免了用户需要记住参数位置和顺序的工作,进而使得函数调用和参数传递更为灵活。也就是说,使用关键实参调用函数时,因为已经明确指明了参数的对应关系,所以参数的顺序也就无关紧要,参数的顺序与定义的顺序可以不一致。例如:

```
def add(c,d):
    return(c+d)

print(add(d=9,c=2))            #关键参数定义 d=9,c=2 与所传参数顺序无关
```

程序运行结果如下:

```
11
```

又例如：

```
def fun(x,y,z=8):
    print(x,y,z)
fun(2,6)
fun(x=5,y=10,z=20)
fun(x=8,y=7,z=6)
```

程序运行结果如下：

```
2 6 8
5 10 20
8 7 6
```

【例 4-4】 在函数定义中，如果函数名为 fun，形参为 name、age、gender，函数调用的实参为'xiaowang'、18、'man'，关键实参为 man。

```
def fun(name,age,gender):
    print('Name: ',name)
    print('Age: ',age)
    print('Gender: ',gender)
    return

print('按参数顺序传入参数:')
fun('xiaowang',18, 'man')
print('不按参数顺序传入参数,指定关键参数名:')
fun(age=18,name='xiaowang',gender='man')
print('按参数顺序传入参数,并指定关键参数名:')
fun(name='xiaowang',age=18,gender='man')
```

程序运行结果如下：

```
按参数顺序传入参数:
Name:xiowang
Age:18
Gender:man
不按参数顺序传入参数,指定关键参数名:
Name:xiaowang
Age:18
Gender:man
按参数顺序传入参数,并指定关键参数名:
Name:xiaowang
Age:18
Gender:man
```

可以看出，只要指定关键参数名，输入参数的顺序对结果无影响，都可以得到正确的结果。

4.3.3　默认参数

调用函数时，如果有传递实参就可以使用传递参数；如果无传递实参则可以使用默认参数。使用默认参数的方法是，在定义函数时，为参数设定一个默认值。在调用函数时，如果没有给调用函数的参数赋值，则调用函数就使用这个默认值。带默认参数的函数定义语法如下：

```
def 函数名(…,形参名=默认值):
    函数体
    return[表达式]
```

Python 中的函数可以给一个或多个参数指定默认值，这样在调用时可以选择性地省略该参数。例如，在下述程序中，定义函数 fun 有三个参数，其中参数 c 为默认参数，其默认值为 5。当函数调用为 fun(1,2)时，a+b+c=8；当函数调用为 fun(1,2,3)时，无默认参数，a+b+c=6。

```
def fun(a,b,c=5):
    print(a+b+c)
fun(1,2)
fun(1,2,3)
```

程序运行结果如下：

```
8
6
```

又如，在调用函数时，如果只为第一个参数传递实参，第二个参数 times 为默认参数，则在调用函数时，仅为第一个参数 message 传递实参。例如：

```
def fnc(message,times=3):
    print((message+ ' ') * times)
fc('python')
```

程序运行结果如下：

```
python python python
```

在通常情况下，默认值只计算一次。但如果默认值是一个可变对象时，则略有不同。例如，当默认值是列表、字典等可变对象时，函数在随后的调用中将累积参数值。例如：

```
def fun(a,L=[]):
    L.append(a)
    print(L)

fun(1)                          #输出[1]
fun(2)                          #输出[1,2]
fun(3)                          #输出[1,2,3]
```

程序运行结果如下：

```
[1]
[1,2]
[1,2,3]
```

关于使用默认参数的进一步说明如下：

(1) 默认参数不能在必选参数之前。如果默认参数位于非默认参数之前，为了在调用函数时更为便捷地使用，而同时又不产生歧义，则调用函数时就必须使用 key＝Value 的形式，而不能使用直接送入 Value 的形式。

(2) 在定义函数时，将非默认参数就放在前面。任何一个默认参数右边都不能够再出现没有默认的普通位置参数。考虑到定义函数只要一次，调用函数可能出现在多处，定义函数时需要注意这一点。

(3) 无论有多少默认参数，如果不传入默认参数值，则使用默认值。如果传入默认参数值，则使用传入的默认参数值。

例如，默认参数的使用。

```
def inc(x,n=2):
    s=1
    while n>0:
        n=n - 1
        s=s*x
    return s

print(inc(8))
print(inc(6,3))
```

程序运行结果如下：

```
64
216
```

在上述代码中，参数 n 默认为 2，当调用 inc(8)时，相当于调用 inc(8,2)，而调用 inc(6,3)时，传入默认参数值 3，则使用传入的默认参数值 3。

(4) 如果需要更改某一个默认值，又不想传入其他默认参数，并且这个默认参数的位置不是第一个，则可以通过参数名更改需要更改的默认参数值。

(5) 更改默认参数时，传入默认参数的顺序不需要根据定义的函数中的默认参数的顺序传入，最好同时传入参数名，否则容易出现执行结果与预期不一致的情况。

综上所述，可以看出使用默认参数可以减少代码，简化程序。例如录入某单位人员信息，如果有很多人的地址相同，就可以将此地址作为默认参数，不用重复传入每个人的地址了。

例如，下述程序的 L＝[]为默认参数，在调用 add_end(L＝[])函数时，不用重复传入。

```
def add_end(L=[]):
    L.append('END')
```

```
    return L

print(add_end())
print(add_end())
print(add_end())
```

程序运行结果如下：

```
['END']
['END', 'END']
['END', 'END', 'END']
```

4.3.4　可变参数

如果需要一个函数能够处理的参数比已声明的参数更多，可将这些参数定义为可变参数。也就是说，可变参数传入的参数个数是可变的，可以是0个、1个、2个或任意个。在形参前加一个或两个*号指定函数可以接收任意多个实参，可变参数声明时不用为其命名，其语法格式如下：

```
def 函数名(参数, *变量名):
    函数体
    return[表达式]
```

其中，加*号的变量名存放所有没有命名的变量参数，如果变量参数在函数调用时没有指定参数，则为一个空元组，也可以不向可变函数传递未命名的变量。

当声明了一个*param参数之后，从此处开始直到结束时的所有参数都将被汇集到一个名为param的元组中。类似地，当声明一个**param的双星号参数时，从此处开始直至结束的所有关键参数都将被汇集到一个名为param的字典中。

1. 前面有一个*号的可变参数的使用

例如：

```
def func(a, *args):
    print(a)
    print(args)

func(1,2,3,4)
```

程序运行结果如下：

```
1
(2,3,4)
```

在func()函数中已匹配的参数后，将剩余的参数以元组的形式存储在args元组中，因此在上述程序中传入一个或一个以上的参数，函数func(a, *args)都会接收。当然，也可以只传入可接收的可变参数，举例如下：

```
def func( * my_01):
    print(my_01)


func(1,2,3,4)
func()
```

程序运行结果如下：

```
(1,2,3,4)
()
```

在上述函数中，func(1,2,3,4)和 func()函数调用都只传入可接收的可变参数。

2. 前面有两个 * 号的可变参数的使用

形参名前加两个 * 号表示将把函数内部参数存放在一个字典中，例如**k_01 表示将把函数内部参数存放在一个 k_01 字典中。这时调用函数的方法需要采用 arg1＝value1、arg2＝value2 这样的形式。为了区分一个 * 号和两个 * 号的不同作用，将 * args 称为元组参数，并将**k_01 称为字典参数。

```
def a(**x):
    print(x)


a(x=1,y=2,z=3)
a(1,2,3)                          #这种调用会抛出异常
```

程序运行结果如下：

```
{'y':2, 'x':1, 'z':3}             #存放在字典中
Traceback (most recent call last):
    File "D:/Python/Python38/例 4.4 后.py", line 5, in <module>
    a(1,2,3)                      #这种调用会抛出异常
TypeError: a() takes 0 positional arguments but 3 were given
```

需要注意，采用**k_01 传递参数的时候，不能传递元组参数。例如：

```
def fun( * args):
    print(type(args))
    print(args)


fun(1,2,3,4,5,6)
```

程序运行结果如下：

```
<class'tuple'>
(1,2,3,4,5,6)
```

又如：

```
def fun(**args):
```

```
    print(type(args))
    print(args)

fun(a=1,b=2,c=3,d=4,e=5)
```

程序运行结果如下：

```
<class'dict'>
{'d':4, 'e':5, 'b':2, 'c':3, 'a':1}
```

从两个示例的输出可以看出：当参数形如 * args 时，将传递给函数的任意个实参按位置包装进一个元组中；当参数形如**args 时，则将传递给函数的任意个 key＝value 实参包装进一个字典中。

【例 4-5】 给定一组数字 a，b，c，…，计算 $a^2+b^2+c^2+\cdots$ 平方和之值。

对于这个计算问题，函数定义必须确定输入的参数。但由于参数个数不确定，为此，可将 a，b，c，…作为一个列表或者一个元组传入。不使用可变参数的函数定义与调用的程序如下：

```
def calc_01(numbers):
    sum=0
    for n in numbers:
        sum=sum+n * n
    return sum

print(calc_01([1,2,3]))
print(calc_01((1,2,3,4)))
```

程序运行结果如下：

```
14
30
```

对于上述同一问题，使用可变参数的函数定义与调用如下：

```
def calc_2(* numbers):
    sum=0
    for n in numbers:
        sum=sum + n * n
    return sum
```

定义可变参数和定义一个 list 或 tuple 参数相比，仅在参数前面加了一个 * 号，在函数内部，参数 numbers 接收到的是一个 tuple，因此函数代码完全不变。调用该函数时，可以传入任意个参数，包括 0 个参数。对于定义的 calc_2(* numbers)函数，调用函数如下：

```
print(calc_2(1,2))
print(calc_2())
```

程序运行结果如下：

```
5
0
```

如果已经有了一个 list 或者 tuple，要调用一个可变参数，调用如下：

```
nums=[1,2,3]
print(calc_2(nums[0],nums[1],nums[2]))
```

为了更简洁，Python 允许在 list 或者 tuple 的前面加上 * 号，把 list 或者 tuple 的元素变成可变参数传入，如下：

```
print(calc_2(*nums))
```

4.3.5 解包参数

如果传递任意数量的实参，则可以将它们打包进一个列表、元组或字典中，通过单星号和双星号可以对列表、元组和字典完成解包。

```
def fun(a=1,b=2,c=3):
    print(a+b+c)

fun()
list1=[11,22,33]
dict1={'a':40,'b':50,'c':60}
fun(*list1)                    #解包列表
fun(**dict1)                   #解包字典
```

程序运行结果如下：

```
6
66
150
```

* 用于解包 Sequence(序列)，** 用于解包字典。解包字典会得到一系列的 key=value，所以其本质是使用关键参数调用函数。

4.3.6 组合参数

在 Python 中可以将必选参数、关键参数、默认参数和可变参数组合使用，进而使其函数调用更为灵活。例如：

```
def exp(p1,p2,df=0,*vart,**kw):
    print('p1=',p1, 'p2=',p2, 'df=',df, 'vart=',vart, 'kw=',kw)

exp(1,2)
exp(1,2,c=3)
exp(1,2,3,'a','b')
exp(1,2,3,'abc',x=9)
```

程序运行结果如下：

```
p1= 1 p2= 2 df= 0 vart= () kw= {}
p1= 1 p2= 2 df= 0 vart= () kw= {'c': 3}
p1= 1 p2= 2 df= 3 vart= ('a', 'b') kw= {}
p1= 1 p2= 2 df= 3 vart= ('abc') kw= {'x': 9}
```

调用函数使用组合函数时，Python 解释器自动根据参数位置和参数名将对应的参数传进去，也可以使用元组和字典调用上述函数。例如：

```
arg=(1,2,3,4)                  #定义元组
kw={'x':8,'y':9}               #定义字典
exp(* arg,**kw)
```

程序运行结果如下：

```
p1= 1 p2= 2 df= 3 vart= (4) kw= {'x': 8, 'y': 9}
```

从程序运行结果可以看出，无论参数如何定义，任意函数都可以通过类似 func(* args,**kw)的形式调用。

4.4 返回函数

return 语句是自定义函数的返回语句，在函数定义中，可以使用 return 语句，也可以不使用它。

4.4.1 返回 None 值

None 是一个特殊的值，其数据类型是 NoneType，NoneType 类型只有一个取值：None。

（1）当函数仅有显式 return 语句时，则返回 None 值。

当函数中只有 return 语句时，则返回一个 None 值。例如：

```
def fun():
    print('ok')
    return

def fuc3(x,y):
    print(x+y)

print(type(fun()))
fun()
f= fuc3(3,6)
```

程序运行结果如下：

```
ok
```

```
<class 'NoneType'>
ok
9
```

(2) 当函数没有显式 return 语句时,默认返回 None 值。

当函数中没有使用 return 语句,则默认返回一个 None 值。

```
>>>result=fuc3(2,3)
>>>result is None
True
```

(3) 比较 None 与任何其他的数据类型是否相等时,永远返回 False。

```
>>>'python'==None
False
>>>''==None
False
>>>9==None
False
>>>0.0==None
False
```

4.4.2 程序举例

无返回值函数程序的举例如下:

```
def re2(x):
    print(x)

print(re2('hello world'))
```

程序运行结果如下:

```
hello world
None
```

又例如,下述程序的 print()函数执行的是 print(now()),首先调用了 now()函数,执行 print('2021-2-25'),接下来输出了 now()函数的返回值,即 None。

```
def now():
    print('2021-2-25')

print(now())
```

程序运行结果如下:

```
2021-2-25
None
```

4.5　递归函数

4.5.1　递归的基本概念

如果在一个函数中直接或间接地调用函数自身，则称为函数递归调用。函数递归调用是函数调用的一种特殊情况，函数调用自身，自身再调用自身……当某个条件满足之后，就停止调用，最后再一层一层返回到该函数的第一次调用，其过程如图 4-1 所示。

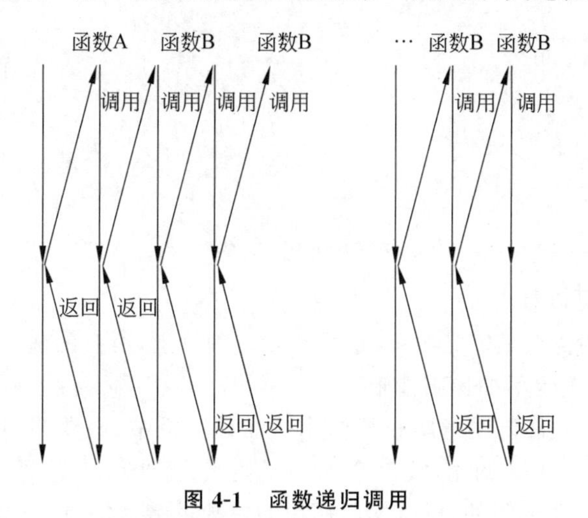

图 4-1　函数递归调用

用递归过程定义的函数称为递归函数。递归函数是指函数还可以自我调用(是指在内部调用自身)，它们都是可计算的函数，例如连加、连乘及阶乘等都可以使用递归函数实现。

在使用递归时，需要注意以下几点：

- 递归就是在过程或函数中调用自身。
- 必须有一个明确的递归结束条件，称为递归出口，以避免函数无限调用。

阶乘、斐波那契数列(Fibonacci sequence)、汉诺塔等也是典型的递归算法。

下面以计算 1～50 数字的相加和为例，比较循环和递归两种实现方式。

1. 循环方式

```
def sum_01(n):
    sum = 0
      for i in range(1,n+1) :
          sum += i
    print(sum)


sum_01(50)
```

程序运行结果如下：

```
1275
```

2. 递归方式

```
def sum_02(n):
    if n>0:
    return n +sum_02(n-1)
    else:
    return 0

sum = sum_02(50)
print(sum)
sum = sum_02(10000)
print(sum)
```

程序运行结果如下：

```
1275
RecursionError: maximum recursion depth exceeded in comparison
```

通过结果比较可以看出：

(1) 递归函数的优点是定义简单、逻辑清晰。理论上，所有的递归函数都可以写成循环的方式，但循环的逻辑不如递归清晰。

(2) 使用递归函数需要注意防止栈溢出。在计算机中，函数调用是通过数据结构栈实现的，每当进入一个函数调用，栈就会加一层栈帧；每当函数返回，栈就会减少一层栈帧。由于栈的大小并非无限的，所以递归调用的次数过多，将导致栈溢出。

如果上面的递归求和函数的参数为10000，就会导致栈溢出。

```
RecursionError: maximum recursion depth exceeded in comparison
```

4.5.2 递归函数应用举例

1. 阶乘

阶乘算法是一种典型的递归算法，例如：

```
n!=1×2×3×…×n
```

也可以用递归定义：

```
n!=(n-1)!×n
```

其中，n>=1，并且 0! =1。

将计算阶乘用函数 fact(n)表示，可以看出：

```
fact(n)=(n-1)!×n=fact(n-1)×n
```

所以，fact(n)可以表示为 n×fact(n−1)，只有 n=1 时需要特殊处理。

递归函数 fact(n)的定义与调用是：

```
def fact(n):
```

```
    if n==1 or n==0:
        return 1                    #当计算 1 或 0 的阶乘时,直接返回 1
    else:
        return n * fact(n-1)

print(fact(1))
print(fact(5))
```

程序运行结果如下：

```
1
120
```

在上述程序中，当计算 5 的阶乘时，首先计算 5 和 4 的阶乘的积，然后计算 4 和 3 的阶乘的积，当递归到 1 的阶乘时，直接返回 1。

2. 斐波那契数列

斐波那契数列又称黄金分割数列，当 n 趋向于无穷大时，前一项与后一项的比值越来越逼近黄金分割。黄金分割的数学定义为：把一条线段分割为两部分，使较大部分与全长的比值等于较小部分与较大部分的比值，则这个比值即为黄金分割。其比值近似为 0.618，通常用希腊字母 Φ 表示这个值。因为数学家列昂纳多·斐波那契(Leonardoda Fibonacci)以兔子繁殖为例子而引入了这个数列，故又将其称为兔子数列，指的是这样一个数列：1,1,2,3,5,8,13,21,34,…，这个数列从第 3 项开始，每一项都等于前两项之和。

在数学上，斐波纳契数列以如下所述的递归方法定义：

$$F(0)=0, F(1)=1, F(n)=F(n-1)+F(n-2)\ (n>=2, n\in N)$$

斐波纳契数列计算的递归程序如下：

```
def fib(n):
    a,b=0,1
    while b<n:
        print(b,end=' ')
        a,b=b,a+b
    print()

fib(200)                        #调用 fib(n)函数
```

程序运行结果如下：

```
1 1 2 3 5 8 13 21 34 55 89 144
```

4.6　匿名函数

在 Python 中，匿名函数是指不使用 def 语句定义的函数。

4.6.1　语法格式

匿名函数是没有名字的函数，指使用 lambda 关键字创建的函数，而不是使用 def 语句形式定义的函数。lambda后面只有一个表达式，而不是代码块，其函数体比def定义的函数更为简单。

1. 匿名函数的创建

定义匿名函数的语法格式如下：

```
lambda 参数:表达式
```

lambda语句中，开头先写关键字lambda，冒号前是参数，可以有多个，用逗号隔开；冒号右边的为表达式，只能有一个表达式。由于lambda返回的是函数对象，所以需要定义一个变量去接收。匿名函数自带return，return的结果就是表达式计算的结果。

lambda函数可以接收任意多个参数（包括可选参数）并且返回单个表达式的值，但函数不能包含命令，包含的表达式不能超过一个，语法格式如下：

```
lambda[arg 参数 1[,参数 2,...,参数 n]]:表达式
```

lambda表达式可以在任何需要函数对象的地方使用，在语法上限制为单一的表达式。

2. 匿名函数的调用

（1）将已创建的匿名函数通过一个变量接收。

（2）使用变量调用匿名函数。

4.6.2 匿名函数的使用

匿名函数的优点如下：

（1）使用Python写程序时，使用lambda可以省去定义函数的过程，使代码更加精简。

（2）对于一些抽象的、不在别的地方再重复使用的函数，使用lambda可以不需要考虑命名的问题。

（3）在某些时候使用lambda可以使代码更容易理解。

例如：

```
>>>f=lambda x,y:x+y
>>>print(f(10,20))
30
```

又如，两种函数的比较。

```
#普通 Python 函数
def func(a,b,c):
    return a+b+c

print(func(1,2,3))
```

程序运行结果如下：

```
6
```

```
#lambda匿名函数
f = lambda a,b,c:a+b+c
print(f(1,2,3))
```

程序运行结果如下：

```
6
```

又如，输入一个匿名函数，传入匿名函数参数，在def函数中调用此匿名函数。

```
def test(a,b,func):
    result=func(a,b)
    print('result=%d'%result)
func=input('输入一个匿名函数:')
func=eval(func)                #字符串不能调用，使用eval函数可以转换成可调用的函数
test(11,22,func)
```

程序运行结果如下：

```
输入一个匿名函数:lambda x,y:x+y-3
result=30
```

4.7 偏 函 数

利用偏函数，通过设定参数的默认值，可以降低函数调用的难度。

4.7.1 问题的提出

利用int()函数可以把字符串转换为整数，当仅传入字符串时，int()函数默认按十进制转换。

```
>>> int('20200105')
20200105
```

但是int()函数还可以提供另外的base参数，如果传入base参数，就可以实现N进制到十进制的转换。例如：

```
>>> int('7b',base =16)
123
>>> int('1111011',base =2)
123
```

假设要转换的数据量巨大，每次都传入int(x, base=2)非常麻烦，于是，可以定义一个int2()函数，默认将base=2传入。

```
def int2(x,base=2):
    return int (x,base=2)
```

```
b=int2('10')
print(b)
```

程序运行结果如下：

```
2
```

4.7.2 偏函数的定义与应用

functools.partial 可以创建一个偏函数，不需要自己定义 int2()，可以直接使用下面的代码创建一个新的函数 int2()：

```
import functools

int2 = functools.partial(int,base = 2)
print(int2('10'))
print(int2('1111011'))
```

程序运行结果如下：

```
2
123
```

又如，将原函数当作第一个参数传入，原函数的各个参数依次作为 partial()后续的参数。

```
import functools
def index(n1,n2):
    return n1+n2
num_func= functools.partial(index,888)      #将 888 传给了第 2 个参数 n2
print(num_func(2))
```

程序运行结果如下：

```
890
```

偏函数传入的参数就是 n2，在有关键字的情况下，就可以不遵循原函数的参数位置和个数。

可以看出，functools.partial 可以把一个参数比较多的函数变成一个参数比较少的新函数，其作用是将一个函数的某些参数固定，也就是设置默认值，即减少的参数需要在创建时指定默认值，这样就降低了新函数调用的难度。functools.partial 返回一个新的函数。

当一个函数有多个参数时，调用者就需要提供多个参数。如果能够减少参数个数，就可以简化调用。偏函数是由 Python 的 functools 模块所提供的，除了使用关键参数之外，偏函数是将所要承载的函数作为 partial()函数的第一个参数，原函数的各个参数则依次作为 partial()函数的后续参数。

4.8　自定义模块与包

Python 模块是一个以.py 结尾 Python 文件，包含了 Python 对象定义和 Python 语句。

使用模块能够有逻辑地组织 Python 代码段，可将相关的代码分配到一个模块中，还可以定义函数、类和变量，模块中也能包含可执行的代码。主要特点如下：

（1）从文件级别组织程序，更方便管理。为了方便管理，通常将程序分成多个文件，这样可以使得程序的结构更清晰，从而方便管理。这时不仅可以将这些文件当作脚本执行，还可以当作模块导入其他的模块中，实现了功能的复用。

（2）模块复用可以提升开发效率：充分利用第三方库和软件，可以极大地提升开发效率，避免重复设计。

（3）如果退出 Python 解释器然后重新进入，那么之前定义的函数或者变量都将丢失，因此通常将程序写到文件中以便永久保存下来，需要时就可以执行。

4.8.1　自定义模块

自定义模块就是程序员自己定义的模块，它是程序设计者经常使用的程序结构。

1. 创建 Python 文件

在 Python 中，用户可以创建扩展名为 py 的 Python 文件，其文件名就是模块名，创建之后可以将其作为模块导入，自定义模块由函数和对象组成，模块也可以包含可执行的代码。例如，创建的 modle_1.py 文件内容如下：

```
def p_func(arg):
    print(arg)
    return

p_func(985)
```

2. 运行 Python 脚本

使用 Python 语言编写的一整段 Python 程序，保存在以 py 结尾的文件中，这个以 py 结尾的文件就是 Python 脚本。当创建了模块文件 modle_1.py 之后，基本运行方法如下：

（1）打开 cmd 命令窗口。

（2）窗口第一行显示出当前的工作目录，如果要运行的 Python 脚本在这个目录下，可以使用 python ***.py 的命令运行脚本，其中***表示文件名。

（3）如果运行的文件不在当前目录下，可以将运行的脚本复制到当前目录下，再键入命令运行；或者在脚本前添加脚本具体路径再执行；或者使用 cd\、cd..、f:、d:等命令将工作目录变更到脚本所在的目录，再执行程序。

例如，modle_1.py 文件运行如下：

右击电脑桌面左下角的微软按钮；

在弹出菜单中选择"运行(R)";

在运行彩带中按下"确定"。

在出现的 cmd.exe 菜单输入 Python 文件 modle_1.py,输出结果:

```
985
```

4.8.2 包

包是一个分层次的文件目录结构,它是一个由模块和子包以及子包下的子包等组成的 Python 的应用环境。简单来说,包就是文件夹,它是一种管理 Python 模块命名空间的形式,采用.模块名称。

在较大型的 Python 项目中,需要创建许多模块,可以将这些模块组成包,使之便于维护与应用。如果在文件夹中可以包含一个特殊文件__init__.py,则 Python 解释器就将该文件夹作为包,模块文件(.py 文件)属于包中的模块。特殊文件__init__.py 可以为空,也可以包含属于包的代码,当导入包或该包中的模块时,执行__init__.py。

1. 包无层次限制

在 Python 中可以有多级目录,包可以包含包,无层次限制,从而组成多层次的包结构,如图 4-2 所示。

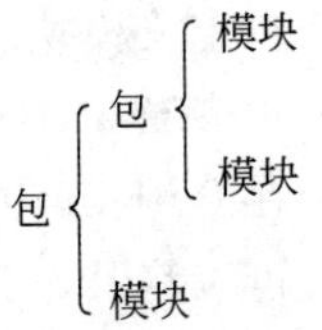

图 4-2 包的层次结构

例如,一个文件夹 foloders 的包结构。

```
foloders
    xxx
    __init__py
    abc.py
    utils.py
    web
        __init__py
    utils.py
    www.py
```

在上述的目录结构中,文件 www.py 的模块名就是 x.web.www。文件 utils.py 的模块名分别是 xxx.utils 和 xxx.web.utils。xxx.web 是一个包,其中包括 xxx.web.utils.py 和 xxx.web.www.py 模块。

2. 包可以避免命名空间冲突

为了避免模块名冲突,可以按照目录来组织模块。例如,一个 abc.py 文件就是一个名字叫 abc 的模块,如果 abc 和 xyz 两个模块名字与其他模块发生冲突,则可通过包来避免冲突。其方法是选择顶层包名(例如 myclass、myfriend)按照目录存放,如下:

```
foloders
myclass
    __init__.py
    abc.py
    xyz.py
```

```
myfriend
    __init__.py
    abc.py
        xyz.py
```

引入了包以后，只要顶层的包名不冲突，则所有模块就不可能发生冲突。包 myclass 中的 abc.py 模块的名字就变成了 myclass.abc，同样包 myfriend 中的 abc.py 模块的名字就变成了 myfriend.abc。可以看出，myclass.abc 与 myfriend.abc 的名字并不冲突。

在每一个包目录下都设置一个__init__.py 文件，如果没有这个文件，Python 就把这个目录当成普通目录，而不是一个包，所以__init__.py 文件是包的标志。__init__.py 可以是空文件，也可以有 Python 代码，例如 import 时执行的代码 import * 等。__init__.py 本身就是一个模块。

3. 包的创建

对应于文件夹和文件，可将包和模块组成层次结构。包的创建过程如下：

(1) 在指定的目录中创建对应包名的目录。

(2) 在该包目录下创建一个__init__.py 文件。

(3) 在该包目录下创建其他文件或子包。

例如，包的创建方法。

创建如下包目录结构：

```
/package1
    __init__.py
    /subpackage1
        __init__.py
            module11.py
            module12.py
            module13.py
    /subpackage2
            init__.py
            module21.py
            module22.py
```

其中，package1 是顶级包，主要包含两个子包 subpackage1 和 subpackage2。子包 subpackage1 包含模块 module11.py、module12.py 和 module13.py；子包 subpackage2 包含模块 module21.py 和 module22.py。

4. 导入模块

使用 import 语句可以将模块导入包中，其基本格式如下：

```
import 包名.模块名                    #将模块导入包中
```

其中，包名是模块上层组织包的名称，包名和模块名区分大小写。

(1) 访问包中模块的成员。导入包中的模块后，可以访问包中模块定义的成员，格式如下：

```
包名.模块名.函数名
```

（2）导入包中模块的成员。也可以使用 from import 语句导入包中模块的成员，其格式如下：

```
from 包名.模块名 import 成员名
```

（3）同时导入一个包中所有的模块。格式如下：

```
from 包名 import *
```

（4）可以直接导入相同包/子包的模块。一个包/子包的模块可以直接导入相同包/子包的模块，而不需要指定包名。这是因为同一个包/子包的模块位于同一个目录中的缘故。例如，包 subpackage2 包含模块 module21.py 和 module22.py，则在模块 module22.py 中的模块可以直接导入 module21 模块中。

5. 执行文件的调用

（1）执行文件与所需模块在同一目录下。如果执行文件与所需模块在同一个目录下，例如，执行 main.py 文件和所需模块 pwcong 同在 Python 父级目录下：

```
FOLDERS
    ………
    Python
        init_.py
        Pwcong
            init_.py
        main.py
```

main.py 为执行文件，Pwcong 文件夹为一个模块，可以使用 import 语句直接导入 pwcong 模块。如果 pwcong 模块只含有一个 hi 函数，可将其写在__init__.py 中，如下所示。

```
def hi():
    print("hi")
```

执行文件 main.py 直接导入模块如下：

```
import pwcong
Pwcong.hi()
```

运行 main.py 后，可以输出“hi”。

（2）执行文件与所需模块不在同一目录下。如果执行文件和模块不在同一目录下，则使用 import 直接导入模块方式将找不到自定义模块。

```
FOLDERS
    ………
    Python
```

```
_init_.py
Main
    _init_.py
    main.py
Pwcong
Pycache
```

可以看出,执行文件 main.py 在 main 目录下,pwcong 模块在 Python 目录下,即执行文件与模块不在同一目录下,这时使用 import 直接导入模块方式将找不到自定义模块 pwcong。

(3) 利用 sys 模块导入自定义模块。sys 模块是 Python 内置模块,如果执行文件和模块不在同一目录下,可以将 sys 模块导入自定义模块所在的目录,然后再导入自定义模块,步骤如下:

① 先导入 sys 模块。

② 然后通过 sys.path.append(path)导入自定义模块所在的目录。

③ 导入并调用自定义模块 main.py 文件。

程序如下:

```
#main.py
#-*-coding:utf-8-*-
import sys                                            #导入 sys 模块
sys.path.append(r"C:\Users\Pwcong\Desktop\python")    #导入自定义模块所在目录
import pwcong                                         #导入自定义模块
def hi():
    print("bigdata")

pwcong.hi()                                           #调用 main.py 文件
```

程序运行结果如下:

```
bigdata
```

又例如,从 fib 模块导入并调用 fibonacci()函数的程序如下:

```
#!/usr/bin/python3
def fibonacci(n):
    result=[]
    a,b=0,1
    while b<n:
        result.append(b)
    a,b=b,a+b
    return result
```

导入并调用 fib 模块中的 fibonacci()函数,运行结果如下:

```
>>>from fib import fibonacci
```

```
>>>fibonacci(100)
[1,1,2,3,5,8,13,21,34,55,89]
```

from fib import fibonacci 语句不导入整个 fib 模块到当前的命名空间，它只是从 fib 模块导入全局符号表中的 fibonacci()函数。

一个模块的模块名可以作为全局变量__name__的值。该模块中的代码可以执行，就好像将它导入一样。将__name__设定为“__main__”，可以在模块的末尾添加以下代码：

```
def fib(n):
    result=[]
    a,b=0,1
    while b<n:
        result.append(b)
    a,b=b,a+b
    return result
```

4.8.3 if__name__与__main__

1. 运行多个文件

如果不仅只执行一个文件，还要执行 import 导入的文件，例如，文件(模块)名为 abc.py 的下述程序：

```
#abc.py
print("this is abc.py")
def fff():
    print("call fff() which is defined here")
    print("abc")

fff()
print("this is abc.py END")
```

程序运行结果如下：

```
this is abc.py
call fff() which is defined here
abc
this is abc.py END
```

当其他程序员引用 fff()函数时，出现了下述问题。

例如，其他程序员书写的一个 xyz.py 文件，内容如下：

```
#xyz.py

print("this is xyz.py")
from abc import fff
print("call fff() which is defined in other file")
```

```
fff()
print("this is xyz.py END ")
```

程序运行结果如下：

```
this is xyz.py
this is abc.py
call fff() which is defined in other file
abc
this is abc.py END
call fff() which is defined here
abc
this is xyz.py END
```

可以看出，引用 abc.py 时，解释器将读取并执行 abc.py 程序。

2. __name__

__name__是内置变量，用于表示当前模块的名字，进而清晰地表示一个模块在包中的层次。模块名就是 import 时需要使用的名字，例如：

```
import abc
import abc.web
```

其中，abc 和 abc.web 称为模块的模块名。如果一个模块直接运行，并没有包结构，那么__name__值为__main__。如果该模块是被引用的，那么__name__的值是此模块的名称。例如：

```
#abc.py
print("this is abc.py")
print(__name__)
def fff():
    print("HTML")
    print("call fff() which is defined here")

fff()
print("this is abc.py END")
```

程序运行结果如下：

```
this is abc.py
__main__
HTML
call fff() which is defined here
this is abc.py END
```

从程序运行结果可以看出，直接运行的模块的模块名是__main__。

如果“abc”是被引用的模块名称，则程序运行结果如下：

```
this is abc.py
abc                                   #因为 abc.py 被引用，所以这里的值是 abc
```

```
HTML
call fff() which is defined here
this is abc.py END
```

“abc”正是 abc.py 被引用时的模块名称。由此可见，__name__的值在模块直接执行时与被引用时是不同的。当一个模块被直接执行时，其__name__必然等于__main__；当一个模块被引用时，其__name__等于文件名(不含.py)。所以通过判断__name__=='__main__'的真假就可以将这两种情况区分出来。

3. if __name__ == '__main__'语句

if __name__ == '__main__'语句的含义是：如果条件判断的结果为 True，表明该模块__name__的值就是__main__，则运行代码块；如果模块是被导入的，__name__的值就是模块的真实名称，不运行代码块。

在调试代码时，可以使用 if__name__ =='__main__'，在其中可以加入调试代码，可以让外部模块调用时不执行调试代码。但是如果需要排查问题时，可直接调用该模块文件，调试代码能够正常运行。

4.9 函数应用程序案例

4.9.1 计算三角形面积的程序

输入三个数 a,b,c 作为三角形的三个边长，根据海伦公式 $p=(x+y+z)/2$ 和 $S=(p(p-x)(p-y)(p-z))^{1/2}$ 计算三角形的面积 S，编写一个计算三角形面积的函数程序。

```
import math

def tri_area(x,y,z):

    if(x+y>z and x+z >y and z+y>x):
        p=(x+y+z)/2
        temp=p * (p-x) * (p-y) * (p-z)
        S=math.sqrt(temp)
        print("三角形面积:",S)
    else:
        print("输入的三条边长不能构成三角形")

x=float(input("第 1 条边长:",))
y=float(input("第 2 条边长:",))
z=float(input("第 3 条边长:",))
tri_area(x,y,z)
```

在上述程序中，设计了一个给出三角形边长就可以计算出三角形面积的 tri_area()函数。在函数体中，通过双分支程序完成三角形的两边之和大于第三边的三角形性质判断输入的三条边能否构成三角形。

首先,为三角形的三个边长 x、y、z 赋值,然后通过函数体中的 if/ else 语句判断,如果能够构成三角形,则使用海伦公式计算三角形面积,否则输出"输入的三条边长不能构成三角形"的提示。

运行上述程序,结果如下:

```
第 1 条边长:3
第 2 条边长:4
第 3 条边长:5
三角形面积:6.0
```

再次运行上述程序,结果如下:

```
第 1 条边长:3
第 2 条边长:1
第 3 条边长:5
输入的三条边长不能构成三角形
```

4.9.2 计算输入列表的最大值、最小值和平均值的程序

编写一个函数,计算传入的最大值、最小值和平均值,并以列表的方式返回。在主程序中输入数据,然后调用函数,最后输出函数运算的结果。程序如下:

```
import math

def num_fan(n):                          #定义 num_fan(n)函数,参数为 n
    list=[]                              #创建空列表 list
    list.append(float(max(n)))           #将传入的最大值尾加到 list 列表中
    list.append(float(min(n)))           #将传入的最小值尾加到 list 列表中
    sum=0
    for i in n:
        sum=sum+float(i)
    aver=float(sum)/n.__len__()          #计算平均值
    list.append(aver)                    #将平均值尾加到 list 列表中
    return list

if __name__=="__main__":
    l_02=input("输入一个序列:")           #输入一个序列
    l_03=tuple(l_02.split(','))          #序列分割
    print("tuple:",l_03)                 #输出元组
    rezult=num_fan(l_03)                 #调用 num_fan()函数
    print(rezult)                        #输出列表 list 内容,即最大值、最小值和平均值
```

程序运行结果如下:

```
输入一个序列:3,5,7,9,2,8
```

```
tuple:('3','5','7','9','2','8')
[9.0,2.0,5.67]
```

4.9.3 统计字符串中不同字符个数的程序

编写一个 char_fan(n)函数,接收传入的字符串,分别统计大写字母、小写字母、数字及其他字符的个数,并以元组的方式返回这些数据。程序如下:

```
import sys

def char_fan(n):                          #定义 char_fan(n)函数
    list_01=[]                            #创建一个空列表
    upper=0                               #大写字母的个数计数器
    lower=0                               #小写字母的个数计数器
    num=0                                 #数字的个数计数器
    other=0                               #其他字符的个数计数器
    for i in range(n.len()):
        if n[i].isupper():                #判断是否大写字符
            upper+=1
        elif n[i].islower():              #判断是否小写字符
            lower+=1
        elif n[i].isnumeric():            #判断是否数字
            num+=1
        else:
            other+=1
    list_01.append(upper)
    list_01.append(lower)
    list_01.append(num)
    list_01.append(other)

    print("list_01:",list_01)             #输出列表 list_01
    return tuple(list_01)
if __name__=="__main__":
    list_02=input("input some char(or a string):",)
    #接收传入的字符串
    deal=char_fan(list_02)
    print ("tuple contain count with upper char, lower char , number and others:",
deal)
```

程序运行结果如下:

```
input some char(or a string):Hello 2020!
List_01:[1,4,4,2]
tuple contain count with upper char, lower char ,number and others:( 1,4,4,2)
```

本章小结

在程序设计中通常会广泛使用函数。函数分为内置函数、自定义函数等。内置函数不需要定义，需要时就可以使用。自定义函数需要先定义，再调用，这是应用自定义函数的重要原则。函数参数有多种形式，例如必选参数、关键参数、默认参数、可变参数、解包参数和组合参数等。本章对于递归函数的定义与调用也做了具体的介绍。

习　题　4

1. 编写函数：接收圆的半径，返回圆的周长。

2. 编写函数：接收两个整数，返回其最大公约数。

3. 编写函数：接收一个字符串，判断是否为回文字符串。

4. 编写函数：模拟标准库 itertools 中的 count()函数的功能。

5. 编写函数：模拟内置函数 any()的功能。

6. 编写函数：接收一个字符串参数，返回一个元组，元组的第 1 个元素为大写字母个数，第 2 个元素为小写字母个数。

7. 编写函数：计算字符串匹配的准确率。

8. 编写函数：当输入 n 为偶数时，调用函数求 1/2+1/4+…+1/n；当输入 n 为奇数时，调用函数求 1/1+1/3+…+1/n。

9. 回答下面程序的运行结果。

```
def add(c,d):
    return(c+d)

print(add(d=6,c=2))
```

10. 回答下面程序的运行结果。

```
def func3(c,d):
    print('c+d=%d'%(c+d))

func3(3,4)

def func4(c,d):
    return(c+d)

print(func4(4,3))
```

11. 回答下面程序的运行结果。

```
def exp(p1,p2,df=0, * vart,**kw)
    print('p1=',p1, 'p2=',p2, 'df=',df, 'vart=',vart, 'kw=',kw)
```

```
exp(1,2,3,'a','b')
exp(1,2,3,'abc',x=9)
```

12. 编写程序：计算传入列表的最大值、最小值和平均值，并以元组的方式返回。
13. 编写程序：判断一个数字是否为素数。
14. 编写程序：判断三边能否构成三角形。
15. 编写程序：输出 100 以内的素数。

第5章 面向对象编程

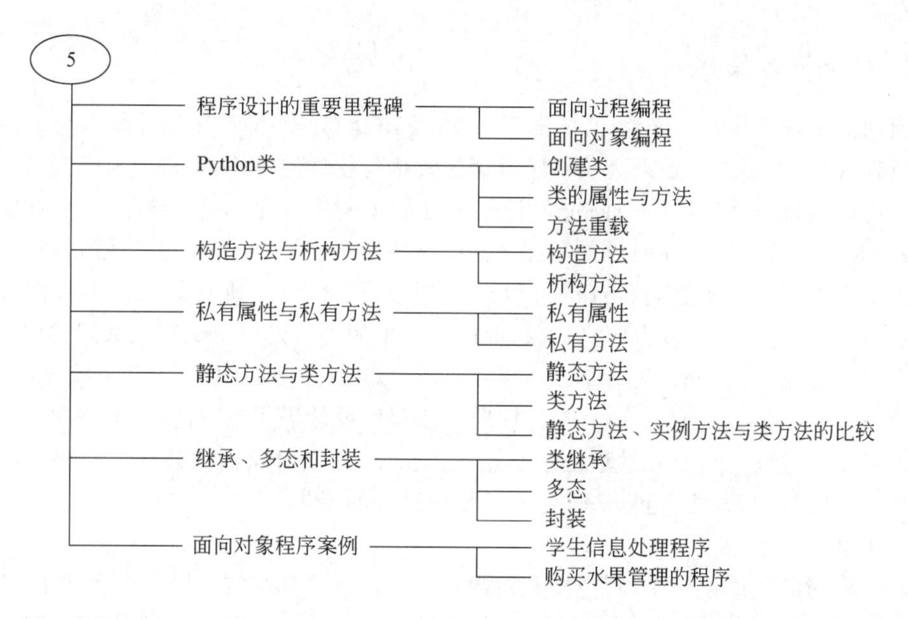

Python 语言是一种解释型语言，它既支持面向过程编程，也支持面向对象编程。也就是说，利用 Python 语言既可以设计与运行面向过程(结构化)程序，也可以设计与运行面向对象程序。

Python 语言中的类提供了面向对象编程的所有功能，如继承机制允许多个基类，派生类可以覆盖基类中的任何方法，并且可以调用基类中的同名方法等。

5.1 程序设计的重要里程碑

面向过程与面向对象是程序设计发展史上的两个重要里程碑。

5.1.1 面向过程编程

面向过程编程是一种以过程为中心的编程思维方式，是以什么正在发生为主要目标进行编程的。在面向过程编程中，数据与计算分离。当需要计算时，将数据传给计算系统，计算完成之后，再传回计算的结果。这种编程方法存在的一个问题是变量容易被修改，一旦出现错误却很难查找出来。另一个问题是，当程序较大时，相互间的关系复杂，如果要增加或修改一段程序代码,有可能会影响另一些程序段,出现了副作用,这就增加了程序维护的困难。

由于面向过程的设计是自上而下、逐步求精,所以其最重要的方法是模块化。首先进行总体设计,将程序按功能划分成若干模块,然后通过详细设计完成模块内的设计。当程序规模不大时,面向过程方法的优势是程序的流程清楚,可以按照模块与函数的方法进行组织,将一个问题分解成若干小问题,再对每个小问题进行分解,直到每个小问题能够解决为止。然后再把这些已解决的小问题进行合并,就解决了大问题。显然,这使用了还原论的方法。

5.1.2 面向对象编程

面向对象程序设计(Orient Object Programming,OOP)是程序设计发展史上的一个重要里程碑,其主要特点是提高了程序设计的效率与软件的重用率,进而显著降低了维护成本。面向对象程序设计与面向过程程序设计的不同之处是将程序作为一组对象的集合,每个对象都可以接收其他对象发过来的消息并处理它们,致使程序的执行过程转化成一系列消息在各个对象之间传递的过程。在 Python 语言中,所有的数据类型都可以作为对象,程序设计者也可以自定义对象,面向对象中的类就是自定义对象数据类型。

在当下最流行的四种程序设计语言中,只有 C 语言是面向过程程序设计语言,而 Python 语言、Java 语言、C++ 语言都是面向对象程序设计语言,具有类似的面向对象程序设计的概念与过程。与面向过程程序设计语言相比,面向对象的方法主要是将事物对象化,对象包括属性与方法,但方法也包含了面向过程的思想。

1. 对象

在面向对象程序设计中,将数据和对数据的操作方法都绑定在同一个实体中,将这个实体称为对象。对象具有状态和行为两个特征,例如,一个人的身高或体重可以作为状态,而唱歌、打球、骑摩托车、开汽车等作为其行为。在面向对象程序设计中,将对象状态保存在变量或数据字段中,而行为则由方法来实现,如图 5-1 所示。

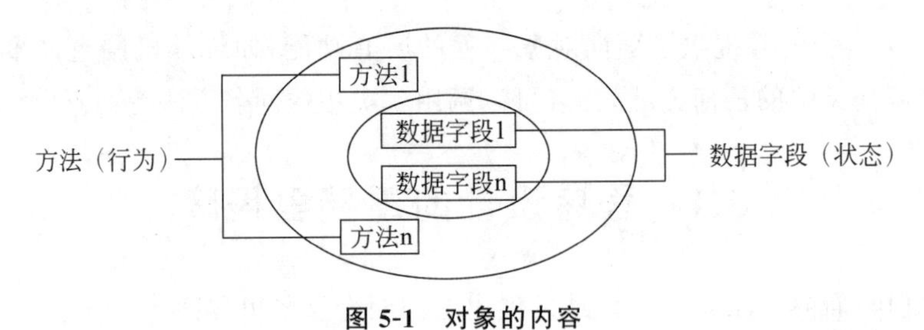

图 5-1 对象的内容

以汽车对象为例,其状态可定义为颜色、排档数、排气量和轮胎类型,而方法是换挡、刹车、开大灯和开冷气等。这样的例子不胜枚举。

2. 类

在客观世界中,有许多相同种类的对象,可将这些对象归纳为一个类。例如,可将世界上所有的汽车归纳为汽车类,如图 5-2 所示。

汽车类有一些共同的状态，如气缸排气量、排档数、颜色、轮胎数等，以及一些共同的行为，如开灯、开冷气等，但是，每一辆汽车都有个别的状态及方法可能不同于其他汽车。

3. 实例化

类的实例化是创建一个类的实例，即类的具体对象。

汽车只是世界上众多汽车中的一辆，汽车对象是汽车类中的一个实例，如图 5-3 所示。关于类与实例的概念，需要进一步来说明。为了制造汽车，不用为每一辆车设计一种蓝图，可以使用同一个蓝图来制造许多相同的汽车，或者只要稍加修改，即可制造出不同型号的汽车，这样就可以显著地提高生产效率。

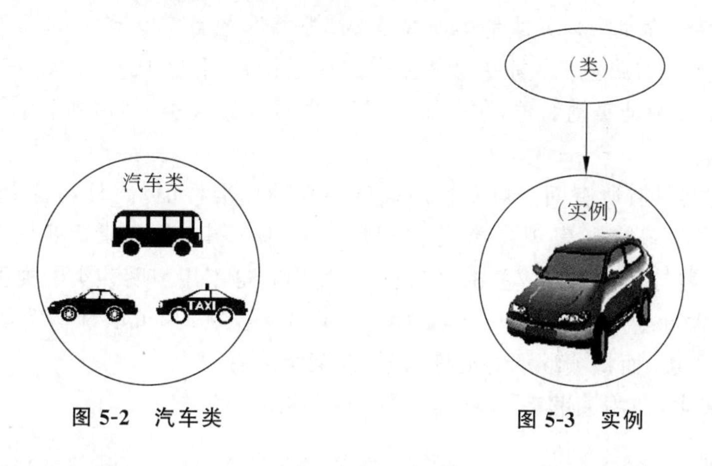

图 5-2　汽车类　　图 5-3　实例

类是用来描述具有相同属性和方法的对象的集合，它定义了该集合中每个对象所共有的属性和方法，对象是类的实例。

可以将一个类看作一个蓝图，那么实例就是从一个类中所产生的具有此类的状态（变量）与行为（方法）的对象。在 Python 中可以利用已定义的类来产生 n 个对象，其关系如图 5-4 所示。

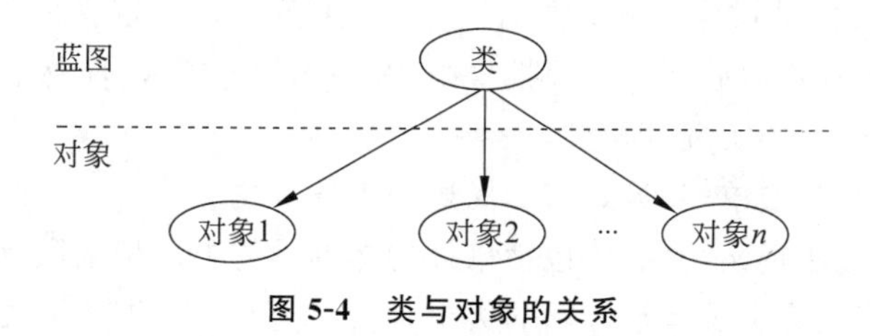

图 5-4　类与对象的关系

在图 5-4 中，描述了类与对象的关系。例如，汽车厂中的蓝图是不能拿来开车的，而照此蓝图所设计生产出来的车则是真正可以使用的对象。每当需要实例化一个对象时，就需要先从类来产生对象。例如，下述一行语句：

```
hongqi=SmallCar()
```

在上述语句中，如果 hongqi 小汽车是属于 SmallCar 类，而要使用 SmallCar 对象时，就需要实例化，使它成为属于 SmallCar 类的一个实例对象，hongqi＝SmallCar()完成了

SmallCar类的实例化。

4. 属性和成员函数

在一个类中包含两种成员，分别称为属性和成员函数。属性是类的数据，而成员函数完成对属性的操作，在类中定义的函数就是类的方法。

5.2 Python类

类是一种用户自定义的数据类型，是对具有共同属性和行为的一类事物的抽象描述。共同属性又称为类属性，类属性是类所特有的，类属性经常定义在类的开头和方法的外面。类属性是类中的属性，共同行为是类中的成员函数，称为成员方法。类是对象的抽象，而类的具体实例是实例对象，在应用过程中，需要先定义类，然后才能够用它定义和使用对象。

Python的类具有所有面向对象程序设计语言的标准特征，而且具备Python特有的动态特点，这种动态特点表现在类是在程序运行中创建，类生成后也可以进行修改。Python所有的类与其包含的成员都是公有的，使用时也不用声明该类的类型。

继承的最大特点是可以实现代码重用。当定义一个类时，可以继承现有的类，并将新定义的类称为子类，而将被继承的类称为基类、父类或者超类。

在Python中，使用关键字class定义类，类定义的语法格式如下：

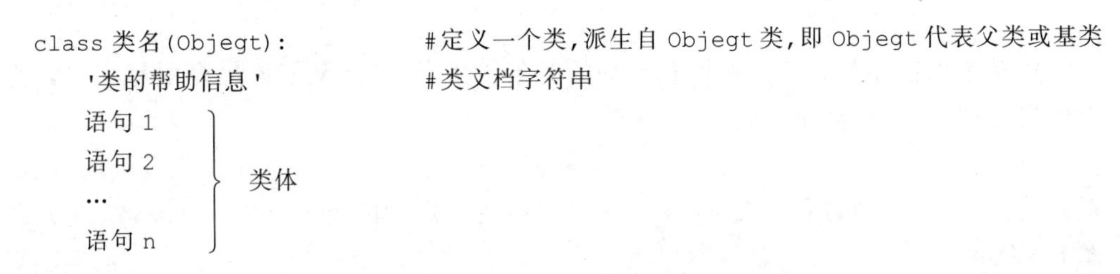

其中，class为类定义的关键字，class之后为空格，接下来是所定义的类名。如果派生自其他类，则需要将所有基类放到一对圆括号中，并使用逗号相隔开，然后是一个冒号结尾，最后换行并定义类的内部实现，即类体。

类名使用大写开头的单词，最好与所描述的事务有关。

类体由属性与方法定义组成，还包括该类的被继承的类。如果没有被继承的类，就使用本类名所代表的类，这个没有被继承的类也是所有类都可以继承的类。

5.2.1 创建类

1. 类定义

例如Person类定义如下。当创建实例时，自动调用__init__()方法。

```
class Person(object):
    x=100

    def __init__(self, name, age, sex):
```

```
        self.name = name
        self.age = age
        self.sex = sex

    def ------
```

2. 创建实例

```
student_1 = Person('xiaoming',24,'male')
student_2 = Person('xiaohong',20,'female')
```

3. 实例属性

```
print(student_1.name)
print(student_1.age)
print(student_1.sex)
print(student_2.name)
print(student_2.age)
print(student_2.sex)
```

程序运行结果如下：

```
xiaoming
24
male
xiaohong
20
female
```

5.2.2　类的属性与方法

类的属性存储了类的各种数据。类的方法定义了类的行为特征，包括这个类的各种操作。类属性定义在类的内部和类方法的外部。

1. 类属性

类属性用以描述类的某些特征。例如：

```
class A():
    a = xx                              #类属性 a
    ...
```

(1) 类的属性可以通过(类名.属性)调用。a 是类的属性，可以通过(类名.属性)调用。例如：

```
A.a = xx                                #类的属性
```

例如，通过类访问与修改类属性。

```
>>>class Group():
       number1=30
```

```
>>> Group().number1
30
>>> Group().number1=15
>>> Group().number1
15
```

(2) 类的属性可以通过(类对象.属性)调用。对象是类的实例,对象的创建过程也是类的实例化过程。实例化是创建一个实例对象,即类的具体对象。类对象建立之后,就可以使用点运算符"."访问对象的属性与方法。对象创建的语法格式如下:

```
对象名=类名(参数列表)
```

例如:

```
maclass1=MyClass()
```

maclass1= MyClass()的作用是完成类 MyClass 的实例化,即创建一个对象 Maclass1。一个类的对象可以有多个。

例如,通过类对象访问与修改类属性。

```
>>>group1 = Group()
>>>group1.number1                          #访问 number1 属性
30
>>>group1.number1=35                       #修改 number1 属性
>>>group1.number1
35
```

2. 类的方法

类的方法定义了类的行为特征,包括这个类的各种操作。类的方法可以通过"对象名.对象方法"的形式调用,其调用格式如下:

```
对象名.对象方法
```

例如:

```
class A():
    a = 59                                 #类的属性 a
    b = 32                                 #类的属性 b

    def ff(self):
        return 'Python'

print(A.a)                                 #类的属性 a
print(A.b)
ob_01=A()                                  #ob_01 是 A()的实例对象
print(ob_01.a)
print(ob_01.ff())
```

程序运行结果如下：

```
59
32
59
Python
```

在上面的程序中，在类中定义的 ff()方法中的第 1 个参数必须是 self，除了这一点之外，类方法与函数无区别。

方法是在类中定义的，并以关键字 self 作为第一个参数。self 参数代表调用这个方法的对象本身。在方法调用时，可以不用传递这个参数，系统将自动调用方法的对象作为 self 参数传入。

3. 实例属性

实例属性是描述对象特征的数据属性，实例属性只能由对象调用，不能由类调用。属性的调用格式如下：

```
对象名.属性
```

例如：

```
xiaoli = TesClass()                           #实例化对象
print(xiaoli.x)
```

实例属性设置可以在类定义中添加，也可以在调用实例的代码中添加。

(1) 在类定义的对象方法中设置实例属性。

在类定义的对象方法中设置的实例属性，只有在调用了该方法后才能使用这个属性，否则会出现错误。特别注意，实例属性只能由对象调用，不能由类来调用。

(2) 在调用对象时，可以动态地给对象添加属性。

(3) 删除实例属性。

删除实例属性是 Python 特有的语法，例如删除 myclass1 对象的 z 属性：

```
>>>del myclass1.z
```

如果属性不存在，就出现错误提示。

【例 5-1】 实例属性及调用。

```
class MyClass:                                #类定义
    a=123456                                  #类的属性
    b=789                                     #类的属性
    c=888                                     #类的属性

    def myMethod(self,x,y,z):                 #方法
        self.x=x                              #定义实例属性
        self.y=y                              #定义实例属性
        self.z=z                              #定义实例属性
        return x+y+z
```

```
    def f(self):                          #方法
        return 'Hello Python'
myclass1= MyClass()                       #类 MyClass 实例化,对象变量为 myclass1
print(myclass1.a)                         #使用对象访问属性 a
print(myclass1.b)                         #使用对象访问属性 b
print(myclass1.f())                       #使用对象调用方法 f()
myclass1.d=350                            #添加了实例属性 d
print('d=', myclass1.d)                   #使用对象访问实例属性 d
print(myclass1.myMethod(1,2,3))           #使用对象调用方法 myMethod()
print(myclass1.z)                         #使用对象访问实例属性 z
del myclass1.z                            #删除实例属性 z
print(myclass1.z)                         #使用对象访问实例属性 z
```

程序运行结果如下：

```
123456
789
Hello Python
d= 350
6
3
Traceback (most recent call last):
  File "D:\Python\Python38\例 5-1.py", line 23, in <module>
    print(myclass1.z)
AttributeError: 'MyClass' object has no attribute 'z'
```

4. __init__()方法

使用__init__()方法，可以在创建类的实例时，自动调用这个方法，完成实例的属性初始化。例如，下述程序：

```
class TestClass (object):
    def __init__(self, name, gender,age):
        self.Name = name
        self.Gender = gender
        self.Age=age
        print ('hello')

testman = TestClass ('xiaowang', 'male','25')
print (testman.Name)
print (testman.Gender)
print (testman.Age)
```

程序运行结果如下：

```
hello
```

```
xiaowang
male
25
```

这里__init__()方法有三个参数，这个self指的是在创建类的实例时被创建的实例本身，即self.Name＝name。

通常写成self.name＝name，这是为了区分前后两个name是不同的含义而将前面那个name的首字母大写了，等于号左边的那个Name(或name)是实例属性，后面那个是方法__init__()的参数。通常将self.Gender＝gender写成self.gender＝gender。print('hello')是说明在创建类的实例时__init__()方法就被调用了。

testman = TestClass('xiaowang','male')创建了类TestClass的一个实例testman，类中有__init__()这个方法，在创建类的实例时，就必须要有和方法__init__()匹配的参数了，由于self指的就是创建的实例本身，self不用传入，因此传入两个参数。这条语句初始化实例testman的两个属性Name和Gender，其中Name是xiaowang，Gender是male。

实例属性和具体某个实例对象有关系，并且各个实例对象之间不共享实例属性，实例属性值仅在自己的实例对象中使用，其他的实例对象不能直接使用，因为self值就属于该实例对象。在类外面，可以通过实例对象调用实例属性。在类中则通过self.实例属性调用它们。实例属性就相当于局部变量，在这个类或者这个类的实例对象之外，就不起作用。

5. 类属性和实例属性比较

类属性用以描述类的某些特征，是直接在类中创建的属性。实例属性是描述对象特征的数据属性。实例属性由每个实例各自拥有，相互独立；而类属性有且只有1份，创建的实例都将继承自唯一的类属性。这就是说，绑定在一个实例上的属性不会影响到其他的实例。如果在类上绑定一个属性，那么所有的实例都可以访问类属性，且访问的类属性是同一个，一旦类属性改变就将影响到所有的实例，这种情况不是我们想要的。例如：

```
class Person(object):
    address = 'Earth'          #类属性 address

    def __init__(self, name):
        self.name = name

print(Person.address)          #类属性直接绑定在类上,可以直接通过类名调用类属性
p1 = Person(xiaoliu')
p2 = Person('xiaowang')
print(p1.address)              #通过实例调用类属性
print(p2.address)
```

程序运行结果如下：

```
Earth
Earth
Earth
```

【例 5-2】 类属性和实例属性的比较。

在本例中,通过类属性和实例属性的比较来说明概念的区别。

```
#创建类
>>>class Test(object):
        class_attr = 10                     #类属性

        def __init__(self):
           self.example= 10                 #实例属性

        def func(self):
           print('类.类属性的值:',Test.class_attr) #调用类属性
           print('self.类属性的值:',self.class_attr)#将类属性变成实例属性
           print('self.实例属性的值:', self.example)#调用实例属性 example
>>>a = Test()                               #创建 a 对象
>>>a.func()
类.类属性的值: 10
self.类属性的值: 10
self.实例属性的值: 10

>>>b = Test()                               #创建 b 对象
>>>b.func()
类.类属性的值: 10
self.类属性的值: 10
self.实例属性的值: 10

>>>a.class_attr = 20                        #通过 "实例对象.类属性"修改类属性
>>>a.example = 20                           #通过"实例对象.实例属性"修改实例属性的值
>>>a.func()
类.类属性的值: 10
self.类属性的值: 20
self.实例属性的值: 20

>>>b.func()                                 #再次运行 b 对象
类.类属性的值: 10
self.类属性的值: 10
self.实例属性的值: 10

>>>Test.class_attr = 30                     #通过"类.类属性"修改属性值
>>>a.func()
类.类属性的值: 30
self.类属性的值: 20
self.实例属性的值: 20
```

```
>>>b.func()                                #此时再执行 b 对象
类.类属性的值: 30
self.类属性的值: 30
self.实例属性的值: 10
```

【例 5-3】 统计创建的 Person 实例的个数。

给 Person 类添加一个类属性 count，每创建一个实例，count 属性就加 1，这样就可以统计出创建的 Person 实例的数量。

```
class Person(object):
      count=0
      def __init__(self, name):
          self.name = name
          Person.count += 1

p1 = Person('xiaowang')
print (Person.count)

p2 = Person('xiaoli')
print (Person.count)

p3 = Person('xiaozhang')
print (Person.count)
```

程序运行结果如下：

```
1
2
3
```

__init__()是一个构造函数，构造函数外围的 count＝0 可理解成是一个默认参数，而实例化对象的实现最先调用的是构造函数，然后在第一次调用构造函数时 count 因为没有值就使用默认值，因此第一次调用的 count 是默认值 0，然后第二次调用的时候是有参调用，因此用的是有参的 count。count＝0 是对最初的第一次赋值，只作用一次，往后每个对象都使用改变后的 count。

6. 同名的实例属性和类属性

当实例属性和类属性重名时，实例属性优先级高，它将屏蔽掉对类属性的访问。

【例 5-4】 实例属性和类属性重名。

```
class Person(object):
    address = 'zhejiang'
    def __init__(self, name):
        self.name = name

p1 = Person('xiaowang')
```

```
p2 = Person('xiaoli')
print ('Person.address = ' + Person.address)          #Zhejiang
p1.address = 'Liaoning'
print('p1.address = ' + p1.address)                   #Liaoning
print('Person.address = ' + Person.address)           #Zhejiang
print('p2.address = ' + p2.address)                   #Zhejiang
```

程序运行结果如下：

```
Person.address = Zhejiang
p1.address = Liaoning
Person.address = Zhejiang
p2.address = Zhejiang
```

可以看出，在实例上修改类属性 address = 'Zhejiang'并没有实现修改类属性，而是将实例绑定了一个实例属性。

5.2.3 方法重载

方法重载就是指定义多个同名的方法，如果方法名重复，则加载参数不同，包括参数的类型和个数不同。调用重载方法时，编译器通过检查所调用方法的参数类型和个数选择一个恰当的方法。方法重载常用于创建完成一组任务相似、但参数的类型、个数或顺序不同的方法。

方法重载的主要好处就是，不用为了对不同的参数类型或参数个数而定义多个方法。多个方法可用同一个名字，但参数表即参数的个数或(和)数据类型可以不同，调用的时候，虽然方法名相同，但根据参数表可以自动调用对应的方法。

由于 Python 语言是动态语言，其方法的参数不用声明类型，而是在调用传值时确定参数的类型。参数的数量可以是由默认参数、可变参数等控制，所以 Python 无法在语法上针对参数类型不同而实现重载，但可以实现参数个数不同的重载，对应的语法就是使用默认参数，定义一个方法就可以实现多种调用，从而可以实现相当于其他程序设计语言的重载功能。

例如下面的方法定义了两个默认参数 a=1，b=1，方法可以设置分支程序，实现方法重载。

【例 5-5】 基于可变参数调用的方法重载。

```
def A(a=1, b=1):
    print(10)


A()                                                   #无参数
A(1)                                                  #一个参数
A(1, 2)                                               #两个参数
```

程序运行结果如下：

```
10
```

```
10
10
```

从上面可以看出,虽然 Python 没有提供支持方法重载的语法,但可利用代码在逻辑上实现重载。

又如:

```
class A:
    def Aa(self,a=1, b=1):
        if type(a) == int and type(b) == float:
            print(1)
        elif type(a) == float and type(b) == int:
            print(2)

x=A ()                                         #A (int,float)
x. Aa (1, 1.0)
y=A ()                                         #A (float,int)
y. Aa (1.0, 1)
```

程序运行结果如下:

```
1
2
```

【例 5-6】 通过默认参数 name=None 的控制,选择两条不同的程序分支。

```
class Python2:
    def say (self,name=None):
        if name==None:
            print('good morning!')
        else:
            print('good morning,this is',name)

p21=Python2 ()
p21.say ()
p21.say('python')
```

程序运行结果如下:

```
good morning!
good morning,this is python
```

5.3 构造方法与析构方法

类的构造方法是指对某个对象进行实例化的时候对数据进行初始化。也就是说,构造方法用于类的初始化,当类被启用时立即执行。

5.3.1 构造方法

构造方法是指在定义类时，需要显式定义一个__init__()方法，如果没有显式定义它，则程序将默认调用一个无参的__init__()方法。

如果__init__()方法含有参数，则需要传入相应的参数，在创建实例对象时，还需要将其参数赋给一个变量，使得该变量指向实例对象，否则将无法引用所创建的实例对象。Python类中的构造方法的语法格式如下：

```
def  __init__(self,...):
    语句块
```

虽然__init__()方法可以含有多个参数，但必须包含一个名为self的参数，而且必须作为第一个参数。也就是说，类的构造方法至少有一个self参数。

例如，以Person类为例，添加构造方法。

```
class:
    def __init__(self):
        print("调用构造方法")
```

如果没有为该类定义任何构造方法，那么Python将自动为该类创建一个只包含self参数的默认构造方法。

在下面的程序中，创建xiaoli这个对象时调用了类的构造方法。不仅如此，在__init__()构造方法中，除了self参数外，还自定义了2个参数name和age，参数之间使用逗号分隔。

```
class Person() :
    def__init__(self,name,age):
        print("name: ",name, " age:",age)

x= Person("xiaoli",18)
```

程序运行结果如下：

```
name:xiaoli age:18
```

可以看到，由于创建对象时调用了类的构造方法，虽然构造方法中有self、name、age三个参数，但实际需要传递参数的仅有name和age，也就是说，self不需要显式传递。

【例5-7】 基于构造方法的类对象创建与初始化。

```
#example 5.7
class Person3:
    number=0                                    #定义类属性

    def __init__(self,name,gender,age):
        self.name=name                          #初始化 self 对象的 name 属性
        self.gender=gender                      #初始化 self.gender
```

```
        self.age=age                            #初始化 self.age
        Person3.number+=1

    def displayPerson3(self):                   #定义 displayPerson3()方法
        print('Name:',self.name,'Gender:',self.gender,'Age:',self.age)

s1=Person3('Liming', 'M',22)                    #创建对象 s1 并初始化
s2=Person3('Wangli', 'F',18)                    #创建对象 s2 并初始化
s3=Person3('Zhanghe', 'F',20)                   #创建对象 s3 并初始化
s1.displayPerson3()                             #调用方法
s2.displayPerson3()                             #调用方法
s3.displayPerson3()                             #调用方法
print('Total studengts:',Person3.number)        #输出类属性 number
```

程序说明：

(1) 定义了一个 Person3 类，其中，number 为类属性，name、gender、age 为对象属性，displayPerson3()为类方法。

(2) __init__()是构造函数，在创建对象时系统会自动调用它，用于初始化对象属性(实例属性)。

(3) 在创建对象时需要指定相应的参数，在调用构造函数时进行参数传递。

(4) 调用类的方法需要指明调用的对象，例如 s2.displayPerson3()，访问对象属性也可以通过 self.name、self.gender 等完成。

(5) 显示属性 number 可以通过"类.类属性"方式即 Person3.number 方式直接输出。

程序运行结果如下：

```
Name:Liming,Gender:M Age:22
Name:Wangli,Gender:F Age:18
Name:Zhanghe,Gender:F,Age:20
Total studengts:3
```

从上述程序的执行结果可以看出，当程序中定义了__init__()方法时，类实例化时就会调用该方法。如果没有定义__init__()方法，实例化也不会报错，此时调用默认的__init__()方法。__init__ ()方法可以带有参数，它们通过__init__ ()方法传递给类的实例化操作。

5.3.2 析构方法

在对象被销毁时，系统自动调用一个__del__()方法。__del__()方法又称析构函数，用于实现销毁类的实例所需的操作，也就是说，当对象被删除时就会调用析构方法。例如释放对象占用的不是由垃圾回收器管理的非托管资源。在默认情况下，当对象不再使用时，则运行__del__()方法。

【例 5-8】 __del__()方法举例。

```
class Person():
```

```
    def __init__(self):                              #构造方法
        print('创建对象')

    def__del__(self):                                #析构方法
        print('清除对象')

person1= Person()                                    #创建对象
del person1                                          #清除对象
```

程序运行结果如下：

```
创建对象
清除对象
```

上述程序表明，首先创建一个 Person 类的对象 person1，然后使用 del 语句清除它，系统自动调用了__del__ ()方法，将对象清除。

在使用__del__ ()方法时需要注意以下两点：

(1) __del__ ()方法仅有一个参数，如例 5-6 中的 self。

(2) 如果有父类，则在__del__ ()方法体内先调用父类的__del__ ()方法。

5.4 私有属性与私有方法

Python 类的方法无访问权限限制，但是在类的外部无法直接访问私有属性和私有方法，进而可以起到保障安全的作用。Python 中定义的普通变量可以被外部访问，但是有时候不希望定义的变量被外部访问。

5.4.1 私有属性

1. 私有属性定义

在类定义的属性名前加上两根下划线来标识属性是私有属性，否则为公有属性。私有属性仅可在方法中访问，而在类的外部无法直接访问。在一般情况下，私有属性都不对外公开，用于完成方法内部的工作，这样就可以起到保障安全的作用。

例如，在类中定义私有属性。

```
class Person4:                                       #定义类 Person4
    name=''                                          #定义类属性
    age=0                                            #定义类属性
    __weight=0                                       #定义 weight 属性为私有类属性
```

又如，私有属性举例如下：

```
class A:

    __name='class A'                                 #定义 name 为私有属性
```

```
    def getname():
        print(A._name)                                #在类方法中可访问私有类属性 name
```

在上述程序中，__name 为私有属性，在类方法中可以直接访问私有类属性，但在类外直接访问私有属性将出现错误，说明不能直接访问类的私有属性。

【例 5-9】 私有属性。

```
class Person(object):
    def __init__(self, name):
        self.name = name
        self._title = 'Professor'
        self._job = 'Teacher'

p = Person('xiaoliu')
print p.name)
print(p.title)
print(p.job)
```

程序运行结果如下：

```
xiaoliu
Professor
Traceback (most recent call last):
  File "<stdin>", line 1, in <module>
AttributeError: 'Person' object has no attribute '__job'
```

使用场景：一个实例的私有属性通过"__属性名"定义，无法被外部所访问。但是可以从类的内部进行间接访问，即通过实例方法访问。实例方法是指在类中定义的函数，第一个参数是 self，指向调用该方法的实例本身。例如：

```
class Person():
    def __init__(self, name):
        self._name = name

    def get_name(self):
        return self.name

p1 = Person('xiaoming')
print(p1.get_name())
```

程序运行结果如下：

```
xiaoming
```

get_name 就是一个实例方法，在实例方法内部可以访问所有的实例属性。

5.4.2　私有方法

可以在方法名之前加上两根下画线来标识方法是私有方法，否则为公共方法。

1. 类的私有方法不可在类外使用

以双下画线开头和结束的方法是专有的特殊方法，不能直接访问私有方法，但可以在其他方法中访问。

【例 5-10】 包含私有方法的程序。

```
class Book:                              #定义类 Book
    def __init__(self,name,author):
        self.name=name
        self.author=author

    def chek_name(self):                 #定义私有方法 chek_name,判断 name 是否为空
        if self.name=='':return False
        else:return True

    def get_name(self):                  #定义类 Book 的方法 get_name
        if self._chek_name():print(self.name,self.author)    #调用私有方法
        else:print('No value')

b=Book('大数据预处理技术', '李勇')        #创建对象
b.get_name()                             #调用对象的方法
```

程序运行结果如下：

```
大数据预处理技术,李勇
```

在上述程序中，在 get_name(self)方法定义中调用了私有方法__chek_name(self)。

【例 5-11】 类的私有方法不可在类外使用。

```
class Site:

    def __init__(self,name,url):
        self.name=name
        self._url=url                    #私有属性__url

    def who(self):
        print('name: ',self.name)
        print('url: ',self._url)         #在类内使用__url

    def _foo(self):                      #私有方法__foo(self)
        print('这是私有方法')

    def foo(self):
        print('这是公共方法')             #在类内使用__foo(self)
        self_foo()

x=Site('python', 'runman')
```

```
x.who()
x.foo()
x._foo()
```

程序运行结果如下：

```
name:python
rul:runman
这是公共方法
Traceback(most recent call last):
    File"D:/fuzhyunsuanfu.py",line22,in<module>
        x.foo()
AuttrbuteError: 'Site' object hase no attribute'_foo'
```

在上述程序中，x._foo()直接调用私有方法，属于非法操作，所以给出了上述出错提示。

2. @property 装饰器及应用

@property 装饰器可将一个方法变成伪装属性调用。@property 广泛应用在类的定义中，代码简短，同时保证对参数进行必要的检查，使得程序运行时减少了出错的可能性。

在 Python 中，仅可以在方法中访问私有属性。如果设置属性为只读，则无法改变其值，也无法为属性增加与属性同名的新成员，更无法删除对象属性。

将类方法转换为类属性之后，可以用"."直接获取属性值或者对属性进行赋值。@property 装饰器的功能如下：

(1) @property 表示只读。

(2) @x.setter 表示可写。

(3) @x.deleter 表示可删除。

【例 5-12】 装饰器@property 的使用方法。

Python 内置的@property 装饰器可以把类的方法伪装成属性调用的方式。即将原来 x.func()的调用方法变成 x.func 的方式。

```
class Student:
    def __init__(self, name, age):
        self.name = name
        self.age = age

    @property
    def age(self):
        return self._age

    @age.setter
    def age(self,age):
        if isinstance(age,int):
            self._age = age
        else:
```

```
            raise ValueError              #如 age 不为整数,则抛出异常

    @age.deleter
    def age(self):
        print("删除数据")

x = Student("xiaoli", 31)
print(x.age)
x.age = 30
print(x.age)
del x.age
y=Student("xiaoli", 31.5)
print(y.age)
```

程序运行结果如下：

```
31
30
删除数据
Traceback (most recent call last):
  File "D:/Python/Python38/例 5.12.py", line 25, in <module>
    y=People("xiaoli", 31.5)
  File "D:/Python/Python38/例 5.12.py", line 4, in __init__
    self.age = age
  File "D:/Python/Python38/例 5.12.py", line 15, in age
    raise ValueError(age 不为整数)
NameError: name 'age 不为整数' is not defined
```

将一个普通的方法转换为一个伪装属性的步骤如下：

(1) 在普通方法的基础上添加@property 装饰器，例如上面的 age()方法。这相当于一个 get 方法，用于获取值，决定类似"result = obj.age"这样的语句执行什么代码。该方法仅有一个 self 参数。

(2) 写一个同名的方法，添加@xxx.setter 装饰器(xxx 表示和上面方法一样的名字，如上面的 age()方法)，例如第二个方法。这相当于编写了一个 set 方法，提供赋值功能，决定类似"obj.age = …"这样的语句所执行的内容。

(3) 添加@xxx.deleter 装饰器，例如第三个方法。用于删除功能，决定"del obj.age "这样的语句具体执行的内容。

5.5 静态方法与类方法

在 Python 中，可通过类名和对象名来调用静态方法，但不能直接访问属于对象的成员。也就是说，访问对象实例属性将导致错误，在方法体中不能使用类或实例的任何属性和方法。

5.5.1 静态方法

静态方法是在方法定义的前面加上@staticmethod，第一个形式参数必须为类对象本身，静态方法的声明格式如下：

```
@staticmethod
def 方法名([形参列表]):
…
…          函数体
…
```

静态方法可以通过类名访问，也可以通过实例对象访问，其调用格式如下：

```
类名.静态方法名([形参列表])
对象名.静态方法名([形参列表])
```

【例 5-13】 摄氏温度与华氏温度的转换程序。

在程序中，定义了一个 TemperatureConverter 类以及两个静态方法 def c2f(tc)和 def f2c(tf)，分别完成摄氏温度到华氏温度和华氏温度到摄氏温度的转换。

在主程序中，通过类名调用了两个静态方法，即 TemperatureConverter.c2f(tc)和 TemperatureConverter.f2c(tf)。在这两个方法中，无直接访问属于对象的成员。

```
class TemperatureConverter:
    @staticmethod
    def c2f(tc):                          #摄氏温度到华氏温度的转换
        tc=float(tc)
        tf=(tc * 9/5)+32
        return tf
    @staticmethod
    def f2c(tf):                          #华氏温度到摄氏温度的转换
        tf = float(tf)
        tc=(tf-32) * 5/9
        return tc

    print('1.从摄氏温度到华氏温度的转换')
    print('2.从华氏温度到摄氏温度的转换')
    choice=int(input('选择转换:'))
    if choice==1:
        tc=float(input('输入摄氏温度:'))
        tf= TemperatureConverter.c2f(tc)
        print('华氏温度为:{0:2f}'.format(tf))
    elif choice==2:
        tf= float(input('输入华氏温度:'))
        tc= TemperatureConverter.f2c(tf)
        print('摄氏温度为:{0:2f}'.format(tc))
```

```
    else:
    print('无此选项,仅可以选择 1 或 2')
```

程序运行结果如下:

```
1.从摄氏温度到华氏温度的转换
2.从华氏温度到摄氏温度的转换
选择转换:1
输入摄氏温度:25
华氏温度为:77.000000
```

再次运行程序:

```
1.从摄氏温度到华氏温度的转换
2.从华氏温度到摄氏温度的转换
选择转换:2
输入华氏温度:77.000000
摄氏温度为:25.000000
```

又如,类和对象都可以调用静态方法。

```
class Data:
    def __init__(self,name):
        self.name=name

    def f_1(self):                    #实例方法
        print(self.name)

    @staticmethod
    def f_2():                        #静态方法
        print('static')

ff=Data('wang')
ff.f_1()
Data.f_2()
```

程序运行结果如下:

```
wang
static
```

可以看出,类和类对象都可以调用静态方法。

5.5.2 类方法

类方法是在方法定义前面加上@classmethod 的方法,第一个形式参数必须为类对象本身,类方法的声明格式如下:

```
@classmethod
```

```
def 方法名([形参列表]):
…
…   函数体
…
```

第一个参数代表类本身,以 cls 参数作为第一个参数。在调用时,不需要传递这个参数,系统将自动调用它的类当作参数传入。由于在对象方法中无法对类属性赋值,将被定义为同名的对象属性。类方法的一个重要用处是可修改类属性。

【例 5-14】 类方法的定义与调用。

```
class Pen(object):
    count=10

    def add_one(self):
        self.count=1

    @classmethod
    def add_two(cls):
        cls.count=2

pen=Pen()
pen. add_one()
print(Pen.count)
Pen.add_two()
print(Pen.count)
```

程序运行结果如下:

```
10.
2
```

在上述程序中,将 add_two()定义为类方法。从上述程序运行结果可以看出,调用 add_one()之后,类属性 count 没有改变,这是由于对象方法中的 self.count=1 实际上创建了一个同名的对象属性,但并没有改变类属性的值。而在调用 add_two()类方法之后,类属性 count 的值就被修改为 2。

5.5.3 静态方法、实例方法与类方法的比较

1. 静态方法与类方法的比较

(1) 装饰器不同。静态方法使用@staticmethod 装饰器,类方法使用@classmethod 装饰器,实例方法无装饰器。

(2) cls 参数。在 Python 中,类方法有一个 cls 参数,而静态方法没有;类方法可以根据传入的 cls 参数访问类的数据,但是静态方法不可以。

(3) 静态方法不能直接访问类的属性和方法,需要通过类名、方法名和属性名的方式

来访问。

2. 实例方法与类方法的比较

(1) 实例方法隐含的参数为类实例 self,而类方法隐含的参数为类本身 cls。

(2) 类方法被类调用,实例方法被实例调用,静态方法两者都能调用。

(3) 实例方法传递的是 self 引用作为参数,而类方法传递的是 cls 引用作为参数。

5.6 继承、多态和封装

封装、继承与多态是面向对象程序的三个基本特性。

5.6.1 类继承

继承就是在现有类的基础之上构建新的类,当一个类继承一个现有类后,可以对继承类中的属性和方法进行重用。继承是一种描述共性的方式,子类继承父类,从而拥有父类的属性和方法,通过继承可以实现代码重用。

1. 类继承的特点

Python 的类继承的主要特点如下。

(1) 在方法调用时,首先在本类中寻找调用的方法,如果找不到,则到基类中寻找。

(2) 在类继承中的基类构造方法(__init__())不会被自动调用,它需要在其派生类的构造中来专门调用。

(3) 在调用基类的方法时,需要加上基类的类名前缀,且要带上 self 参数,但在类中调用方法时并不需要带上 self 参数。

2. 类继承的定义

定义类继承的语法格式如下:

```
class DerivedClassName(BaseClassName):
'类的帮助信息'                          #类文档字符串
语句 1  ┐
语句 2  │
…       ├ …类体
语句 n  ┘
```

其中,DerivedClassName 是子类名,括号中的 BaseClassName 是基类名。

圆括号中的父类(基类)的顺序是:如果父类中有相同的方法名,但在子类使用时未指定,那么 Python 从左至右搜索。如果在子类中未找到方法,则再从左到右查找父类中是否包含需要查找的方法。例如,三个类 A、B 和 C 的继承关系为:C 为子类,A、B 为 C 的基类。

```
class A(object):
    pass
class B(object):
    pass
```

```
class C(A,B):
    pass
```

3. 继承的几点说明

(1) 子类不但执行子类的方法,也执行父类的方法。

【例 5-15】 类继承。

```
#定义基类
class Animal(object):
    def run(self):                          #定义基类方法
        print('Animal is running')

#定义子类
class Dog(Animal):
    pass

class Cat(Animal):
    pass

dog=Dog()
dog.run()
cat=Cat()
cat.run()
```

在上面的程序中定义了一个名为 Animal 的类,类中定义了一个 run()方法,直接输出“Animal is running”。没有显式定义__init__()方法,而是调用默认的__init__()方法。在其后定义了 Dog 和 Cat 两个子类,可以直接继承 Animal 类。Animal 类是 Dog 和 Cat 两个子类的父类,在父类中拥有一个非私有的 run()方法,子类可以继承父类的全部非私有的功能。

执行上述代码后的结果如下:

```
Animal is running
Animal is running
```

可以看出,虽然子类中没有定义任何方法,但都成功执行了 run()方法。如果在 Cat 子类中增加一个 eat()方法,代码如下:

```
#定义基类
class Animal(object):
    def run(self):                          #定义基类方法
        print('Animal is running')

#定义子类
class Cat(Animal):
    def eat(self):
        print('Eating')
```

```
cat=Cat()
cat.run()
cat.eat()
```

程序运行结果如下：

```
Animal is running
Eating
```

可以看出，由于存在父类和子类的继承关系，因此不但执行了父类的方法，也执行了子类自己定义的方法。

(2) 子类不能调用父类的私有方法，例如：

```
class Animal(object):
    def run(self):
        print('Animal is running…')

    def__fly(self):
        print('private method.')

class Cat(Animal):
    def eat(self):
        print('Eating')

cat=Cat()
cat._fly()
```

运行程序后，将提示出错。其原因是子类虽然继承了父类，但是调用了父类的私有方法，所以调用不成功。

(3) 对于父类中扩展的非私有方法，子类可以调用。例如，在父类中增加一个非私有方法 jump()，子类可以调用该方法。

```
class Animal(object):
    def run(self):
        print('Animal is running')

    def jump(self):
        print('Animal is jumpping')

    def __fly(self):
        print('private method')
class Cat(Animal):
    def eat(self):
        print('Eating')
```

其子类 Dog 和类 Cat 保持不变，当执行下述调用之后：

```
cat=Cat()
cat.run()
cat.jump()
```

程序运行结果如下：

```
Animal is running
Animal is jumpping
```

(4) 多级继承。继承机制呈现多级层次结构,继承可以逐级进行。所有类最终都可以追溯到根 object,其结构如一棵倒长的继承树,如图 5-5 所示。

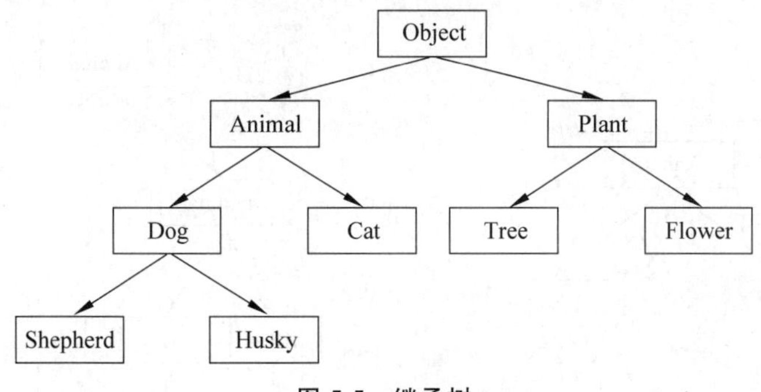

图 5-5　继承树

4. 多重继承

在上述的继承内容中,描述的都是多级单重继承的机制,下面介绍更为复杂的多重继承机制。

多重继承概念如下：一个对象可以隶属于多种不同的类。例如,一位父亲可以是属于父亲类、丈夫类、公司主管类等。出租车可以属于营业性汽车类、汽油车类、小型客车类。这种多元性的继承关系就称为多重继承,如图 5-6 所示。

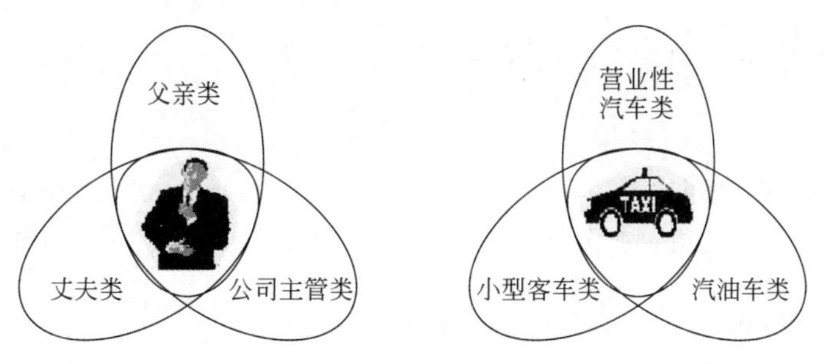

图 5-6　多重继承

继承是面向对象编程的一个重要的特征,因为通过继承,子类就可以继承和扩展父类的功能。对于 Animal 类层次,针对 Dog(狗)、Bat(蝙蝠)、Parrot(鹦鹉)和 Ostrich(鸵鸟) 4 种动物,如果按照哺乳动物和鸟类归类,可以设计出如图 5-7 所示的类层次。

如果按照能跑和能飞归类,可以设计出如图 5-8 所示的类层次。

如果要把上面的两种分类都包含进来,需要设计更多的层次, 就更为复杂,如图 5-9 所示。

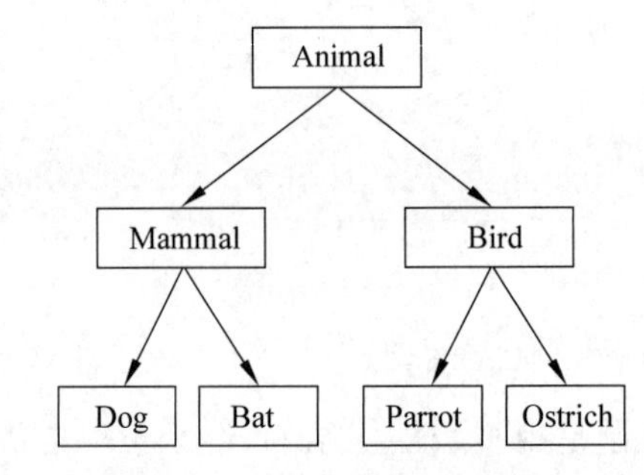

图 5-7　按哺乳动物和鸟类划分的 **Animal** 类层次

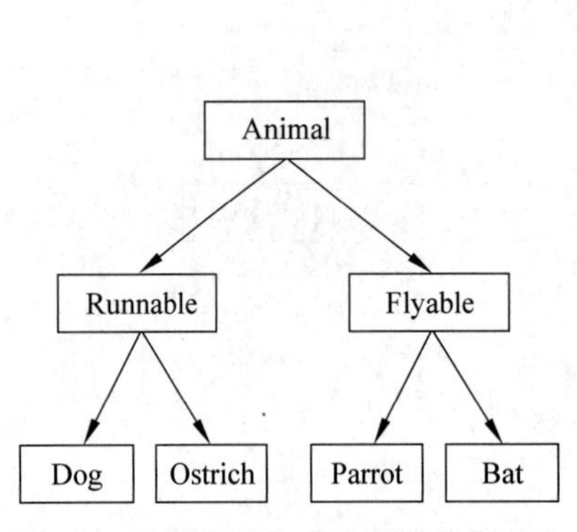

图 5-8　按照能跑和能飞划分的类层次

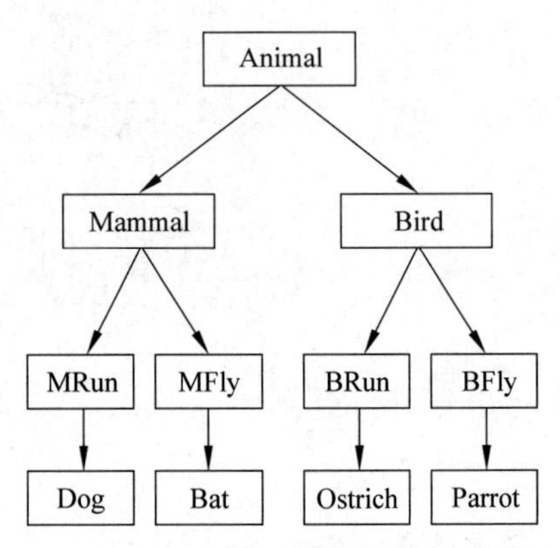

图 5-9　更为复杂的类层次

如果要再增加宠物类和非宠物类,类的数量会呈指数级增长,很明显这样的设计行不通。为了克服这类问题,可以采用多重继承。

5. 多重继承程序设计

例如,类层次可分为哺乳类 Mammal 和鸟类 Bird。

```
class Animal(object):
    pass

class Mammal(Animal):
    pass

class Bird(Animal)
    pass

class Dog(Mammal):
    pass

class Bat(Mammal):
    pass
```

```
class Parrot(Bird):
    pass

class Ostrich(Bird):
    pass
```

只需要先定义好 Runnable 和 Flyable 类，然后给动物再加上 Runnable 和 Flyable 的功能。

```
class Runnable(object):
    def run(self):
        print('Running')

class Flyable(object):
    def fly(self):
        print('Flying')
```

对于需要 Runnable 功能的动物，就多继承一个 Runnable，例如 Dog：

```
class Dog(Mammal,Runnable):
    pass
```

对于需要 Flyable 功能的动物，就多继承一个 Flyable，例如 Bat：

```
class Bat(Mammal,Flyable):
    pass
```

显然，通过多重继承，一个子类就可以同时获得多个父类的所有非私有的功能。

6. Mixin 技术

在设计类的继承关系时，通常都是单一继承机制。在上例中，Ostrich 继承 Bird。如果需要增加额外的功能，可以使用多重继承机制来实现，比如使 Ostrich 除了继承 Bird 之外，还同时继承 Runnable，将这种能够增加额外功能的设计技术称为 Mixin 技术。

例如，可以将 Runnable 和 Flyable 改为 RunnableMixin 和 FlyableMixin。类似地，还可以定义出肉食动物 CarnivorousMixin 和植食动物 HerbivoresMixin，可以使某个动物同时拥有多个 Mixin。

```
class Dog(Mammal,RunnableMixin,CarnivorousMixin):
    pass
```

Mixin 的目的就是给一个类增加更多功能，在设计类的时候，要优先考虑通过多重继承组合多个 Mixin 的功能，而不是设计更多层次的复杂继承关系。

Python 自带的很多库也使用了 Mixin。例如，Python 自带了 TCPServer 和 UDPServer 这两类网络服务，而要同时服务多个用户就必须使用多进程或多线程模型，这两种模型由 ForkingMixin 和 ThreadingMixin 提供。通过组合，就可以创造出合适的服务。

例如，设计一个多进程模式的 TCP 服务，定义如下：

```
class MyTCPServer(TCPServer,ForkingMixin):
    pass
```

设计一个多线程模式的UDP服务,定义如下:

```
class MyUDPServer(UDPServer,ThreadingMixin):
    pass
```

如果需要一个更先进的协程模型,可以设计一个CoroutineMixin:

```
class MyTCPServer(TCPServer,CoroutineMixin):
    pass
```

这样一来,不需要庞杂的继承链,只要选择组合不同类的功能,就可以快速构造出所需的子类。

由于Python语言允许使用多重继承机制,因此,Mixin是一种常用的设计方法。而只允许单一继承的语言(如Java)不能使用Mixin的设计。

5.6.2 多态

多态可以根据对象的不同表现出不同的行为,提高了程序的功能。多态是指一个事务具有多种形态,在程序中多态是指对于不同类的对象使用同样的操作。使用多态能使代码具备可替换性、灵活性、可扩充性、接口性、简化性等优点。

多态就是一种机制、一种能力,多态在类的方法调用中得以体现。多态表明变量并不知道引用的对象是什么,也能够对对象进行操作,多态将根据对象(或类)的不同而表现出不同的行为。多态在编译时无法确定状态,在运行时才可确定。当不知道对象到底是什么类型但是又要对对象进行操作时,都将产生多态。多态可以有多种形式,下面介绍几种多态的实现方式。

1. 运算符多态

运算符多态是指当参加运算的数据类型不同时,运算符表现出不同的功能,看下面一个简单的例子:

```
a=22
b=33
print(a+b)
a="hello"
b="Python"
print(a+b)
```

程序运行结果如下:

```
55
helloPython
```

在上例中,事先并不知道"+"运算符左右两个变量是什么类型。如果为int类型,它就进行加法运算。如果是字符串类型,它就返回两个字符串拼接的结果。也就是说,根据变量类型的不同,运算符表现出不同的作用,这就是运算符多态。

2. 方法多态

首先创建一个名为 MyClass.py 的文件,代码如下:

```
class Teacher:
    def say(self):
        print("good morning students!")

class Student:
    def say(self):
        print("good morning techer!")
```

在上述的类定义中,如果创建的临时对象是由随机函数取出来的,事先不知道它是 Teacher 类还是 Student 类,但是却可以对它进行相同的操作。即调用 say()方法,然后根据其类的不同,来输出 good morning students 或 good morning techer,其所表现的行为不同是由方法引起的,这就是方法多态。

3. 函数多态

repr 内置函数是多态特性的代表之一,repr(x)函数可将对象 x 转化为解释器读取的形式。例如:打印对象长度消息的函数程序如下:

```
def length_message(x):
    print("length of",repr(x),"is",len(x))

length_message('bigdata')
length_message([1,2,3,4,5,6])
```

程序运行结果如下:

```
length of 'bigdata' is 7
length of [1, 2, 3, 4, 5, 6] is 6
```

从程序运行结果可以看出,length of 'bigdata' is 7 和 length of [1,2,3,4,5,6] is 6 分别描述了字符串'bigdata'的长度和列表[1,2,3,4,5,6]的长度,表现出 length_message(x)函数的多态性。

4. 继承多态

【例 5-16】 继承多态是指在继承时实现了多态。

```
class Animal:
    def run(self):
        print('Animal is running')

class Dog:
    def run(self):
        print('Dog is running')
```

```
class Bird:
    def run (self):
        print(' Bird is flying')

class Fish:
    def run (self):
        print('Fish is swimming')

class Cat:
    def run(self):
        print('Cat is jumping')

Animal().run()
Dog().run()
Fish().run()
Bird().run()
Cat().run()
```

程序运行结果如下：

```
Animal is running
Dog is running
Fish is swimming
Bird is flying
Cat is jumping
```

分别得到了Dog、Fish、Bird和Cat各自running的结果。当子类和父类存在相同的run()方法时，子类的run()方法将覆盖父类的run()方法，在代码运行时总是会调用子类的run()方法，这就是由继承实现多态。

5.6.3 封装

封装(Encapsulation)、继承和多态是面向对象的三大特征之一，封装的功能是将需要隐藏的内容隐藏起来，而将需要暴露的内容暴露出来。在面向对象程序中，将数据和对此数据操作的方法都放在同一个对象中，这就是封装。图5-1所示的是对象的概念图，以一个变量为核心，其方法为外层。封装隐藏了对象的内部实现机制，可以在不影响使用者的前提下改变对象的内部结构，保护了数据。封装能够避免数据不正当的存取，进而达到信息隐藏的效果，避免错误的存取发生。

1. 封装的概念

封装是将对象的状态信息隐藏在对象内部，不允许外部程序直接访问对象内部信息，而是通过该类所提供的方法来实现对内部信息的操作和访问。封装是对全局作用域中的其他区域隐藏多余信息的一种原则，与多态相似，不使用对象，也不用知道其内部细节，它们都是抽象原则，如同函数一样能够有助于处理程序组件而不用过多关心细节。

2. 封装的目的

封装机制保证了类内部数据结构的完整性，因为使用类的用户无法直接看到类中的数据结构，只能使用类允许公开的数据，避免了外部对内部数据的影响，提高了程序的可维护性。对一个类或对象进行封装可以达到以下目的：

(1) 隐藏类的实现细节。

(2) 使用者只能通过事先预定的方法来访问数据，从而可以在该方法中加入控制逻辑，来应对对属性的不合理访问。

(3) 可进行数据检查，从而有利于保证对象信息的完整性。

(4) 便于修改，提高代码的可维护性。

3. 封装举例

实现封装需要考虑将对象的属性和实现细节隐藏起来，不允许外部直接访问。把方法暴露出来，使用方法来控制对这些属性进行安全的访问和操作。封装原则是不必考虑如何构建对象，但可以直接使用。下面通过例5-17说明封装的作用。

【例5-17】 封装。

```
class Friend(object):
    def__init__(self,name,age):
        self.name=name
        self.age=age

ss= Friend ('xiaoming',26)
def result(ss):
    print('name:%s;age:%s'%(ss.name,ss.age));
result (ss)
```

程序运行结果如下：

```
name:xiaoming;age:26
```

在上述程序中，是由类的外部通过函数访问Friend实例本身所拥有的数据，因此当需要访问这些数据时就没有必要从外面的函数访问，可以直接在Friend类内部访问数据的函数，这样可将数据封装起来。将函数改成Friend类的方法，如下所述：

```
class Friend (object):
    def__init__(self,name,age):
        self.name=name
        self.age=age
        print('name:%s;age:%s'%( name,age))

Friend ('xiaoming',26)
```

程序运行结果如下：

```
name:xiaoming;age:26
```

从这个例子中可以看出封装的作用：对于 Friend 类，只需要知道创建实例需要给出的 name 和 age。如果输出是在 Friend 类内部定义的，那么这些数据和逻辑就被封装起来。如果为 Friend 类增加了新方法，就可直接调用它，但却不用知道内部实现的细节。

5.7 面向对象程序案例

在本节，通过介绍两个面向对象程序案例说明面向对象程序的设计方法。

5.7.1 学生信息处理程序

使用面向过程编程来处理学生信息时，先编写一条代码获取学生性别信息，然后再获取成绩信息，最后打印出该学生的姓名及成绩。对于每一个学生，把前面的代码执行一遍就可以打印出相应的信息。按照已写好的命令集合顺序执行之后，就可以得到需要的结果，这就是面向过程的编程，其注重的是编写整个处理的流程。为了简化程序设计，面向过程编程运用函数把整个过程切分为多个子函数以降低系统的复杂度，但它依然是面向过程编程。

面向对象编程把计算机程序视为一组对象的集合。处理学生信息时，面向对象编程考虑的并不是如何编写程序去处理每个学生的信息，而是将所有这些学生当作一个类，类有自己的属性和方法，例如姓名和成绩都是属性，而打印成绩就是方法，每一个具体的学生只不过是类的一个实例/对象。这样不仅可以使代码更简洁，也很容易修改属性和方法。

1. 面向过程的学生信息处理程序

处理学生信息可以通过结构化编程来实现，如打印学生成绩的程序。在 3 个字典中存储了 3 个学生的姓名和成绩，设计了 1 个 print_core(std)函数，主要功能是格式化输出指定的学生的姓名和分数。

```
std_1 = { 'name': 'xiaoli', 'score': 92 }
std_2 = { 'name': 'xiaowang', 'score': 90 }
std_3 = { 'name': 'xiaoliu', 'score': 85 }

def print_core(std):
    print('%s : %s'%(std['name'],std['score']))

print_core(std_1)
print_core(std_2)
print_core(std_3)
```

程序运行结果如下：

```
xiaoli: 92
xiaowang : 90
xiaoliu: 85
```

2. 面向对象的学生信息处理程序

在面向对象的学生信息处理程序中，定义了一个 Student(object)类，在类中定义了两个方法，即构造方法__init__(self,name,score)和 print_score(self)方法。构造方法用于类初始化，print_score(self)用于输出学生姓名和成绩。调用过程是：首先进行类实例化，得到实例对象，然后再调用实例对象的 print_score(self)，获得所需结果。

```
class Student(object):
    def __init__(self,name,score):
        self.name = name
        self.score = score

    def print_score(self):
        print('%s : %s'%(self.name,self.score))

xiaoli= Student('xiaoli',92)
xiaowang = Student('xiaowang',90)
xiaoliu= Student('xiaoliu',85)
xiaoli.print_score()
xiaowang.print_score()
xiaoliu.print_score()
```

程序运行结果如下：

```
xiaoli : 92
xiaowang: 90
xiaoliu: 85
```

在上述程序中，Student 类泛指所有的学生，而实例是根据类创建出来的一个具体的对象，例如 xiaoli、xiaowang 和 xiaoliu 等。每个对象都拥有相同的方法，但各自的数据/属性可能不同。Student 类名是大写开头的单词，采用驼峰命名法，紧接着是 Object，表示该类是从哪个类继承下来的，如果没有合适的继承类，就使用 Object 类，这是所有类最终都会继承的类。定义 Student 类之后，就可以创建它的实例，如下：

```
xiaoli = Student('xiaoli',92)
xiaowang = Student('xiaowang',90)
xiaoliu= Student('xiaoliu',85)
```

5.7.2　购买水果管理的程序

水果超市各水果单价为：apple(苹果)：20 元、pear(梨子)：10 元、peach(桃子)：5 元、orange(橘子)：3 元。设计 Fruit 类和 Man 类，其中 Fruit 类有 price(单价)和 name(名字)属性；而 Man 类有 buy 方法，以及 money(钱)和 name(名字)属性。

在下述程序中，total_money_fruit 表示购买水果应付的总钱数，quanlity 表示购买水果的斤数。

```
class Fruit:
    def __init__(self, name, price):
        self.price = price
        self.name = name

    def __str__(self):
        return "{}的价是{}元".format(self.name, self.price)

class Man:
    def __init__(self, name, money):
        self.name = name
        self.money = money

    def __str__(self):
        return "{}有{}元".format(self.name, self.money)

    def buy(self, fruit, quanlity):
        total_money_fruit = fruit.price * quanlity
        if self.money < total_money_fruit:
            print("{}只有{}元,买不了{}元水果".format(self.name, self.money,
total_money_fruit))
        else:
            self.money = self.money - total_money_fruit
            print("{}购买{}斤{}成功,还剩{}元".format(self.name, quanlity,
fruit.name, self.money))

if __name__ == '__main__':
    apple = Fruit(' apple ', 20)
    pear = Fruit(' pear ', 10)
    peach = Fruit(' peach ', 5)
    orange = Fruit(' orange ', 3)

    print(apple)
    print(pear)
    print(peach)
    print(orange)
    print('______________________')

    xiaowang = Man('xiaowang', 50)
    xiaochen = Man('xiaochen', 5)
    print(xiaochen)
    print(xiaowang)
    print('______________________')
```

```
xiaowang.buy(apple, 2)
xiaowang.buy(orange, 1)

xiaochen.buy(orange, 1)
print("come back")
```

程序运行结果如下：

```
apple 的价是 20 元
pear 的价是 10 元
peach 的价是 5 元
orange 的价是 3 元
________________________________
xiaochen 有 5 元
xiaowang 有 50 元
________________________________
xiaowang 购买 2 斤 apple 成功,还剩 10 元
xiaowang 购买 1 斤 orange 成功,还剩 7 元
xiaochen 购买 1 斤 orange 成功,还剩 2 元
come back
```

对象作为参数传递，传递前后对象的属性和方法没有发生变化。

本 章 小 结

Python 是面向对象程序设计语言，具备了面向对象程序设计语言的所有主要特征。本章首先介绍了面向对象程序设计的基本方法，然后介绍了 Python 类的定义与调用、类的构造方法、私有属性与方法、静态方法、特殊的方法、类的访问权限、继承、多态、封装等内容。最后，列举了两个简单程序案例，并通过与面向过程编程做比较说明面向对象编程的特点与优势。通过本章内容的学习，可以为面向对象程序设计建立基础。

习 题 5

1. 定义一个类，成员有 x=11，y=22，其方法完成 x+y 计算，并带有返回值。
2. 定义一个类，有 2 个类属性以及 3 个类方法。
3. 定义一个类，有 2 个类属性以及 1 个静态方法。
4. 定义一个含有类方法的类。
5. 定义一个含有构造方法和析构方法的类。
6. 定义一个含有私有方法的类。
7. 定义一个类及其父类。
8. 定义一个含有静态方法的类。
9. 设计重载程序。

10. 定义一个学生类。有下面的类属性：姓名、年龄和成绩(语文、数学、英语)[每课成绩的类型为整数]。类方法：(1)获取学生的姓名：get_name()，返回类型：str；(2)获取学生的年龄：get_age()，返回类型：int；(3)返回3门科目中最高的分数：get_course()，返回类型：int。写好类以后，可以定义两个同学测试下：zm = Student('zhangming',20,[69,88,100])，返回结果：zhangming20100"""。

11. 创建一个Cat类，属性：姓名、年龄；方法：抓老鼠。创建老鼠类，属性：姓名，型号。一只猫抓一只老鼠，再创建一个测试类：创建一个猫对象，再创建一个老鼠对象，输出观察猫抓的老鼠的姓名和型号。

12. 定义一个圆(Cirlcle)类，圆心为点(Point)类，构造一个圆，求圆的周长和面积，并判断某点与圆的关系。

第6章 列表

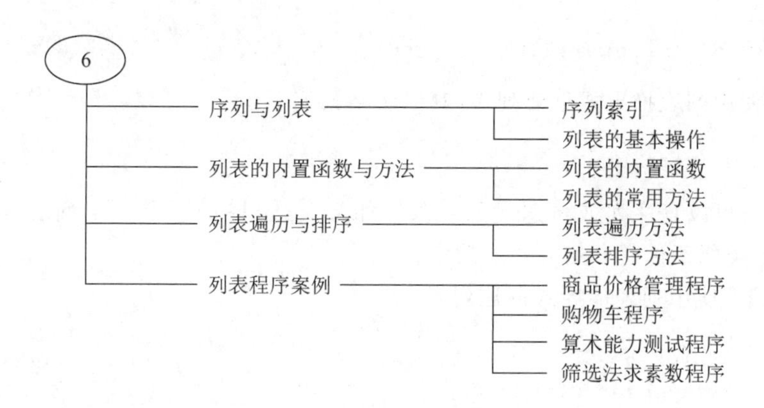

6.1 序列与列表

在 Python 中,序列是基本的数据结构。Python 含有 6 种内置序列,即列表、元组、字符串、unicode 字符串、buffer 对象和 range 对象,其中最常用的是列表与元组。

6.1.1 序列索引

Python 中的所有序列都可以进行一些基本的通用操作,这些操作主要包括索引、分片、相加、相乘、成员资格等,此外,还包括确定序列的长度以及确定最大元素和最小元素的方法。

如图 6-1 所示,序列中所有元素的编号从 0 开始递增,从左到右以自然顺序编号,并且可以通过编号分别对序列中的元素进行访问。在变量后加方括号,在方括号中输入所读取元素的编号值,将这个编号称为索引,最左边的一个元素的索引为 0,向右边开始依次递增。也可以从右向左编号,第一个元素的索引是 -1,第二个元素的索引为 -2,向左边开始依次递减。例如,s[i]表示序列 s 的第 i 个元素。如果索引下标越界,则导致出现 IndexError 出错提示;如果索引下标不是整数,则导致出现 TypeError 出错提示。

s[0]	s[1]	s[2]	s[3]	s[4] ←—— 从左到右顺序编号
'H'	'e'	'l'	'l'	'o'
s[−5]	s[−4]	s[−3]	s[−2]	s[−1] ←—— 从右到左顺序编号

图 6-1 序列的索引

6.1.2 列表的基本操作

1. 创建与删除

列表是一种序列，因此也具有与序列相同的索引方式。一些常用的列表操作如下所述。

(1) 创建列表。可以通过赋值语句创建 list1 列表。

```
>>>list1=['computer','network',2010,2020]
>>>list1
['computer', 'network',2010,2020]
```

也可以使用列表推导式创建列表，其语法格式如下：

```
[x for x in iterable]
```

其中，iterable 可以是序列或可迭代的对象。如果 iterable 已经是一个列表，那么将复制一份并返回，类似于进行 iterable[:]操作。

【例 6-1】 使用列表推导式创建列表。

```
>>>lie_01=[1,2,3,4,]
>>>lie_02=[x * 2 for x in lie_01]
>>>lie_02
[2,4,6,8]
>>>lie_03=[x**2 for x in range(0,5)]
>>>lie_03
[0,1,4,9.16]
```

(2) 删除列表。可以使用 del 语句删除整个列表，例如，删除 lie_01 列表的代码如下：

```
>>>del lie_01
```

2. 列表元素赋值

赋值语句是最简单的改变列表内容的方式，例如：

```
>>>list2=[1,2,3,4,5,6]
>>>list2[3]=11
>>>list2
[1,2,3,11,5,6]
```

也可以对列表中某个元素赋予不同类型的新值，例如：

```
>>>list1[2]= 'hello'
>>>list1
['computer', 'network','hello',2020]
```

3. 增加列表的元素

从元素赋值的例子中可以看出，不能为一个不存在的位置赋值，一旦初始化了一个列表，就不能够直接再向这个列表中增加元素了。如果一定需要向这个列表中增加元素，可以使用 append()方法，这种方法可以在列表末尾添加新对象，其语法格式如下：

```
list.append(obj)
```

其中，list 表示列表，obj 表示需要添加到 list 列表末尾的对象。

例如，利用 append()方法向列表末尾添加新对象。

```
>>>list2=[1,2,3,4,5,6]
>>>list2.append('hello')
>>>list2
[1,2,3,4,5,6,'hello']
```

4. 访问列表中的元素

可以使用索引访问列表中的元素，也可以截取部分元素，例如：

```
>>>list1=['computer','network',2009,2019]
>>>list1[0]
computer
>>>list2=[1,2,3,4,5,6,7]
>>>list2[1:5]
[2,3,4,5]
```

5. 删除列表中的元素

可以使用 del 语句删除列表中的元素，例如：

```
>>>list5=['physics', 'chemistry',1997,2010]
>>>list5
['physics', 'chemistry',1997,2017]
>>>del list5[2]
>>>list5
['physics', 'chemistry',2017]
```

6. 列表分片

通过冒号相隔的两个索引实现分片。分片操作需要提供两个索引作为边界，第一个索引的元素是包含在分片内，第二个则不包含在分片内。如果 x 是需要读取的元素，a 是分片操作时的第一个索引，b 是第二个索引，则有 $a\leqslant x<b$，即 $x\in[a,b)$。可以看出，使用索引可以对单个元素进行访问，而使用分片可以完成对一定范围内的多个元素的访问。

(1) 分片操作的基本格式。通过分片操作可以截取序列的一部分，例如，对于 s 序列，分片操作的基本格式为：

```
s[i:j]或者 s[i:j:k]
```

其中，i 为序列开始下标(包含 s[i])；j 为序列结束下标(不包含 s[j])；k 为步长。

- 如果缺省 i，则从 0 开始；如果缺省 j，则直到序列结束为止；如果省略了步长 k，则默认步长为 1。
- 索引也可以为负数。

• 如果截取范围内无数据，则获得的是空序列。

(2) 分片操作举例。列表也是一种序列类型。

【例 6-2】 分片操作。

```
>>>data1=[1,2,3,4,5,6,7,8,9,10]
>>>data1[2:4]                    #取索引为第 2 和第 3 个的元素,但不包括第 4 个元素
[3,4]
>>>data1[-4:-1]                  #从右开始计数,取索引为第-2 到第-4 的元素
[7,8,9]
>>>data1[-4:]                    #把第二个索引置空,表明包括了序列结尾的元素
[7,8,9,10]
>>>data1[:3]                     #把第一个索引置空,表明包含序列开始的元素
[1,2,3]
>>>data1[0:10:1]                 #在分片的时,步长为 1,与默认的效果一样
[1,2,3,4,5,6,7,8,9,10]
>>>data1[0:10:2]                 #步长为 2,跳过了某些序列元素
[1,3,5,7,9]
>>>data1[10:0:-1]                #步长为负数,第一个索引一定要大于第二个索引
[10,9,8,7,6,5,4,3,2]
>>>data1[10:0:-2]
[10,8,6,4,2]                     #步长为-2,跳过了某些序列元素
```

对于一个正数步长，从序列的头部开始向右提取元素，直到最后一个元素为止；而对于负数步长，则是从序列的尾部开始向左提取元素，直到第一个元素为止。

(3) 分片赋值。应用分片赋值可以直接改变列表，例如：

```
>>>show=list('hi,boy')
>>>show
['h','i',',','b','o','y']
>>>show[2:]=list('man')
>>>show
['h','i', 'm','a','n']
```

在上例中，使用了 list()函数，它可以直接将字符串转换为列表，不仅适用于字符串，而且也适用于所有其他类型的序列。利用列表的分片赋值，还可以在不替换任何原有元素的情况下，在任意位置插入新元素，例如：

```
field=list('ae')
>>>field
['a','e']
>>>field[1:1]=list('bcd')
>>>field
['a','b','c','d','e']
```

7. 嵌套列表

在列表中可以嵌套列表，被嵌套的列表取出之后还是列表。例如，列表 mix 嵌套了

列表 show 和列表 list2。

```
>>>show=['h','i', 'm','a','n']
>>>show
['h','i', 'm','a','n']
>>>list2=[1,2,3,4,5,6,7]
>>>list2
[1,2,3,4,5,6,7]
>>>mix=[show,list2]
>>>mix
[['h','i', 'm','a','n'],[1,2,3,4,5,6,7]]
>>>mix[0]
['h','i', 'm','a','n']
>>>mix[1]
[1,2,3,4,5,6,7]
```

8. 列表运算符

常用的列表运算符有比较运算符、逻辑运算符、连接运算符、重复运算符、成员关系运算符和循环迭代运算符等。

(1) 比较运算符。比较运算符主要有：＞、＜、＝＝，当两个列表做比较时，默认是从第一个元素开始比较，一旦有一个元素比较大，则这个列表比另一个列表大。如果比较到两个数据类型不一致时，程序将出现报错提示。

【例 6-3】 列表比较操作。

```
>>> list1 = [1, 2, 3]
>>> list2 = [1, 2, 2]
>>> list1 > list2
True
>>> list3 = ['00', 2, 3]
>>> list1 > list3
Traceback(most recent call last):
  File "<stdin>", line 1, in <module>
TypeError: '>' not supported between instances of 'int' and 'str'
```

说明 list1[0]和 list3[0]类型不一致。

```
>>> list4 = [1, 1, '00']
>>> list1 > list4
True
```

(2) 逻辑运算符。逻辑运算符主要有 and、or、not 等，例如：

```
>>> list1<list2 and list1==list2
False
```

(3) 连接运算符。连接运算符又称为"＋"运算符，主要用于组合列表，例如：

```
>>>[1,2,3]+[4,5,6]
[1,2,3,4,5,6]
```

(4) 重复运算符。重复运算符又称为“*”运算符,用于重复列表,例如:

```
>>>['Hi!']*5
['Hi!', 'Hi!', 'Hi!','Hi!','Hi!']
```

(5) 成员关系运算符。列表的成员关系运算符格式是 in 和 not in,利用成员关系运算符可以判断某个元素是否在该列表中,如果在,则返回 True;否则,返回 False。

可以使用 x in list 来检测元素 x 是否在列表 list 中,例如:

```
>>>3 in [1,2,3]
True
```

又如:

```
>>> list1 = ['xiaowang','student']
>>>'xiaowang' in list1
True
>>>'you' not in list1
True
>>> list2 = ['xiaowang', 'xiaoli',[123,456,789],'i']
>>> 123 in list2
False
```

(6) 循环迭代运算符。for x in list 是循环迭代运算符,完成循环迭代的功能,例如将列表中存有的 x 值输出。

```
>>>for x in [1,2,3]:print(x)
1
2
3
```

9. 二维列表

Python 中二维列表是指列表的元素还是列表。创建二维列表就是将需要的参数写入 cols 和 rows 中,其语法格式如下:

```
list_2d=[[x for col in range(cols)]for row in range(rows)]
```

其中,list_2d 为二维列表,将 cols(行)、rows(列)变量替换为所需要的数值,x 为需要的参数。

【例 6-4】 二维列表的使用。

```
>>>list_2d=[[0 for i in range(5)]for i in range(5)]
>>> list_2d
[[0,0,0,0,0],[0,0,0,0,0],[0,0,0,0,0],[0,0,0,0,0],[0,0,0,0,0]]
>>>list_2d[0].append(3)
```

```
>>>list_2d[0].append(5)
>>>list_2d[2].append(7)
>>>list_2d
[[0,0,0,0,0,3,5],[0,0,0,0,0],[0,0,0,0,0,7],[0,0,0,0,0],[0,0,0,0,0]]
```

6.2 列表的内置函数与方法

针对列表,设置了内置函数与方法。

6.2.1 列表的内置函数

Python 常用的列表内置函数如表 6-1 所示。

表 6-1 列表内置函数

序号	函数	序号	函数
1	len(list)返回列表元素个数	3	min(list)返回列表元素最小值
2	max(list)返回列表元素最大值	4	list(turp)将元组转换为列表

1. len(list)

len(list)函数的功能是返回列表中的元素个数,例如:

```
>>>list 6= [6,4,5,2,7,1,25,13,8,9]
>>>len(list6)
>>>print(len(list6))
10
```

2. max(list)

max(list)函数的功能是返回列表元素的最大值,例如:

```
>>>list6 = [6,4,5,2,7,1,25,13,8,9]
>>>print(max(list6))
25
```

3. min(list)

min(list)函数的功能是返回列表元素的最小值,例如:

```
>>>list7 = [6, 4, 5, 2, 7, 1, 28, 13, 8, 4]
>>>print(min(list7))
1
```

4. list(turp)

list(turp)函数的功能是将元组转换为列表,例如:

```
>>>tup=(1, 2,'3')
>>>list(tup)
```

```
[1, 2,'3']
```

6.2.2 列表的常用方法

Python 列表的常用方法如表 6-2 所示。

表 6-2 列表主要方法与描述

方法	描述
list.append(obj)	在列表末尾添加新的对象
list.count(obj)	统计某个元素在列表中出现的次数
list.extend(seq)	在列表末尾一次性追加另一个序列中的多个值
list.index(obj)	从列表中找出某个值的第一个匹配项的索引位置
list.insert(index,obj)	将对象插入列表中
list.pop(obj=list[-1])	移除列表中的一个元素(默认是最后一个元素),并且返回该元素的值
list.remove(obj)	移除列表中某个值的第一个匹配项
list.reverse()	翻转列表中的元素
list.sort([func])	对原列表进行排序
list.clear()	清空列表
list.copy()	复制列表

方法是与对象密切关联的函数,方法的调用语法格式如下:

```
对象.方法(参数)
```

1. append()方法

利用 append()方法可以在列表末尾追加新的对象,其格式如下:

```
list.append(obj)
```

其中,list 表示列表,obj 表示追加的新对象。例如,向列表 animals 中追加 Ox 和 fish 的列表程序及运行结果如下:

```
>>>animals=['Dog','Cat','Monkey','Chook','Snake']
>>>animals.append('Ox')           #向 animals 列表中追加元素'Ox'
>>>print(animals)
['Dog','Cat','Monkey','Chook','Snake','Ox']
>>>fish=['freshwater_fish','saltwater_fish']
>>>animals.append(fish)           #将 fish 追加到 animals 列表中
>>>print(animals)
['Dog','Cat','Monkey','Chook','Snake','Ox','freshwater_fish','saltwater_
fish']
```

2. count()方法

利用count()方法可以统计某个元素在列表中的出现次数，其语法格式如下：

```
list.count(obj)
```

例如，利用count()方法统计'Dog'元素和'Cat'元素在列表animals2中出现的次数。

```
>>>animals2=['Dog','Cat','Monkey','Chook','Snake','Dog']
>>>animals2.count('Dog')
2
>>>animals2.count('Cat')
1
```

3. extend()方法

利用extend()方法可以将一个列表追加到另一个列表后面，组成一个新列表，其语法格式如下：

```
list.extend(new_list)
```

例如，将fish列表追加到animals列表后，组成一个新的列表。

```
>>>animals=['Dog','Cat','Monkey','Chook','Snake']
>>>fish=['freshwater_fish', 'saltwater_fish']
>>>animals.extend(fish)
>>> animals
['Dog', 'Cat', 'Monkey', 'Chook', 'Snake', 'freshwater_fish', 'saltwater_fish']
```

4. index()方法

利用index()方法可以获取列表某元素的下标，其语法格式如下：

```
列表.index(obj)
obj=value,[start,[stop]]
```

即：

```
列表.index(value,[start,[stop]])
```

其中，value为获取下标的元素，start为开始查询的下标，stop为终止查询的下标。例如：

```
>>>a=['x','y',1,'x',2,'x']
>>>a.index('x')
0
>>>a.index('x',1)
3
>>>a.index('x',4)
5
```

5. insert()方法

利用insert()方法可以在指定位置插入指定的元素，其语法格式如下：

```
list.insert (i,obj)
```

其中,i 代表位置,obj 代表元素。list.insert(i,obj)的功能是在列表 list 的 i 位置插入 obj 元素。

```
>>>animals=['Dog','Cat','Monkey','Chook','Snake']
>>>animals.insert(3,'Horse')
>>>print(animals)
['Dog','Cat','Monkey','Horse','Chook','Snake']
>>>animals.insert(4,'fish')
>>>print(animals)
['Dog', 'Cat', 'Monkey', 'Horse', 'fish','Chook', 'Snake']
```

6. remove()方法

可以使用 remove()方法删除列表中指定的元素,其语法格式如下:

```
list. remove(obj)
```

例如,删除 animals 列表中的'Chook'元素。

```
>>>animals.remove('Chook')          #删除'Chook'元素
>>>animals
['Dog','Cat','Monkey','Horse', 'Snake']
```

7. pop()方法

可以使用 pop()方法删除 list 列表中的最后一个元素,其语法格式如下:

```
List.pop()
```

例如,删除 animals 列表中的最后一个元素。

```
>>>animals.pop()                    #删除最后一个元素'Snake'
>>>animals
['Dog','Cat','Monkey','Horse']
```

8. reverse()方法

利用 reverse()方法可以完成列表的翻转,其语法格式如下:

```
list.reverse()
```

例如,将列表 a 翻转。

```
>>>a=['x', 'y',1,2]
>>>a.reverse()
>>>a
[2,1,'y','x']
```

9. copy()方法

应用 copy()方法可以完成对列表的复制,复制方法分为浅复制和深复制。

浅复制方法的语法格式如下:

```
list.copy()
```

通常将 list.copy()方法称为浅复制方法，即只为列表元素的第一层开辟新地址，而第二层共用第一层的地址，也就是说列表元素的第一层可以独立修改，但是第二层不可独立修改。

【例 6-5】 浅复制。

```
>>>list1=['x','y','z',[1,2,3]]       #创建列表 list1
>>>list1_copy=list1.copy()           #将 list1 复制到 list1_copy
>>>list1[2]= 'Y'                     #修改第一层元素的值
>>>print(list1,list1_copy)
['x', 'y', 'y',[1,2,3]][ 'x', 'Y', 'z',[1,2,3]]
>>>list1[-1][0]= '123'               #修改第二层元素的值
>>>print(list1,list1_copy)
['x', 'y', 'y',['123',2,3]][ 'x', 'Y', 'z',['123',2,3]]
```

深复制方法的语法格式为：

```
list.deepcopy()
```

深复制方法不仅为列表元素的第一层开辟新地址，也为列表的第二层开辟新地址，也就是说不仅列表元素的第一层可以独立修改，第二层也可独立修改。

【例 6-6】 深复制。

```
import copy
list1=['x','y','z',[1,2,3]]          #创建 list1
list3=copy.deepcopy(list1)           #深复制方法
list1[2]= 'zz'
list3[-1][-3]=888
print(list1,list3)
```

程序运行结果如下：

```
['x','y','zz',[1,2,3]]['x','y','z',[888,2,3]]
```

10. clear()方法

clear()方法的功能是清空列表，其语法格式如下：

```
list.clear()
```

例如，清空 aa 列表，代码如下：

```
>>> aa=['x','y','z',[1,2,3]]
>>> aa. clear()
>>> aa
[]
```

6.3 列表遍历与排序

列表遍历与排序是应用中经常遇到的基本问题，在这里介绍 Python 列表遍历与排序的常用方法。

6.3.1 列表遍历方法

遍历(Traversal)是指沿着某条搜索路线，依次对每个结点均做一次且仅做一次访问。访问结点所做的操作依赖于具体的应用问题。

1. 使用 for in

可以使用 for in 循环语句实现列表遍历。例如：

```
app_list = [1, 2, 3]
for app_id in app_list:
    print(app_id)
```

程序运行结果如下：

```
1
2
3
```

2. 使用 enumerate()函数

enumerate()函数用于将一个可遍历的数据对象(如列表、元组或字符串)组合为一个索引序列，同时列出数据及其下标。也就是说，对于一个可迭代(Iterable)/可遍历的对象(如列表、字符串)，可将其组成一个索引序列，利用它可以同时获得索引和值。例如：

```
app_list = [1, 2, 3]
for index,app_id in enumerate(app_list):
    print(index, app_id)
```

输出结果如下：

```
0  1
1  2
2  3
```

【例 6-7】 列表遍历。

```
list8 = ['html', 'js', 'css', 'python']
for i, val in enumerate(list8):
    print("序号:%s 值:%s" % (i + 1, val))
```

程序运行结果如下：

```
序号:1 值:html
序号:2 值:js
```

```
序号:3 值:css
序号:4 值:python
```

3. 使用 range()函数

在列表遍历中,可以使用 range()函数。

```
app_list = [1, 2, 3]
for i in range(len(app_list)):
    print(i,app_list[i])
```

程序运行结果如下:

```
0 1
1 2
2 3
```

6.3.2 列表排序方法

排序是计算机内经常进行的一种操作,其目的是将一组无序的记录序列调整为有序的记录序列。Python 语言中的列表排序有三个方法:reverse()反转/倒序排序、sort()排序、sorted()排序,其中 sorted()排序可以获取排序后的列表。在更高级的列表排序中,后两种方法还可以加入条件参数进行排序。

1. reverse()方法

利用 reverse()方法可将列表中元素反转排序,列表反转排序是指将原列表中的元素按相反顺序重新存放,而不对列表中的参数进行排序整理。例如:

```
l=[4,2,3,1]
l.reverse()
print(l)
```

程序运行结果如下:

```
[1,3,2,4]
```

2. sort()排序方法

对于列表 a=[4,2,3,1]从小到大的排序,可以使用如下描述的冒泡算法完成。

(1) 比较相邻的元素。如果第一个比第二个大,就交换它们两个。

(2) 对每一对相邻元素做同样的工作,从开始第一对到结尾的最后一对。此时,最后的元素应该会是最大的数。

(3) 针对所有的元素重复以上的步骤,除了最后一个。

持续每次对越来越少的元素重复上面的步骤,直到没有任何一对数字需要比较。

【例 6-8】 冒泡算法程序。

```
def bubble_sort(arr):
        length = len(arr)
        while length > 0:
```

```
        for i in range(length-1):
            if arr[i] > a[i+1]:
                arr[i] = arr[i] + arr[i+1]
                arr[i+1] = arr[i] - arr[i+1]
                arr[i] = arr[i] - arr[i+1]
        length -= 1

if __name__ == "__main__":
    a =[3,2,4,1]
    bubble_sort(a)
    print(a)
```

程序运行结果如下：

```
[1,2,3,4]
```

使用sort()方法排序列表比上述的冒泡算法更为简单明了，sort()方法对列表内容进行正向排序，排序后的新列表会覆盖原列表。也就是说，sort()排序方法是直接修改原列表的排序方法。

```
a=[3,2,4,1]
a.sort()
print(a)
```

程序运行结果如下：

```
[1,2,3,4]
```

列表有自己的排序方法，列表是可以修改的，可以使数字和字符串按照ASCII并使中文按照Unicode从小到大排序。

```
x=[4, 6, 2, 1, 7, 9]
y=x[:]
y.sort()
print(y)
print(x)
```

程序运行结果如下：

```
[1, 2, 4, 6, 7, 9]
[4, 6, 2, 1, 7, 9]
```

从上述程序运行结果可以看出，y = x[:]通过分片操作将列表x的元素全部复制给y，如果简单地把x赋值给y，即y = x，那么y和x还是指向同一个列表，并没有产生新的副本。

3. sorted()方法

如果需要一个排好序的列表，而又需要保存原有的未排序列表，可以使用sorted()方法实现，既可以保留原列表，又能得到已经排好序的列表，sorted()操作方法如下：

```
a=[3,2, 4,1]
print(sorted(a))
```

程序运行结果如下：

```
[1,2,3,4]
```

sorted()方法可以用在任何数据类型的序列中，返回的总是一个列表形式：

```
print(sorted('python'))
```

程序运行结果如下：

```
['h','n','o','p','t','y']
```

又如：

```
x=[4 6 2 1 7 9]
y=sorted(x)
print(y)
print(x)
```

程序运行结果如下：

```
[1, 2, 4, 6, 7, 9]
[4, 6, 2, 1, 7, 9]
```

sorted 返回一个有序的副本，并且类型总是列表，如下：

```
print(sorted('Python'))              #['P','h','n','o','t','y']
```

【例 6-9】 列表排序。

设一个列表 li，所有元素都是字符串，对它进行大小写无关的排序。

```
li=['This','is','a', 'Boy','!']
l=[i.lower() for i in li]
l.sort()                             #对原列表进行排序，无返回值
print(l)
print(sorted(li))                    #有返回值并且原列表没有变化
print(li)
```

程序运行结果如下：

```
['!', 'a', 'boy', 'is', 'this']
['!', 'Boy', 'This', 'a', 'is']
['This', 'is', 'a', 'Boy', '!']
```

4. 三种方法的比较

(1) sort()是可变对象(字典、列表)的方法，无参数，无返回值。sort()改变可变对象，因此无需返回值。sort()方法是可变对象独有的方法，而作为不可变对象(如元组、字符串)是不具有这样的方法的，如果调用将会返回一个异常。

(2) sorted()是 Python 的内置函数,并不是可变对象(列表、字典)的特有方法。sorted()函数需要一个参数(参数可以是列表、字典、元组、字符串),无论传递什么参数,都将返回一个以列表为容器的返回值,如果是字典则返回键的列表。

(3) reverse()与 sort()的使用方式一样,而 reversed()与 sorted()的使用方式相同。

6.4 列表程序案例

6.4.1 商品价格管理程序

首先创建一个商品价格列表 price _list,然后输入每件商品的单价,并存于列表中。其中可用 input()函数输入一件商品的单价,将输入的单价字符串转换成 int 类型后,再用 append()函数将单价存放到列表 price _list 中。程序如下:

```
price _list=[]                          #创建一个空列表 price _list
print('逐个输入商品单价,用空格分隔,并按 Enter 键结束:')
price_str=input()
temp= price_str.split('')       #以空格为分隔符切分输入的字符串,每个单价为一个字符串
for str in temp
    price_list.append(int(str))     #将单价字符串转换为 int 型并添加到单价列表中

print('单价列表,' price_list)
print('第 1 个单价,' price_list[0],'最后一个单价,' price_list[-1])
price_list[3]=98
print('第 4 个单价更新后,' price_list)
del price_list[5]
print('删除第 6 个单价后,' price_list)

price _top5= price _list[5]  scor
print('前 5 个单价:',price_top5)
price_lest5=price_list[-1:-6:-1]
print('后 5 个单价:,'price_last5)
```

程序运行结果如下:

```
逐个输入商品单价,用空格分隔,并按 Enter 键结束
90 80 70 60 50 65 75 85 95 100
单价列表:[90 80,70,60,50,65,75,85,95,100]
第 1 个单价:90 最后一个单价:100
第 4 个单价更新后:[90 80,70,98,50,65,75,85,95,100]
删除第 6 个单价后:[90 80,70,98,50,75,85,95,100]
前 5 个单价:[90,80,70,98,,50]
后 5 个单价:[100,95,85,75,50]
```

6.4.2 购物车程序

购物车程序的主要功能是：通过一个循环程序，不断地询问用户需要买什么。用户选择一个商品编号，就把对应的商品添加到购物车中。最后，用户输入 q 退出，并打印购物车中的商品列表。购物车程序如下：

```
products = [
    ('A',5000),
    ('B',3000),
    ('C',2500)
]
shopping_car = []
flag = True
while flag:
    print("————————商品列表————————")
    for index, item in enumerate(product_list):
        print(index,item)               #打印商品列表
    choice = input("输入购买的商品编号:")
    if choice.isdigit():                #isdigit()判断变量类型
        choice = int(choice)
        if choice>=0 and choice<len(product_list):
            shopping_car.append(product_lists[choice])
            print("已将%s 加入购物车" %(product_list[choice]))
        else:
            print("该商品不存在")
    elif choice == "q":
        if len(shopping_car)>0:
            print("打算购买的商品:")
            for index, item in enumerate(shopping_car):
                print(index,item)
        else:
            print("在购物车中没有添加商品")
        flag = False
```

程序运行结果如下：

```
--------------商品列表-------------
0 ('A', 5800)
1 ('B', 3000)
2 ('C', 800)
输入购买的商品编号:1
已将 ('B', 3000) 加入购物车
--------------商品列表-------------
0 ('A', 5800)
1 ('B', 3000)
```

```
2 ('C', 800)
输入购买的商品编号:0
已将 ('A', 5800) 加入购物车
-------------商品列表---------------
0 ('A', 5800)
1 ('B', 3000)
2 ('C', 800)
输入购买的商品编号:q
打算购买的商品:
0 ('A', 5800)
1 ('B', 3000)
```

6.4.3 算术能力测试程序

算术能力测试程序用于帮助学生进行算术练习，主要功能如下：

(1) 提供10道执行加、减、乘、整除四种基本算术运算的题目。

(2) 练习者根据显示的题目输入自己的答案，程序自动判断输入的答案是否正确。

(3) 显示出相应的判断信息。

算术能力测试程序如下：

```
import random

count = 0                                    #定义记录总的答题数目
right = 0                                    #定义回答正确的数目
while count <10:                             #提供10道题目
    op = ['+', '-', '*', '//']               #创建列表,用于存储加、减、乘、除的运算符
    s = random.choice(op)                    #随机生成op列表中的字符
    a = random.randint(0,100)                #随机生成0~100以内的数字
    b = random.randint(1,100)                #除数不能为0
    print('%d %s %d = ' % (a,s,b))
    question = input('输入答案:(end退出)') #默认输入的为字符串类型
    if s == '+':                             #判断随机生成的运算符,并计算正确结果
        result = a + b
    elif s == '-':
        result = a - b
    elif s == '*':
        result = a * b
    else:
        result = a // b

    if question == str(result):              #判断用户输入的结果是否正确
        print('回答正确')
        right += 1
        count += 1
```

```
    elif question == 'end':
        break
    else:
        print('回答错误')
        count+=1
#计算正确率
if count == 0:
    percent = 0
else:
    percent = right / count
print('回答题数:',count)
print('正确数:',right)
print('正确率:',percent * 100)
```

程序运行结果如下：

```
92 - 89 =
输入答案:(end退出)3
回答正确
25 + 64 =
输入答案:(end退出)89
回答正确
88 // 93 =
输入答案:(end退出)0
回答正确
10 // 6 =
输入答案:(end退出)1
回答正确
18 - 6 =
输入答案:(end退出)12
回答正确
12 * 85 =
输入答案:(end退出)1020
回答正确
24 // 14 =
输入答案:(end退出)1
回答正确
4 + 83 =
输入答案:(end退出)87
回答正确
39 // 16 =
输入答案:(end退出)2
回答正确
62 - 85 =
输入答案:(end退出)-23
```

```
回答正确
回答题数: 10
正确数: 10
正确率: 100.0
```

6.4.4 筛选法求素数程序

使用列表实现筛选法求素数的过程是：输入一个大于 2 的自然数，然后输出小于该数字的所有素数组成的列表。筛选法求素数程序如下：

```
num_01 = int(input("输入一个大于 2 的自然数:"))
list_05 = list(range(2,num_01))
m = int(num_01**0.5)                        #计算最大的整数平方根
for index,value in enumerate(list_05):
    if value > m:                           #如果当前数字已大于整数平方根,结束判断
        break
    list_05[index+1:] = filter(lambda x:x%value!=0,list_05[index+1:])
                                            #元素过滤
print(list_05)
```

在上述程序中，enumerate() 函数将一个可遍历的数据对象(如列表、元组或字符串)组合为一个索引序列，同时列出数据及其索引。filter() 函数用于过滤序列，去掉不符合条件的元素，返回由符合条件的元素组成的新列表。

程序运行结果如下：

```
输入一个大于 2 的自然数:16
[2,3,5,7,11,13]
```

本章小结

列表是一种可变序列数据类型，在大数据处理和机器学习中应用广泛。本章从实用角度出发，首先介绍了序列的概念和基本操作方法，详细介绍了有关列表的基本操作方法，以及列表遍历和排序的高级方法。最后，通过介绍几个列表应用程序的实例，说明了在程序设计中列表的作用与使用方法。

习题 6

1. 说明下述有关序列的操作，其中 s、t 为序列。

(1) x in s

(2) s+ t

(3) s * n 或 n * s

(4) s[i]

(5) s[i：j]或 s[i：j：k]

2. 列表操作练习。

(1) 创建命名为 names 空列表，然后添加 laozhang、xiaowang、xiaoli、xiaochen、shanshan、lili、ming 这些元素。

(2) 在 names 列表中 ming 的前面插入一个 alex。

(3) 把 shanshan 的名字改成“姗姗”。

(4) 在 names 列表中 xiaowang 的后面插入一个子列表：[oldboy，oldgirl]。

(5) 返回 lili 的索引值。

(6) 创建新列表[1,2,3,4,2,5,6,2]，合并进 names 列表中。

(7) 取出 names 列表中索引 4～7 的元素。

(8) 取出 names 列表中索引 2～6 的元素，步长为 2。

(9) 取出 names 列表中的最后 3 个元素。

(10) 遍历 names 列表，打印每个元素的索引值和元素。

(11) 遍历 names 列表，打印每个元素的索引值和元素，当索引值为偶数时，把对应的元素改成-1。

(12) names 有 3 个 2，返回第 2 个 2 的索引值。提示，找到第一个 2 的位置，在此基础上再找第 2 个 2。

3. 编写让用户输入月份并判断这个月属于哪个季节的程序。

其中：春季包括 3 月、4 月和 5 月，夏季包括 6 月、7 月和 8 月，秋季包括 9 月、10 月和 11 月，冬季包括 12 月、1 月和 2 月。

4. 编写重组列表元素的程序。

假定有下面的列表：

```
names = ['orange','peach',' pear ','apple']
```

程序运行结果如下：

```
'I have apple ,orange, pear and peach'
```

5. 现有商品列表如下：products = [['笔记本电脑', 6000], ['手机',2499],['咖啡',31],['科技书',70],['运动鞋',100]]，需以下述格式输出：

```
---------商品列表----------
1.笔记本电脑   6000
2.手机         2499
3.咖啡           31
4.科技书         80
5.运动鞋        100
```

6. 编写一个循环程序，不断地询问用户需要买什么。用户选择一个商品编号，就把对应的商品添加到购物车里。最终用户输入 q 退出时，打印购物车里的商品列表。

7. 设计后台管理员管理前台会员信息系统，其中：

(1) 后台管理员只有一个用户：admin，密码：admin。

(2) 当管理员登录成功后,可以管理前台会员信息。

(3) 会员信息管理包含:

① 添加会员信息。

- 判断用户是否存在。
- 如果存在,报错。
- 如果不存在,分别添加用户名和密码到列表中。

② 删除会员信息。

- 判断用户名是否存在。
- 如果存在,删除。
- 如果不存在,报错。

③ 查看会员信息。

④ 退出。

8. 编写用户登录系统

(1) 系统里面有多个用户,用户的信息目前保存在列表中。

```
users = ['root','wang']
passwd = ['123','456']
```

(2) 用户登录(判断用户登录是否成功),判断用户是否存在。

① 如果存在:

- 判断用户密码是否正确。
- 如果正确,登录成功,退出循环。
- 如果密码不正确,重新登录,总共有3次机会登录。

② 如果用户不存在,重新登录,总计有5次机会。

第7章 元　组

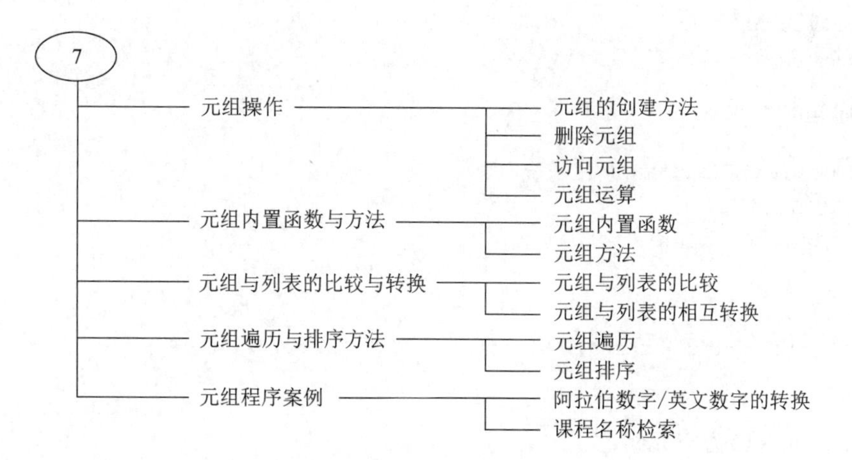

元组与列表相似,主要不同点是元组的元素不可变,当元组创建之后,不可以修改、添加和删除其元素,但是可以访问元组中的元素。

7.1 元组操作

元组由圆括号内的元素、逗号组成,例如由 n 个元素组成的元组为:

$(x_1, x_2, \cdots, x_n)$

元组中的数据元素 x_i 可以是基本数据类型,也可以是组合数据类型或者自定义数据类型。例如,(1234, 'string',['name', 'age'],('xiaoli', 'man'),7-6j)元组由五个元素组成,第一个元素是数字 1234,第二个元素是字符串'string',第三个元素是列表['name', 'age'],第四个元素是元组(xiaoli', 'man'),第五个元素是复数 7-6j。

7.1.1 元组的创建方法

在使用元组之前,首先需要创建元组。有多种创建元组的方法,常用的方法如下。

1. 使用赋值语句创建元组

可以通过赋值语句创建元组。

【例 7-1】 使用赋值语句创建元组的程序。

```
tup1=('computer', 'software',2008,2018)
```

```
tup2=(1,2,3,4,5)
tup3=('a', 'base', 'c++','d')
tup4=()
tup5=(100,)
tup6=(1234, 'string',[ 'name', 'five'],('xiaoli', 'man'),7-6j)
print(tup1)
print(tup2)
print(tup3)
print(tup4)
print(tup5)
print(tup6)
```

程序运行结果如下：

```
('computer', 'software', 2008, 2018)
(1, 2, 3, 4, 5)
('a', 'base', 'c++', 'd')
()
(100,)
(1234, 'string', ['name', 'five'], ('xiaoli', 'man'), (7-6j))
```

在上述程序中：

(1) tup4＝()为空元组。

(2) 元组中只包含一个元素时,需要在元素后面添加逗号,例如 tup5＝(100,),这样做可以避免与表达式冲突。

(3) 元组与序列类似,下标索引从 0 开始,可以进行截取与组合等。

2. 创建单元素元组

```
>>>test=(1)
>>>type(test)
<type 'tuple '>
>>>test
(1)
```

3. 使用元组函数创建元组

(1) 用元组函数 tuple()创建空元组。

```
>>>tup4=tuple()
>>>tup4
()
```

(2) 将 range()函数产生的序列转换为元组。

```
>>>tup7=tuple(range(1,10,2))
>>>tup7
(1,3,5,7,9)
```

(3) 将字符串中的每个字符作为元组中的一个元素。

```
>>>tup8=tuple('Python')
>>>tup8
('P','y', 't', 'h','o', 'n')
```

4. 使用赋值语句创建元组时,圆括号可以省略

```
>>>tup2=1,2,3,4,5
>>>tup2
(1,2,3,4,5)
```

5. 使用推导式生成元组

使用推导式生成元组的语法格式如下:

```
表达式 for 变量 in 序列
```

根据上述推导式生成的结果是一个生成器对象,而不是元组,可以使用 next()函数依次访问其中的元素,也可以使用 tuple()函数将其转化为元组。

```
>>>h=(x**2 for x in range(1,10))          #利用推导式产生生成器
>>>next(h)                                #使用 next()函数访问生成器中的第一个元素
1
>>>next(h)                                #使用 next()函数继续向下访问生成器中的元素
4
>>>next(h)
9
>>>tuple1=tuple(h)                        #将生成器中没有访问的元素生成为元组
>>>tuple1
(16,25,36,49,64,81)
```

7.1.2　删除元组

虽然不能删除一个单独的元组元素,但可以使用 del 语句删除整个元组,例如:

```
>>>tup8=('P','y', 't', 'h','o', 'n')
>>>tup8
('P','y', 't', 'h','o', 'n')
>>>del tup8
>>>tup8
```

出错提示,表明没有找到 tup8。

7.1.3　访问元组

1. 通过下标索引访问一维元组

可以使用下标索引访问元组中的元素,例如:

```
>>>tup1=('computer', 'software',2010,2025)
>>>tup1[0]                                #访问元组 tup1 中正向索引序号为 0 的元素
```

```
'computer'
>>>tup2=(1,2,3,4,5,6,7)
>>>tup2[1:5]                    #访问元组 tup2 中正向索引序号为 1~4 的元素
(2,3,4,5)
>>>tup2[-1]                     #访问元组 tup2 中逆向索引序号为-1 的元素
7
```

2. 访问二维元组

id()函数的返回值就是对象的内存地址。Python 为每个出现的对象分配内存，如果两个对象相等，则也为它们分配内存。例如执行 a=2.0 和 b=2.0 这两个语句时，为两个 float 类型对象 2.0 分配内存，然后将 a 与 b 分别指向这两个对象，所以 a 与 b 指向的不是同一对象。

```
>>> a=2.0
>>> b=2.0
>>> a is b
False
>>> a==b
True
```

但是为了提高内存利用效率，对于一些简单的对象，如一些数值较小的 int 类型对象，Python 采取重用对象内存的办法，如指向 a=2 和 b=2 时，由于 2 作为简单的 int 类型且数值小，Python 不会两次为其分配内存，而是只分配一次，然后将 a 与 b 同时指向已分配的对象。

```
>>> a=2
>>> b=2
>>> a is b
True
>>> a==b
True
>>> id(a)
140710501029568
>>>id(b)
140710501029568
```

如果赋值的不是 2 而是较大的数值，情况就与上述不同。

```
>>> a=5555
>>> b=5555
>>> a is b
False
>>> a==b
True
>>> a==b
True
```

```
>>> id(a)
1717588622160
>>> id(b)
1717588622096
```

【例 7-2】 使用id语句查看二维元组。

虽然元组不可变,但是当元组中嵌套了可变元素时,该可变元素是可以修改的,元组本身则保持不变。对于这个问题,可以使用id语句查看元组地址得以证实。

```
>>>T=('a', 'b', 'c',[1,2,3,4],1,2,3)
>>>id(T)
140073510482784                          #T为元组
>>>T[3]
[1,2,3,4]
>>>T[3].append(5)                        #在序号为3的元素后追加5
>>>T[3]
[1,2,3,4,5]
>>>T
('a', 'b','c',[1,2,3,4,5],1,2,3)
>>>id(T)
140073510482784                          #元组T的地址没有变化
```

【例 7-3】 元组元素的修改。

元组元素不可以修改,但是如果元组的元素为列表,就可以通过修改列表实现元组元素的修改,例如:

```
>>> t1 =('a', 'b',[ 'c', 'd'])
>>>t1[2][0]= 'X'
>>>t1[2][1]= 'Y'
>>>t1
('a', 'b',[ 'X', 'Y'])
```

元组t1含有3个元素,分别是'a'、'b'和一个列表['c', d']。因为列表的中的元素可以直接修改,所以可以通过赋值语句t1[2][0]= 'X'和t1[2][1]= 'Y',将列表['c', 'd']中的内容修改为['X', 'Y'],进而将元组t1的内容修改为('a', 'b',['X', 'Y']),简单地达到了修改元组t1的目的。

在表面上,元组t1的元素确实改变了,但其实变化的是列表的元素。元组t1一开始指向的列表并没有改成别的列表,所以元组t1不变是指元组t1的每个元素的指向永远不变。即如果指向'a',就不能改成指向'b',如果指向一个列表,就不能改成指向其他对象,但指向的这个列表本身的内容可变。

3. 元组切片

元组支持切片操作,其语法格式如下:

```
元组名[start[,stop[,step]]]
```

其中，start 表示元组切片开始的索引号，stop 是终止的索引号，step 是索引号变化的步长。

【例 7-4】 元组切片。

```
>>>T_01=('a', 'b', 'c', 'd', 'e', 'f', 'g', 'h')
>>>T_01[:]                  #截取所有元素
('a', 'b', 'c', 'd', 'e', 'f', 'g', 'h')
>>> T_01 [2:]               #截取从索引 2 开始到末尾的元素
('c', 'd', 'e', 'f', 'g', 'h')
>>> T_01 [2:6]              #取索引 2~ 6 之间的所有元素,包括索引 2,但不包含索引 6
('c', 'd', 'e', 'f')
>>>T_01[2:6:2]              #从索引 2~ 6,但不包含索引 6,每隔一个元素取一个
('c', 'e')
```

也可以逆向截取元组中的一段元素，例如：

```
>>>T_01[-2]                 #逆向截取元组中的索引号为-2 的元素
('g')
```

7.1.4 元组运算

元组与字符串一样，元组之间可以使用"＋"符号和"＊"符号进行运算。这就表明可以通过组合和复制元组运算生成一个新的元组。元组和列表非常类似，但是元组一旦初始化就不能修改。因为元组不可变，所以代码更安全。如果可能，能用元组代替列表就尽量使用元组。当定义一个元组时，它的所有元素就已经确定了。

1. 常用的元组运算符

常用的元组运算符如表 7-1 所示。

表 7-1 常用的元组运算符

Python 表达式	结　　果	描　　述
(1,2,3)＋(4,5,6)	(1,2,3,4,5,6)	连接
('Hi! ',) ＊4	('Hi! ', 'Hi! ', 'Hi! ', 'Hi! ')	复制
3 in(1,2,3)	True	元素是否存在
for x in(1,2,3)：print(x)	1 2 3	循环迭代

2. 合并元组

可以利用连接运算符"＋"合并 T1 和 T2 两个元组，返回一个新的元组，但原元组不变，其语法格式如下：

```
T=T1+T2
```

其中，T1、T2 是被合并的元组，T 是合并后产生的新元组，运算符"＋"为连接运算符。

【例 7-5】 将两个元组 T1 和 T2 合并成元组 T。

```
>>>T1=('a', 'b', 'c')
>>>T2=(1,2,3,4)
>>>T=T1+T2
>>>T
('a','b','c',1,2,3,4)
>>>T1
('a','b','c')
>>>T2
(1,2,3,4)
```

3. 重复元组

利用 t1 * N 可以重复 t1 元组 N 次，返回一个新元组，但原元组不变，其语法格式如下：

```
T=t1 * N
```

其中，t1 是原元组，N 为重复次数，T 为产生的新元组，即重复 N 次的元组。

例如：

```
>>>t1=('a','b',1,2,3)
>>>T=t1 * 3
>>>T
('a', 'b',1,2,3, 'a','b',1,2,3,'a','b',1,2,3)
>>>t1
('a','b',1,2,3)
```

7.2　元组内置函数与方法

Python 提供了元组内置函数与方法，利用它们更有助于元组的灵活应用。

7.2.1　元组内置函数

Python 提供的元组内置函数主要有：计算元组中的元素个数、返回元组中元素的最大值、返回元组中元素的最小值和列表到元组的转换等函数，如表 7-2 所示。

表 7-2　元组的内置函数

函　　数	描　　述
len(tuple)	计算元组中的元素个数
max(tuple)	返回元组中元素的最大值
min(tuple)	返回元组中元素的最小值
tuple(seq)	将列表转换为元组

1. len()函数

len()函数的计算结果是元组的长度。

(1) 语法格式：

```
len(s)
```

参数 s 为元组。

(2) 功能：返回元组的长度。

(3) 举例：

```
>>>t8='Python'
>>>t8=tuple('Python')
>>>t8
('P','y', 't', 'h','o', 'n')
>>>len(t8)
6
```

2. max()函数

(1) 语法格式：

```
max(x,y,z,...)
```

参数 x、y、z 等为元组的元素。

(2) 功能：返回给定的元组中的元素最大值,参数也可以为序列。

(3) 举例：

```
>>>x=(99,1234,345,11111)
>>>max(x)
11111
```

对于元组嵌套,可以按各被嵌套元组的序号从[0]开始逐个比较以寻找最大值元组。例如：

```
>>>x=((3,4,5),(3,4,6),(3,6,4))
>>>max(x)
(3,6,4)
```

使用 lambda 表达式指明对元素下标的指定值做比较,例如,仅比较下标 1,则((3,4,5),(3,4,6),(3,6,4))中下标 1 最大的是 6,所以选择(3,6,4)：

```
>>> print(max(x,key=lambda x:x[1]))        #仅比较下标为 1 的元素
(3,6,4)
>>> print(max(x,key=lambda x:x[2]))        #仅比较下标为 2 的元素
(3,4,6)
```

【例 7-6】 求元组最大值的程序。

```
print('max(8,9,10):',max(8,9,10))
```

```
print('max(-2,5,8):',max(-2,5,8))
print('max(-8,-2,-1):',max(-8,-2,-1))
print('max(0,-9,-4):',max(0,-9,-4))
```

程序运行结果如下：

```
max(8,9,10):10
max(-2,5,8):8
max(-6,-3,-1):-1
max(0,-9,-4): 0
```

3. min()函数

(1) 语法格式：

```
min( x, y, z, ... )
```

参数 x、y、z 为元组的元素。

(2) 功能：返回给定参数中的最小值,参数可以为序列。

(3) 举例：

```
print('min(1,2,3): ',min(1,2,3))
print('min(-2,10,4): ',min(-2,10,4))
print('min(-80,-20,-10): ',min(-80,-20,-10))
print('min(0,100,-400): ',min(0,100,-400))
```

程序运行结果如下：

```
min(1,2,3):1
min(-2,10,4):-2
min(-80,-20,-10):-80
min(0,100,-400):-400
```

4. tuple()函数

(1) 语法格式：

```
tuple( seq )
```

参数 seq 为将转换为元组的序列。

(2) 功能：tuple() 函数将列表转换为元组、返回字典的 key 组成元组、将字符串的每个字符作为元组中的一个元素等。

(3) 举例：

```
>>>tuple([1,2,3,4])
(1,2,3,4)
>>>tuple({1:2,3:4})                    #返回字典的 key 组成的 tuple
(1, 3)
>>>tup8=tuple('Python')                #将字符串中的每个字符作为元组中的一个元素
>>>tup8
```

```
('P','y', 't', 'h','o', 'n')
```

7.2.2 元组方法

常用的元组方法有 index()、count()等方法。

1. index()方法

index()方法用于从元组中找出某个对象的第一个匹配项的索引位置，如果这个对象不存在，将提示出错。语法格式如下：

```
T.index(obj[,start=0[,end=len(T)]])
```

其中，T 为元组名，obj 为指定检索的对象，start 为可选参数，即起始索引，默认为 0，可单独指定。end 为可选参数，结束索引。元组的长度为默认的，不单独指定。

【例 7-7】 利用 index 语句获得元组 T2 的元素 2 的索引。

```
>>>T2=('a','b',2,'c','d',1,2,3,4)
>>>T2.index(2)
2
>>>b = ('x', 'y', 1, 'x', 2, 'x')
>>>b.index('x', 1)                    #从索引位置 1 开始寻找第 1 个'x'
3
T = ('Huawei', 'Bidu', 'Taobao')
print(T.index('Taobao'))
```

程序运行结果如下：

```
2
```

2. count()方法

使用 count()方法可以统计元组中某个元素出现的次数，其语法格式如下：

```
T.count(obj)
```

其中，T 表示元组，obj 为元组中需要统计的对象，即表示需要统计在元组中的元素。

```
>>> tuple5=( 'a ', 'b ',2, 'c ', 'd ',1,2,3,2)
>>>tuple5.count(2)                    #统计对象为 2
3
```

又如：

```
>>>tuple5=(123, 'Hadoop', 'Spark', 'Storm',123,123)
>>> tuple5.count(123)
3
>>> tuple5.count('Hadoop'))
1
```

7.3　元组与列表的比较与转换

由于定义元组与定义列表的方式相同，只不过元组的整个元素集是用圆括号（而不是方括号）包围的，元组的元素与列表的元素一样按定义的次序进行排序。元组的索引与列表一样从0开始，所以一个非空元组的第一个元素总是t[0]。负数索引与列表一样从元组的尾部开始计数。元组与列表一样分片，当分割一个列表时，可得到一个新的列表；当分割一个元组时，将得到一个新的元组。

7.3.1　元组与列表的比较

列表与元组都是容器，包含一系列的对象。可以包含任意类型的元素。

1. 元组不允许修改

（1）元组创建方式与列表相似。

```
tup1=('physics', 'chemistry',2008,2018);
tup2=(1,2,3,4,5)
```

（2）元组访问方式与列表一样，例如 tup1[1：3]。

（3）元组不可以修改。

2. 在格式上，元组使用圆括号，列表使用方括号

```
>>>my_list=[1,2,3]
>>>type(my_list)
[class'list']
>>>my_tuple=(1,2,3)
>>>type(my_tuple)
(class'tuple')
>>>my_list=[1,'three',3]
>>>my_list[1]='three'
>>>my_tuple[1]='two'                    #元组内容不可变
Traceback (most recent call last):
  File "<pyshell#44>", line 1, in <module>
    my_tuple[1]= 'two'
TypeError: 'tuple' object does not support item assignment
```

3. 任意无符号的对象以逗号隔开，可以默认为元组

例如：

```
a=1,2,3,'e'
```

可以默认为元组 a＝(1,2,3，'e')。

4. 列表可变，而元组不可变

列表和元组的结构区别是：列表是可变的，而元组是不可变的。列表可使用 append()方法添加更多的元素，而元组却没有这个方法。

```
>>> my_list=[1,'two',3]
>>>my_list.append('four')
>>>my_list
[1, 'two',3, 'four']
>>>my_tuple.append('four')
Traceback(mostrecentcalllast):
File''<stdin>'',line1,in<module>
AttributeError:'tuple'objecth as noattribute'app end'
```

元组不能使用 append()方法,因为元组不能修改。

5. 元组具有 count()、index()方法

(1) count():查找某元素在元组中出现的次数。

(2) index():从元组中找出某个对象的第一个匹配项的索引位置。

6. 元组与列表的比较总结

因为元组和列表都是序列,可以对它们进行切片,但是它们又具有各自的特点,所以从应用角度出发,可考虑下述几点。

(1) 既不能向元组中增加元素,也不能从元组中删除元素,所以元组没有 append()或 extend()方法,也没有 remove()或 pop()方法。

(2) 元组比列表更节省空间,但重复分配列表可以使得添加元素更快。这体现了 Python 的实用性。

(3) 如果数据长度不固定,那么更应使用列表。

(4) 如果在书写代码时就知道元素的含义,那么使用元组更好。

(5) 函数式编程注重使用不可变的数据结构来避免产生使代码变得更难解读的副作用。如果基于不可变性考虑,更应使用元组。

(6) 如果定义了一个值的常量集,并且唯一需要不断地遍历,可以使用元组代替列表。

(7) 如果对不需要修改的数据进行写保护,那么元组可使代码更安全。如果必须要改变这些值,则需要将元组转换成列表,将其值修改后,再转换成元组。

7.3.2 元组与列表的相互转换

列表与元组有不同的特点,为了发挥它们各自的特点,在应用时经常进行列表与元组之间的互相转换。利用 tuple()内置函数可以实现列表到元组的转换,而使用 list()内置函数则可以将元组转换成列表。

1. 将列表转换为元组

使用 tuple()函数可以完成列表到元组转换。

```
lst=[11,22,33]
t=tuple(lst)
print(t,type(t))
list1=['Hadoop', 'Spark', 'Storm']
print(tuple(list1))
```

程序运行结果如下：

```
(11, 22, 33) <class 'tuple'>
('Hadoop', 'Spark', 'Storm')
```

2. 将元组转换为列表

使用 list()函数将元组转换为列表。

```
tu=(1,2,3)
le=list(tu)
print(le,type(le))
```

程序运行结果如下：

```
[1,2,3] <class 'list'>
```

7.4 元组遍历与排序方法

元组遍历与排序是经常会遇到的元组操作。

7.4.1 元组遍历

元组遍历就是从头到尾依次访问元组的全部元素。

1. 基于 for in 的遍历

```
friend_tuple = ("xiaoli", "xiaozhang", "xiaowang", "xiaochen", "xiaoliu")
for everyOne in friend_tuple:
    print(everyOne)
```

程序运行结果如下：

```
xiaoli
xiaozhang
xiaowang
xiaochen
xiaoliu
```

2. 基于 enumerate()函数的遍历

enumerate()是 Python 中的内置函数，语法格式如下：

```
enumerate(X, [start=0])
```

函数中的参数 x 可以是一个迭代器或序列，start 是起始计数值，默认从 0 开始。x 可以是一个字典，也可以是一个序列。其功能是遍历序列，并添加索引。

【例 7-8】 添加索引。

```
friend_tuple = ("xiaoli", "xiaozhang","xiaowang","xiaochen","xiaoliu")
for index1, everyOne in enumerate(friend_tuple):
```

```
    print(index1,everyOne)
```

程序运行结果如下：

```
0 xiaoli
1 xiaozhang
2 xiaowang
3 xiaochen
4 xiaoli
```

7.4.2 元组排序

在Python中，元组是不可改变的数据类型，不能修改、删除或添加元组中的元素。元组不能对元组进行排序。Python中的列表是可变对象，对列表可以排序。在元组数据结构中，因为元组是不可变对象，不能直接使用列表中的这些排序方法。元组排序的方法是：先将元组转换为列表，然后使用sort()方法或者sorted()方法对转换后的列表进行排序，最后再将排序后的列表转变为元组。其中sort()方法和sorted()方法已在列表排序中做过介绍。

1. sort()方法

将元组转换为列表，然后利用sort()方法将列表排序，最后将列表转换为元组。

```
>>> T = (1, 3, 2, 4)                        #元组
>>> L = list(T)                             #转变为列表
>>> L.sort()                                #用sort()方法对列表进行排序
>>> L                                       #排序后的顺序[1, 2, 3, 4]
>>> [1, 2, 3, 4]
>>> T = tuple(L)                            #再将列表转换回元组
>>> T
(1, 2, 3, 4)
```

2. sorted()方法

将元组转换为列表，然后利用sorted()方法将列表排序并存于变量中，最后将列表内容转换为元组。

```
>>> T = (1, 3, 2, 4)                        #元组
>>> L = list(T)                             #转变为列表
>>> L = sorted(L)                           #对列表排序
>>> T = tuple(L)                            #再将排序好的列表转换为元组
>>> T
(1, 2, 3, 4)
```

【例7-9】 sorted()方法排序。

```
>>>t_1=((1, 'B'), (1, 'A'), (2, 'A'), (0, 'B'), (0, 'a'))
>>>l_1 = list(t_1)
[(1, 'B'), (1, 'A'), (2, 'A'), (0, 'B'), (0, 'a')]
```

```
>>> l1=sorted(l_1)
[(0, 'B'), (0, 'a'), (1, 'A'), (1, 'B'), (2, 'A')]
>>>t1= tuple(l_1)
>>>t1
((0, 'B'), (0, 'a'), (1, 'A'), (1, 'B'), (2, 'A'))
```

在默认情况下，内置的 sorted()方法接收的参数是列表时，先按列表元素的第一个子元素进行排序，在第 1 个子元素相同情况下，再按第二个子元素进行排序。(0, 'B')在(0, 'a')的前面，这是因为大写字母 B 的 ASCII 码比 a 的 ASCII 码小。

7.5 元组程序案例

7.5.1 阿拉伯数字/英文数字的转换

阿拉伯数字/英文数字转换程序的主要功能是：输入一个阿拉伯数字，将其转换成英文数字。例如：

输入：

```
0123456789;
```

输出：

```
zero one two three four five six seven eight nine
```

阿拉伯数字/英文数字的转换程序如下：

```
english_number = ("zero ", " one ", " two ", " three ", " four ", " five ", " six ",
" seven "," eight ", " nine ")
number_00 =input("input:")                    #输入 224.35

for i in range(len(number_00)):
    if "." in number_00[i]:
        print("point ", end="")
    else:
        print(english_number[int(number_00[i])],end="")
```

程序运行结果如下：

```
input:224.35
two two four point three five
>>>
input:123.5
one  two  three point  five
>>>
input:67d
six  seven Traceback (most recent call last):
File "D:\Python\Python38\2.py", line 8, in <module>
```

```
    print(english_number[int(number_00[i])],end="")
ValueError: invalid literal for int() with base 10: 'd'
```

在上述程序中，采用了 english_number 元组存储英文数字 0～10 的单词。利用 input 语句输入阿拉伯数字，然后利用 for 循环语句完成阿拉伯数字/英文数字的转换并输出。其中，english_number 元组中的元素都是字符串，而 input 语句输入的阿拉伯数字也是字符串。

7.5.2 课程名称检索

程序的主要功能如下：

(1) 创建一个列表，输入多门专业课程的名称。

(2) 使用 tuple()函数将列表转换成元组。

(3) 使用下标访问第 2 门课程和最后一门课程的名称。

(4) 使用元组的内置函数 len()求出课程数。

程序如下：

```
#创建一个列表,输入多门专业课程的名称
t_str=input("输入课程名称,使用逗号分隔:")
course_list=t_str.split(",")
print(course_list)
course_tuple=tuple(course_list)          #使用 tuple()函数将列表转换成元组
print(course_tuple)
print("第 2 门课:",course_list[1],"最后一门课:",course_list[-1])   '''访问第 2 门
课程和最后一门课程的名称'''
course_num=len(course_tuple)             #使用元组的内置函数 len()求出课程数
print("课程数:",course_num)              #输出课程数
```

程序运行结果如下：

```
输入课程名称,使用逗号分隔:数据科学与大数据导论,Python 程序设计,大数据分析,大数据可
视化技术
['数据科学与大数据导论', 'Python 程序设计', '大数据分析', '大数据可视化技术']
('数据科学与大数据导论', 'Python 程序设计', '大数据分析', '大数据可视化技术')
第 2 门课: Python 程序设计 最后一门课: 大数据可视化技术
课程数: 4
```

在本例中输入课程名时输入的分隔符是中文状态下的逗号，因此程序中用于从输入的字符串中分离出每个课程名称的函数 split(",")中的参数也要用中文方式下的逗号。否则，因为一个中文字符占 2 字节，相当于两个英文字符，在分隔字符串时会出现错误。

本章小结

元组是一种常用的内置数据结构，具有速度快、安全性高等一系列优点。本章主要介绍了元组的创建与删除方法、元组的基本操作方法、列表与元组的比较、元组与列表之间

的相互转换的方法以及元组的遍历与排序方法，最后介绍了基于元组的应用程序设计实例。

习　题　7

1. 创建 score 元组，其中包含 10 个数值：68、87、92、100、76、88、54、89、76、61。

(1) 输出 score 元组中第 5 个元素的数值。

(2) 查询数值 76 在 score 元组中出现的次数。

(3) 得到 score 元组的长度。

(4) 使用两种方式对元组进行遍历。

(5) 将 score 元组转换为列表。

2. 创建 2 个元组 score1 和 score2，score1 中包含 2 元素值：80 和 61；score2 中包含 3 个元素值：71、95 和 82，合并这两个元组。

3. 修改元组中的值，将("xiaozhang",18,"2015") 变为("xiaowang",20,"2000")。

4. 编写一个程序，输入一个 1～7 之间的任意数字，该程序将输出对应的星期几。提示：用一个元组放入一周中的七天，输入其中的 1，然后再用输出函数输出“星期一”。

5. 设计数字/中文数字的转换程序，例如，输入：

```
1234567890;
```

输出：

```
壹贰叁肆伍陆柒捌玖零。
```

6. 设计程序：给定一个元组(1,2,3)，转换为列表[1,2,3]，尾加元素 4，再转换为元组(1,2,3,4)。

第8章 字 典

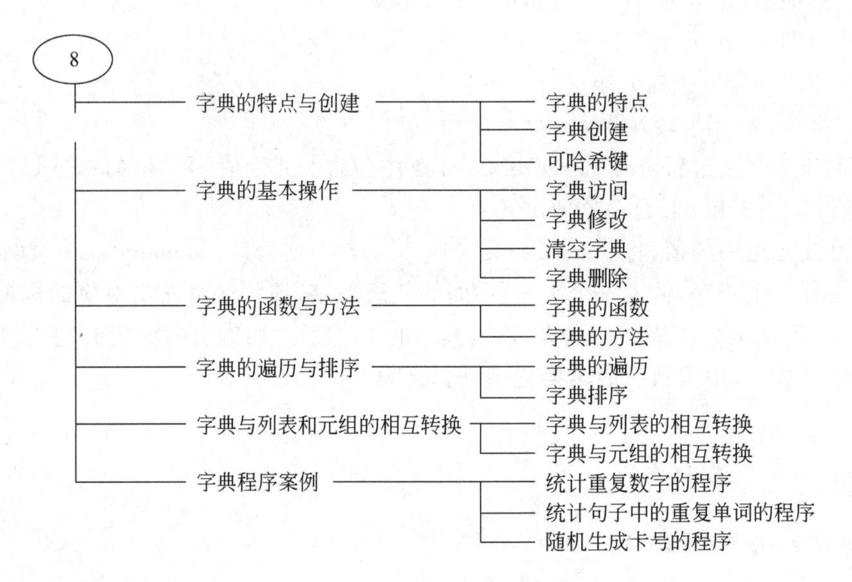

字典是 Python 中唯一的一种内置映射类型数据结构，它是包含了若干键/值对元素的无序可变序列。在某些场景中，应用字典编程更为高效。

8.1 字典的特点与创建

字典由键/值对组成的项构成，它有多种创建方式，字典、列表和集合等都是不可哈希的数据类型。

8.1.1 字典的特点

1. 字典的语法格式

用 key_1、key_2、…、key_n 表示键，$value_1$ 表示存储在 key_1 中的值，$value_2$ 表示存储在 key_2 中的值，$value_n$ 表示存储在 key_n 中的值。字典的语法格式如下：

```
{key₁:value₁,key₂:value₂,…,keyₙ:valueₙ}
```

字典中的每个元素由用冒号分隔开的键和值两部分组成(将键/值对称为项)，保持一种键/值映射的对应关系。字典可以存储任意类型对象，类型对象中的哈希值(键，key)和指向的对象(值，value)的映射是多对一的关系。使用冒号“:”来分隔字典的键值对(key/

value)的键与值,各个键/值对之间用逗号“,”分隔,整个字典包括在花括号“{}”中。空字典只由花括号组成,如{}。

字典元素的键可以是 Python 中任意不可变数据,如整数、实数、复字符串、元组等类型的可哈希数据,但是,不能够使用列表、集合、字典或其他可变数据类型作为字典的键,而且字典中的键不可以重复,但值可以重复。

例如,字典定义如下:

```
{'Li':2341,'Wang':9102,'Chen':3258}
```

在这个字典中,含有三个键/值对,分别为'Li':2341、'Wang':9102 和'Chen':3258。其中键为'Li'、'Wang'和'Chen',值分别为 2341、9102 和 3258。

2. 键的特性

字典值可以为无限制的任何 Python 对象,既可以是标准的对象,也可以是用户定义的对象。字典的键具有下述两个重要特点。

(1) 在一个字典中,如果给同一个键赋值多次,仅以最后一个值为准。例如,字典 dic_02 中的'Name'键被赋值两次,第 1 次赋值 xiaozhang,第 2 次赋值 xiaowang,那么'Name'键的值为 xiaowang。

```
>>>dic_02={'Name':'xiaoli','Age':18,'Name':'xiaozhang'}
>>>print("dic_02 'Name':",dic_02['Name'])
dic_02'Name':xiaozhang
```

(2) 键可以是数字、字符串或元组,但既不可改变、又不可以使用列表。如果使用列表作为键,则提示出错。

```
>>>dic_02={['Name']: 'Xiaoli', 'Age':18}
>>> dic_02
Traceback (most recent call last):
  File "D:\Python\Python38\101.py", line 1, in <module>
    dic_02={['Name']: 'Xiaoli', 'Age':18}
TypeError: unhashable type: 'list'
```

(3) 字典是无序的,每次执行输出,顺序都可能发生变化。

```
d_03 ={'li ': '2341', 9102:'zhao',(11,22): '3258'}
print(d_03)
```

可能的结果如下:

```
{'li':'2341',9102: 'zhao',(11, 22):'3258'}
```

或

```
{(11, 22): '3258','li': '2341',9102:'zhao'}
```

或

```
{9102:  'zhao', 'li': '2341',(11, 22): '3258'}
```

(4) 根据键(key)或值(value)取出对应的值或键。

① 返回键的对应值。

```
v = d[key]
```

例如:

```
v = d['k1']                                  #取出 k1 对应的 value1
```

② 因为字典无序,所以不可通过切片方式获取键/值对。

③ 利用 for 循环获取键,需要遍历所有的键,如下:

```
for item in d_04.keys():
```

例如:

```
d_04 ={'Year':2018,'Month':3,'Day':18}
for item in d_04.keys():
    print(item)
```

程序运行结果如下:

```
Year
Month
Day
```

④ 利用 for 循环获取值,需要遍历所有的值,如下:

```
for item in d_04. value ():
```

例如:

```
for item in d_04.values():
    print(item)
```

程序运行结果如下:

```
2018
3
18
```

⑤ 遍历所有的键和值。

```
for item in d_04.keys():
    print(item,':',d4[item])
```

或者

```
for k, v in d_04.items():                    #用 items 方法 k 接收 key ,v 接收 value
    print(k, v)
```

程序运行结果如下:

```
Year 2018
Month 3
Day 18
```

3. 字典类型与序列类型的比较

(1) 存取和访问数据的方式不同。

(2) 序列从序列的开始按数值顺序索引。

(3) 映射类型可以用其他对象类型作为键,例如,数字、字符串、元组,一般选用字符串作为键。

(4) 映射类型的键直接或间接地与存储的数据值相关联。

(5) 映射类型中的数据是无序排列的,这与序列类型是不同,序列类型是以数值序排列。

(6) 映射类型用键映射到值。

8.1.2　字典创建

可以利用多种方式创建字典,常用的方式如下:

1. 用{}创建字典

```
>>>dic={}
>>>type(dic)
<class 'dict'>
```

2. 直接赋值创建字典

```
>>>dic={'book':1, 'pencil':2, 'pen':3}
>>>dic
{'book':1,'pencil':2, 'pen':3}
```

例如,创建 dict1、dict2 字典。

dict1 的键为'abc',其对应的值为 3456;dict2 的键为'acd'和 198.6:,其对应的值分别为 1234 和 37。

```
>>>dict1={'abc':3456}
>>>dict2={'acd':1234,198.6:37}
```

3. 通过内置函数 dict()创建字典

(1) 参数为类似 a='1'的键/值对。

```
>>>x=dict(a='1',b='2',c='3')
>>> x
{'a':'1','b':'2',c':'3'}
```

(2) 参数为一个元组,而元组内部是多个包含两个值的元组。

例如:

```
(('a','1'),('b','2'),('c','3'))
>>>x=dict((('a','1'),('b','2'),('c','3')))
```

```
>>>print(x)
{'a': '1','b':'2',c':'3'}
```

(3) 参数为一个元组,而元组内部是一系列包含两个值的列表。

例如:

```
(['a','1'],['b','2'])
>>>x=dict((['a','1'],['b','2']))
>>>print(x)
{'a':'1','b':'2'}
```

(4) 列表内部是一系列包含两个值的元组。

例如:

```
[('a','1'),( 'b','2')]
>>>x=dict([('a','1'),('b','2')])
>>>print(x)
{'a':'1','b':'2'}
```

(5) 参数为一个列表,其内部是一系列包含两个值的列表。

例如:

```
[['a', '1'],['b','2']]
>>>x=dict([['a','1'],['b','2']])
>>>print(x)
{'a':'1','b':'2'}
```

(6) 两点说明:

① 对于以 a="1"的方式初始化字典,字典的键只能为字符串,并且字符串不用加引号。

② 对于通过 dict()内置函数创建字典,当参数是一个元组或者列表时,元组内部至少为两个元素,否则会出错。例如:

```
>>>list1=[('book',1),('pencil',2),('pen',3)]
>>>dic=dict(list1)
>>>dic
{'pen':3, 'pencil':2, 'book':1}
>>> list1=[('book',),('pencil',2),('pen',3)]
>>>dic=dict(list1)
Traceback (most recent call last):
  File "D:/Python/Python38/3333.py", line 2, in <module>
    dic=dict(list1)
ValueError: dictionary update sequence element #0 has length 4; 2 is required
```

4. 通过推导式创建

```
>>>dic={i:2*i for i in range(3)}
>>>dic
```

```
{0: 0, 1: 2, 2: 4}
```

5. 通过 fromkeys()方法创建字典

可以使用 fromkeys()方法创建一个新字典，以序列 seq 中的元素作为字典的键，value 作为字典键对应的初始值。其语法格式如下：

```
fromkeys(seq ,[value)]
```

其中：

(1) seq：字典的键列表。

(2) value：可选参数，设置键序列(seq)的值。

返回值为一个新字典。

通常用来初始化字典，设置 value 的默认值。第一个参数是一个列表或者元组，其中的值为键，第二个参数是所有键的值。

```
>>>dic=dict.fromkeys(range(3),'x')
>>>dic
{0:'x',1:'x',2:'x'}
>>>x=dict.fromkeys(('a', 'b'),1)
>>> x
{'a':1,'b':1}
```

又如：

```
>>> di = dict.fromkeys(range(4), 0)
>>>di
{0: 0, 1: 0, 2: 0, 3: 0}
```

【例 8-1】 fromkeys()方法的使用方法。

```
seq = ('G', 'R', 'T')
dic1 = dict.fromkeys(seq)
print("字典 dict1 为: %s"% dic1)
dic2 = (dict.fromkeys(seq,10))
print("字典 dict2 为:%s"% dic2)
```

程序运行结果如下：

```
字典 dict1 为:{'G':None,'R':None,'T':None}
字典 dict2 为:{'G':10,'R':10,'T':10}
```

8.1.3 可哈希键

1. 哈希函数

哈希(Hash)也译作散列。哈希算法是将一个不定长的输入通过散列函数变换成一个定长的输出，即散列值。这种散列变换是一种单向运算，具有不可逆性，即不能根据散列值还原出输入信息。哈希主要应用在数据结构以及密码学领域。在不同的应用场景下，哈希函数的选择也会有所侧重。在管理数据结构时，主要考虑的是运算速度，并且要保证哈希均匀分布。哈希是将一个将大体量数据转换为少量数据的过程，以便在固定的时间复杂度下查询它，所以哈希对高效的算法和数据结构很重要。但是哈希的数据类型是不可变的数据结构，如字符串、元组和对象集等。不可哈希的数据类型（即可变的数据结构）包括字典、列表和集合等。例如：

```
>>>hash('test')                         #字符串
2314058222102390712
>>> hash(1)                             #数字
1
>>>hash(str([1,2,3]))                   #列表
1335416675971793195
>>> hash(str(sorted({'1':1})))          #字典
7666464346782421378
```

2. 可哈希的判断

哈希值是由随机字母和数字组成的字符串。在 Python 中，可哈希的条件如下：

字典的键只能是可哈希的键，元组、字符串或者数值都是可哈希的。可以使用内置函数 issubclass()判断这些类型是否为哈希的对象。issubclass()函数的语法格式如下：

```
issubclass(class,classinfo)
```

其中，判断 class 类是否为 classinfo 类的子类。如果 class 是 classinfo 的子类，则返回 True；否则返回 False。

如果 A 是可哈希类，B 是 A 的子类，D 是不可哈希类，则可用下述程序判断子类 B 和 C 是否可哈希：

```
class A:
    pass
class B(A):
    pass
class D:
    pass
class C(D):
    pass

print(issubclass(B,A))
print(issubclass(C,A))
```

程序运行结果如下：

```
True
False
```

8.2 字典的基本操作

在这里介绍的基本操作主要有字典访问、字典修改、字典删除和字典元素删除。

8.2.1 字典访问

字典访问的方法是首先将需要访问的键放入方括号内，然后就可以访问该键的值，例如：

```
>>>dict_04={'Name': 'Xiaoli', 'Age':16, 'Class': 'First'}
>>> "dict_04 ['Name']:",dict_04['Name']
dict_04['Name']:xiaoli
>>>"dict_04['Age']: ",dict_04['Age'])
dict_04['Age']:16
```

如果使用了字典中没有的键访问数据，则会提示出错。

```
>>>_04={'Name': 'Xiaoli','Age':16,'Class':'First'}
>>>dict_04['laoli']
Traceback(most recent call last)
File"test.py",line5,in<module>
   print"dict_04['laoli']:",dict['laoli']
KeyError: 'laoli'
```

8.2.2 字典修改

字典修改主要包括增加新的键/值对，以及修改或删除已有的键/值对。

1. 修改已有的键/值对

```
>>>dict_04={'Name ':'Xiaoli','Age':16,'Class':'First'}
>>>dict_04['Age']=18
>>>"dict_04['Age']:",dict_04['Age']
dict_04['Age']:18
```

2. 增加新的键/值对

```
>>>dict_04['School']= ''BigDataSchool''
>>>"dict_04['School']:",dict_04['School']
dict_04['School']: BigDataSchool
```

3. 删除已有的键/值对('Name': 'Xiaoli')

```
>>>dict_04={'Name':'Xiaoli','Age':16,'Class':'First'}
>>>del dict_04['Name']
>>> dict_04
{'Age':16,'Class':'First'}
```

8.2.3 清空字典

清空字典的所有条目,如下:

```
>>>dict_04={'Name':'Xiaoli','Age':6,'Class':'First'}
>>>dict_04.clear()
>>>dict_04
{}
```

8.2.4 字典删除

可以用del命令删除一个字典。例如,使用del命令删除一个dict_04字典。

```
>>>dict_04={'Name': 'Xiaoli','Age':6,'Class':'First'}
>>>del dict_04
>>>dict_04['Age']
```

因为使用del后字典已被删除,给出出错提示。

```
Traceback (most recent call last):
    File "<pyshell#21>", line 1, in <module>
        print(dict_04['Age'])
NameError: name 'dict_04' is not defined
```

8.3 字典的函数与方法

Python 3中设置了字典操作的函数与方法。

8.3.1 字典的函数

下面介绍几种常用的字典函数。

1. len()函数

使用len()函数可以计算字典中元素的个数,其语法格式如下:

```
len(dict)
```

返回值是字典dict的总长度,即键的总数。

例如,计算字典的总长度:

```
>>>d_05={'num':123,'name':''xiaowang''}
>>>len(d_05)
2
```

输出结果表明字典d_05含有2个元素,即包含两个键。

2. type()函数

使用type()函数可以返回输入的变量类型,如果变量是字典就返回字典类型,即

dict。其语法格式如下：

```
type(变量)
```

例如：

```
>>>d1={'name':'xiaoli','Age':22}
>>>type(d1)
class'dict'
```

3. str()函数

str()函数是 Python 的内置函数，其功能是将参数转换成字符串类型，即适合阅读的形式。以可输出的字符串表示输出字典，其语法格式如下：

```
str(字典名)
```

例如：

```
>>>d_06={'Year':2019,'Month':5,'Day':1}
>>>content=str(d_06)
>>>content
{'Year':2019,'Month':5,'Day':1}
>>> content[0]
'{'
>>> content[1]
"'"
>>> content[4]
'a'
```

将列表、元组、字典和集合转换为字符串后，列表、元组、字典和集合的'['、']'、'('、')'、'{'、'}'，以及列表、元组、字典和集合中的元素分隔符','和字典中键值对中的'：'也都转换成了字符串的一部分。

8.3.2 字典的方法

字典与元组和列表一样，也拥有许多方法，利用这些方法可以完成对字典更多的操作。下面介绍几种常用的字典方法。

1. clear()方法

使用 clear()方法可以清除字典内的所有元素，clear()方法的语法格式如下：

```
字典名.clear()
```

例如：

```
>>>d3={1:'one',2:'Two',3:'three'}
>>>d3.clear()
>>>d3
{}
```

【例 8-2】 字典清除程序。

```
d1={}
d2=d1
d1['one']=1
d1['two']=2
print(d2)
d1={}
print(d1)
print(d2)
```

程序运行结果如下：

```
{'two':2,'one':1}
{}
{'two':2,'one':1}
```

又例如：

```
d1={}
d2=d1
d1['one']=1
d1['two']=2
print(d2)
d1.clear()
print(d1)
print(d2)
```

程序运行结果如下：

```
{'two':2,'one':1}
{}
{}
```

上述两例唯一不同的是对字典 d1 的清空处理不同，前例将 d1 关联到一个新的空字典上，这种方式对字典 d2 无影响，所以在字典 d1 被置空后，字典 d2 中的值仍旧没有变化。但是在后例中使用 clear()方法清空字典 d1 中的内容，clear()是一个原地操作的方法，使得 d1 中的内容全部被置空，这样 d2 所指向的空间也被置空。

2. copy()方法和 deepcopy()方法

copy()方法又称为浅复制方法，使用 copy()方法可以返回一个字典的副本，也就是说，可以返回一个具有相同键/值对的新字典。浅复制 copy()方法的语法格式如下：

```
字典名.copy()
```

例如，将字典 d1 复制为字典 d2 的代码如下：

```
>>>d1={1:[2,5],2:'two'}
>>>d2=d1.copy()
```

```
>>>d2
{1:[2,5],2:'two'}
```

【例 8-3】 copy()方法举例。

```
x={'one':1,'two':2,'three':3,'test':['a','b','c']}
print('X字典:')
print(x)
print('复制到Y:')
y=x.copy()
print('Y字典:')
print(y)
x['three']=33
print('修改x中的值,输出为:')
print(x)
print(y)
print('删除x中的值,输出为:')
x['test'].remove('c')
print(x)
print(y)
```

程序运行结果如下：

```
X字典:
{'test':['a','b','c'],'three':3,'two':2,'one':1}
复制到Y:
Y字典:
{'test':['a','b','c'],'one':1,'three':3,'two':2}
修改x中的值,输出为:
{'test':['a','b','c'],'one':1,'three':33,'two':2}
{'test':['a','b', 'c'],'three':3,'two':2,'one':1}
删除x中的值,输出为:
{'test':['a','b'],'one':1,'three':33,'two':2}
{'test':['a','b'],'three':3,'two':2,'one':1}
```

上述程序说明如下：

浅复制方法只复制父目录(根目录)的数据,非容器类型的数据复制所复制的是数据本身,容器类型(列表、元组、集合、字典)的数据复制所复制的是容器的别名,所以修改y的非容器类型数据时,并没有修改x的对应数据,而修改y的列表元素时,x对应的列表元素也修改了。

deepcopy()方法又称为深复制方法,深复制方法可使被复制对象完全再复制一遍以作为独立的新个体单独存在,所以改变原有被复制对象不会对已经复制出来的新对象产生影响。

深复制方法还需要导入copy模块。使用深复制方法的语法格式如下：

```
copy.deepcopy(字典名)
```

【例 8-4】 深复制程序。

```
import copy
x={}
x['test']=['a','b','c','d']
y=x.copy()
z=copy.deepcopy(x)
print('输出:')
print(y)
print(z)
print('修改后输出:')
x['test'].append('e')
print(y)
print(z)
```

程序运行结果如下：

```
输出:
{'test':['a','b','c','d']}
{'test':['a','b','c','d']}
修改后输出:
{'test':['a','b','c','d','e']}
{'test':['a','b','c','d']}
```

3. get()方法

使用 get()方法可以返回指定键的值，get()方法的语法格式如下：

```
字典名.get(key,default=None)
```

如果 key 不在字典中，则返回 default 值。

例如，字典 mydict 无 weight 键，所以返回默认值 70。

```
>>>mydict={'myname': 'xiaowang','myage':20,'myheight':110}
>>>print(mydict.get('weight',70))
70
```

又如：

```
>>>dict2
{1:'one',2:'one',3:'one',4:'nobody'}
>>>dict2.get(1)
one
>>>dict2.get(4)
nobody
```

4. items()方法

使用 items()方法可以以列表形式返回可遍历的(键,值)元组数组。items()方法的语法格式如下：

```
dict.items()
```

例如：

```
>>> dict1={1:'one', 2:'two', 3:'three'}
>>>dict1.items()
dict_items([(1, 'one'), (2, 'two'), (3, 'three')])
>>> dict_items[1]
```

（1）判断两个字典中的元素是否相同，以及个数是否相等：

```
if dict1.items()==dict2.items():
    return True
else:
    return False
```

（2）计算平均值：

```
d={'李勇':95,'王强':85,'张力':59,'陈萍':74 }
sum = 0
for key,value in d.items():
    sum = sum + value
    print(key, ':',value)
print('平均分为:',sum/len(d))
```

程序运行结果如下：

```
李勇:95
王强:85
张力:59
陈萍:74
平均分为: 78.25
```

5. keys()方法

使用 keys()方法可以返回一个字典所有键的列表，这个列表不能直接引用，必须经过 list()转换之后方可使用。keys()方法的语法格式如下：

```
dict.keys()
```

例如：

```
L = {'Name':'Liu','Age':7}
print("字典所有的键为: %s" % L.keys())
print("转换为列表的形式为: %s" % list(L.keys()))
```

程序运行结果如下：

```
字典所有的键为: dict_keys(['Age',Name'])
```

转换为列表的形式为:['Age', 'Name']

又如:

```
>>>dict3={1:'one',2:'Two',3:'three'}
>>>dict3_keys()
dict3_keys([1,2,3])
>>>list(dict3_keys())
[1,2,3]
```

8.4 字典的遍历与排序

字典的遍历与排序是两种较常用的字典操作方式。

8.4.1 字典的遍历

在Python字典中,常用的遍历方式如下。

1. key遍历

key遍历是默认遍历。

【例8-5】 key遍历程序。

```
>>>x= {'a':'1','b':'2','c':'3'}
>>>for key in x:
       print(key+':'+ x [key])
a:1
b:2
c:3
>>>for key in x.keys():
       print(key+':'+x[key])
a:1
b:2
c:3
```

2. value遍历

```
>>>for value in x.values():
       print(value)
1
2
3
```

3. key、value遍历

```
>>>for key,value in x.items():
       print(key+'--->'+value)
a--->1
b--->2
```

```
c--->3
```

8.4.2 字典排序

Python 列表排序可以通过内置函数 sorted()实现,同样字典也可以用 sorted()函数完成字典排序。

创建一个字典:

```
>>>dict_02={'a':2,'d':4,'e':3,'f':6}
```

利用 dict_02.keys(),取字典 dict_02 的所有键;利用 dict_02.vaules(),取字典 dict_02 的所有值。由于键和值有很多个,所以要加 s,即 dict_02.keys()和 dict_02.vaules()。

```
>>>print(dict_02.values(),dict_02.keys())
dict_values([6,2,3,4]) dict_keys(['f','a','e','d'])#返回的是列表的形式
>>>print(dict_02.items())                          #同时取字典的键与值
dict_items([('f',6),('a',2),('d',4),('e',3)])      #返回的结果是元组组成的列表
```

可以看出,通过 dict_02.items()这个函数将字典形式的键与值存放于一个元组内。

1. 通过键正向排序

```
>>>dict_02={'a':2,'e':3,'f':6,'d':4}
>>>dict_03=sorted(dict_02)              #默认对字典的键从小到大(按 ASCII 码)进行排序
>>>print(dict_03)
 ['a','d','e','f']
```

2. 通过键反向排序

对键进行反向(从大到小)排序。

```
>>>dict_02={'a':2,'e':3,'f':6,'d':4}
>>>dict_03=sorted(dict_02,reverse=True)
>>>print(dict_03)
['f','e','d','a']
```

对键进行排序,通常是为了得到最大的键所对应的值(value),例如:

```
>>>print(dict_02[dict_03[0]])                      #结果为 6
```

也可以先得到所有的键,然后再对键排序。

```
>>>dict_02={'a':2,'e':3,'f':6,'d':4}
>>>list1=sorted(dict_02.keys(),reverse=True)
>>>list1
['f','e','d','a']
```

3. 通过值排序

使用 dict_02.values()得到所有的值,然后对值排序。例如:

```
>>>dict_02={'a':2,'e':3,'f':6,'d':4}
```

```
>>>list1=sorted(dict_02.values())
>>>list1
[2,3,4,6]
```

如果设置 reverse=True,进行反向排序。也可以用 dict_02.items()得到包含键和值的元组。由于迭代对象是元组,返回值自然是元组组成的列表。

对排序的规则定义是：x 指元组,x[1]是值,x[0]是键。

对值进行排序：

```
>>>dict_02={'a':2,'e':3,'f':6,'d':4}
>>>list1=sorted(dict_02.items(),key=lambda x:x[1])
>>>print(list1)
[('a',2),('e',3),('d',4),('f',6)]
```

对键进行排序：

```
>>>dict_02={'a':2,'e':3,'f':6,'d':4}
>>>list1=sorted(dict_02.items(),key=lambda x:x[0])
>>>print(list1)
[('a',2),('d',4),('e',3),('f',6)]
```

8.5 字典与列表和元组的相互转换

字典与列表和元组之间可以相互转换,具体方法如下所述。

8.5.1 字典与列表的相互转换

1. 字典到列表的转换

字典到列表的转换包括将字典中的键转换为列表以及将字典中的值转换为列表。

(1) 将字典中的键转换为列表。

```
x = {'a' : 1, 'b': 2, 'c' : 3}
key_value = list(x.keys())
print('字典中的键转换为列表:', key_value)
```

程序运行结果如下：

```
['a', 'b', 'c']
```

(2) 将字典中的值转换为列表。

```
value_list = list(x.values())
print('字典中的值转换为列表:', value_list)
```

程序运行结果如下：

```
[1, 2, 3]
```

2. 列表到字典的转换

列表不能直接使用 dict()转换成字典，常用下述两种方法完成列表到字典的转换。

(1) 使用 zip()函数。

```
>>>x = ['a1','a2','a3','a4']
>>>y = ['b1','b2','b3']
>>>z = zip(x,y)
>>>print(dict(z))
{'a1': 'b1', 'a2': 'b2', 'a3': 'b3'}
```

将 x 和 y 两个列表内的元素两两组合成键/值对，当两个列表的长度不一致时，多出的元素在另一个列表中无匹配的元素时将不列出它们。

(2) 使用嵌套。

```
>>>x = ['a1','a2']
>>>y = ['b1','b2']
>>>z = [x,y]
>>>print(dict(z))
{'a1':'a2','b1':'b2'}
```

相当于遍历子列表，如下所述：

```
>>>x = ['a1','a2']
>>>y = ['b1','b2']
>>>z = [x,y]
>>>dit = {}
>>>for i in z:
>>>dit[i[0]] = i[1]
>>>print(dit)
{'a1': 'a2', 'b1': 'b2'}
```

x 和 y 列表内只能有两个元素，将列表内的元素自行组合成键/值对。

8.5.2 字典与元组的相互转换

可以将字典转换为元组，反之亦然。

1. 字典到元组的转换

使用 items()函数可以完成字典到元组的转换。

【例 8-6】 字典到元组的转换程序。

```
d = {'a':1,'b':2,'c':3}
e=d.items()
print(e)
print(tuple(e))
```

程序运行结果如下：

```
dict_items([('a', 1), ('b', 2), ('c', 3)])
(('a', 1), ('b', 2), ('c', 3))
```

2. 元组到字典的转换

经常用 Python 从数据库中读出的是元组形式的数据，所以需要元组到字典的转换方法。

(1) 利用 dict()函数。利用 dict()函数可以完成元组到字典的转换。dict()函数的参数是一个元组，而元组内部又是多个包含两个值的元组，例如：

```
>>>x=dict(((''a'', ''1''),( ''b'', ''2'') , ( ''c'',''3'')))
>>> x
{'a': '1','b':'2', c':'3'}
```

(2) 利用元组合并。将元组("a","b")和元组(1,2)合并，转换为字典，例如：

```
>>>dict(zip(("a","b"), (1,2)))
{'a': 1, 'b': 2}
```

又如：

```
x=(1,2,3,4)
y=('a','b','c','d')
print(dict(zip(x,y)))
print(dict(zip(y,x)))
```

程序运行结果如下：

```
{1: 'a', 2: 'b', 3: 'c', 4: 'd'}
{'a': 1, 'b': 2, 'c': 3, 'd': 4}
```

8.6 字典程序案例

8.6.1 统计重复数字的程序

统计重复数字的程序功能是：随机生成范围在[20,100]的 1000 个整数，然后以升序输出所有的数字以及每个数字的重复次数，即先排序，后统计。

```
import random
all_nums = []                                   #定义一个空列表
x=int(input('x:'))                              #输入随机数个数
y=int(input('y:'))                              #输入随机数范围下限
z=int(input('z:'))                              #输入随机数范围上限
for item in range(x):                           #生成 x 个随机数并放到列表中
    all_nums.append(random.randint(y,z))        #随机数范围在 y~z
#对生成的 x 个数进行升序排序，然后添加到字典中
sorted_nums = sorted(all_nums)                  #排序
```

```
num_dict = {}                            #定义一个空字典
for num in sorted_nums:                  #遍历已排序的列表
    if num in num_dict:
        num_dict[num] += 1               #key存在,则更新value值
    else:
        num_dict[num] = 1                #在空字典num_dict中添加新的键/值对
print('数字\t\t出现次数')
for i in num_dict:
    print('%d\t\t%d' %(i,num_dict[i]))
```

另一种解决方法是,先统计,后排序输出,程序如下:

```
import random
num_dir = {}
x=int(input('x:'))                       #输入随机数的个数
y=int(input('y:'))                       #输入随机数范围的下限
z=int(input('z:'))                       #输入随机数范围的上限
#统计数字及对应的次数
for i in range (x):
    num_key = random.randint(y,z)
    if num_key in num_dir:
        num_dir[num_key] += 1
    else:
        num_dir[num_key] = 1
#排序后,遍历输出
for i in sorted(num_dir.keys()):
    print('%d,%d' %(i,num_dir[i]))
```

程序运行结果如下:

```
x:20
y:50
z:100
50,1
55,1
56,1
59,1
60,1
62,2
64,1
68,2
69,1
72,1
74,1
76,1
77,2
```

```
79,1
87,1
90,1
93,1
```

8.6.2 统计句子中的重复单词的程序

统计句子中的重复单词的程序功能是：输入一个英文句子，并输出句子中的每个单词及其重复的次数，其中单词之间以空格为分隔符。

统计一个文件中每个单词的出现次数就是指做词频统计，用字典无疑是最合适的数据类型，单词作为字典的 key，单词出现的次数作为字典的 value，很方便地就记录好了每个单词的频率，字典很像电话本，每个名字关联一个电话号码。另外，字典最大的特点就是它的查询速度会非常快。

例如，输入一个句子：

```
hello java hello python.
```

则输出：

```
hello 2
java 1
python 1
```

程序如下：

```
sentence = input('输入一句英文:')
sentences = sentence.split(' ')                #先按照空格分离字符串,生成列表
words = {}                                     #定义一个字典
for i in sentences:                            #遍历列表
    if i == ',' or i == '.':                   #当循环到','或'.'符号时,跳出此次循环
        continue
    count = sentences.count(i)                 #统计次数
    words[i] = count
for a in words:
    print('%s\t\t%s' % (a,words[a]))           #遍历输出字典
```

上述程序说明如下：

(1) 字典 words 的 key 为单词，value 为单词的重复次数。如果 key 值不存在，则添加到字典中；如果 key 值存在则仅更新 value 值，所以字典中 key 不会重复。

(2) 下述两条语句完成次数统计：

```
count = sentences.count(i)
words[i] = count
```

可等效为：

```
if i in words:
```

```
        words[i] += 1
    else:
        words[i] = 1
```

输入一句英文：

```
"hello java hello python hello AI"
```

程序运行结果如下：

```
输入一句英文:hello java hello python hello AI.
Hello 3
Java 1
Python 1
AI 1
```

8.6.3 随机生成卡号的程序

随机生成卡号的程序功能是：随机生成100个卡号，卡号以1234567开头，后面3位依次是001～100。默认每个卡号的初始密码为bigdata。

输出卡号和密码信息的格式如下：

```
卡号          密码
1234567001    0000000
```

将fromkeys第一个参数的元素作为字典的key，并且所有key的value值都一致，均为'00000000'。

程序如下：

```
card_ids = []                                  #创建一个空列表
for i in range(100):                           #要求生成100个卡号，所以循环100次
    s = '1234567%.3d' %(i+1)                   #指定前几位为1234567且后三位依次加1
    card_ids.append(s)                         #添加元素
card_ids_dict = {}.fromkeys(card_ids,'bigdata')
#将刚才生成含有100个元素的cards_ids作为key,value全为bigdata
print('卡号\t\t\t\t\t密码')
for key in card_ids_dict:                      #遍历字典
    print('%s\t\t\t%s' %(key,card_ids_dict[key]))
```

程序运行结果如下：

```
卡号          密码
1234567001    bigdata
1234567002    bigdata
1234567003    bigdata
1234567004    bigdata
1234567005    bigdata
1234567006    bigdata
```

```
1234567007   bigdata
1234567008   bigdata
1234567009   bigdata
1234567010   bigdata
1234567011   bigdata
1234567012   bigdata
...
1234567098   bigdata
1234567099   bigdata
1234567100   bigdata
```

本章小结

字典是Python中唯一的内置映射类型，在字典中指定的值并没有特殊顺序，都存储在某一个键中，键可以是数字、字符串或元组。本章主要介绍了字典的概念、构建字典的方法以及字典的基本操作。除此之外，还介绍了字典的函数、方法以及字典的遍历与排序操作的基本方法。最后，以几个字典应用程序为例，说明了字典在程序设计中的应用。

习题8

1. 编写程序，定义一个字典，这个字典将描述小明多方面的信息，主要包括名字、年龄、身高和体重等。

2. 有一个字典{"name": "zhangsan","age": 18,"height": 1.75}。

(1) 得到字典的长度，这里的长度指的是什么的数量？

(2) 将该字典和{"fav": "football",age: 28}合并。

(3) 清空字典中的数据。

3. 有一个字典 dic = {"name": "zhangsan", "age": 18, "height": 1.75}。

(1) 遍历整个字典。

(2) 得到所有的key值，并且进行遍历。

(3) 得到所有的值，并且进行遍历。

4. 对于字典 d = {'a': 1,'b': 4,'c': 2}，说明按值升序进行排序的三种方法。

5. 编写一个程序，输入一个字符串，计算字符串中子串出现的次数。

6. 如果 dict = {"k1": "v1","k2": "v2","k3": "v3"}，编写循环遍历出所有key的程序，编写循环遍历出所有value的程序和编写循环遍历出所有key和value的程序。

7. 编写将字典 dic2 = {'k1': "v111",'a': "b"} 转换为 dic2 = {'k1': "v111",'k2': "v2",'k3': "v3",'k4': 'v4','a': "b"}的程序。

第9章 集　合

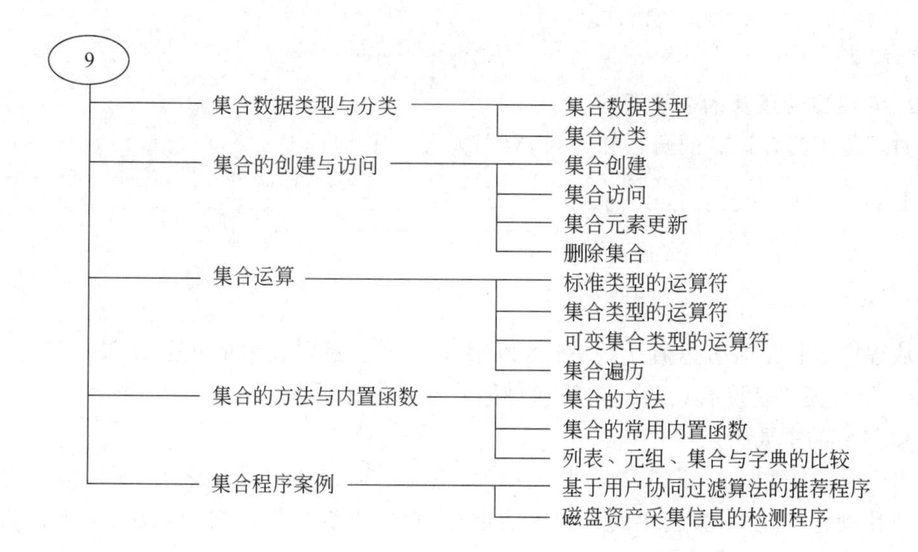

9.1 集合数据类型与分类

集合是一个无序的不含重复元素的序列,它由不同元素组成。

9.1.1 集合数据类型

集合的语法格式为:

```
{value₁, value₂, …, valueₙ}
```

其中,$value_1$、$value_2$、…、$value_n$ 为集合元素。

列表可以存放重复元素,但如果列表中存放的数据量很大,就需要用很多时间去排除重复元素,降低了执行效率。而 Python 集合是一个存储不重复的可哈希对象的无序集。

在某些场景,使用集合运算简单而高效。例如,将列表中的重复数据滤除。

1. 不使用集合运算的去重程序

在 Python 中,设置了有关集合运算的函数和方法,极大地方便了集合运算。如果不用集合运算的函数和方法,数据去重程序如下:

```
a_1 = [1,2,3,3,4,2,3,4,5,6,1]
print('a_1=',a_1)
a_2 = []
for ss in a_1:
    if ss not in a_2:
        a_2.append(ss)
print ('a_2=', a_2)
```

程序运行结果如下：

```
a_1 = [1,2,3,3,4,2,3,4,5,6,1]
a_2= [1,2,3, 4, 5,6]
```

2. 使用集合运算的去重程序

如果使用集合运算的函数和方法，数据去重程序如下：

```
>>>a_1 = [1,2,3,3,4,2,3,4,5,6,1]
>>>a_2=list(set(a_1))
>>>a_2
[1,2,3, 4, 5,6]
```

从程序运行结果可以看出，集合可以很简单地过滤列表中的重复元素。除此之外，Python 集合还支持联合、相交、差补和对称差分等集合运算。

3. 集合的主要特点

集合与列表和元组不同，集合是无序的，也无法通过数字进行索引，所以对集合不能进行切片操作。此外，集合中的元素不能重复，它们也没有先后之分，表明了集合的无序性。集合的主要特点如下：

- 可使用成员运算符 in/not in 判断某元素是否在某集合内。
- 可以利用内置函数 len()获得集合对象的长度。
- 可以比较序列对象，删除重复的元素。
- 支持集合数学运算。
- 由于集合本身无序，所以不能记录元素的位置，不支持索引、切片等操作。

9.1.2 集合分类

在 Python 中，集合分为可变集合和不可变集合两种类型。

1. 可变集合和不可变集合

可变集合中的元素可以动态地增加或删除，而不可变集合中的元素不可改变，两种集合的比较如表 9-1 所示。

表 9-1 可变集合类型和不可变集合类型的比较

比　较　项	可 变 集 合	不可变集合
元素	可变	不可变
哈希值	无	可哈希
当作字典的键	不可以	可以

在表9-1中可以看出，可变集合可以添加元素，而不可变集合由于其大小固定，不可添加元素。

不可变集合需要根据具体的业务场景灵活使用。例如，在查询用户订单列表的时候，如果希望返回的订单列表在后续的程序处理时不能对它进行增减，那么就可以选择不可变集合。

2. 可变集合到不可变集合的转换

在实际应用中，经常需要将可变集合转换为不可变集合，利用frozenset()函数可返回一个不可变的集合，不可变的集合不能再添加或删除任何元素。frozenset()函数的语法格式如下：

```
frozenset([iterable])
```

其中，iterable为可迭代的对象，例如列表、字典、元组等。

返回值是一个不可变集合，如果不提供任何参数，则默认生成空集合。例如：

```
>>>a = frozenset(range(10))                    #生成一个新的不可变集合
>>>a
frozenset({0, 1, 2, 3, 4, 5, 6, 7, 8, 9})
>>>b= frozenset('school')
>>>b
frozenset({ 's', ' c',' h','o','l'})           #创建不可变集合
```

【例9-1】 转换为不可变集合的程序。

```
s = " abcd "                                   #字符串
i = [1.23,"a"]                                 #列表
d = {1:"a",2:"b"}                              #字典
a = (1,2,"b")                                  #元组
c = set("1,2,3a")                              #可变集合
#将上述的列表、字典、元组、字符串和可变集合转换为不可变集合
s1 = frozenset()
s2 = frozenset(s)
s3 = frozenset(i)
s4 = frozenset(d)
s5 = frozenset(a)
s6 = frozenset(c)
#输出 s1~s6
print(s1)
print(s2)
print(s3)
print(s4)
print(s5)
print(s6)
```

程序运行结果如下：

```
frozenset()
frozenset({'c, 'a', 'd', ' b'})
frozenset({1.23, 'a'})
frozenset({1, 2})
frozenset({1, 2, 'b'})
frozenset({',', '2', '1', 'a', '3'})
```

又如：

```
>>>data=['xiaowang','xiaoli','xiaozhang']
>>>set1=set(data)                              #可变集合
>>>set1.add('xiaochen')
>>>set1
{'xiaowang','xiaoli','xiaochen','xiaozhang'}
>>>fset=frozenset(data)                        #不可变集合
>>>fset. add('xiaochen')                       #引发错误
Tranceback(most recent call last)
    File''<pysheell#66>'',line 1,in<module>
AttributerError  'frozenset' object hase no attributer  'add'
```

在上述程序中，将 data 分别以 set(data)和 frozenset(data)转换成可变集合 set1 和不可变集合 fset。可变集合 set1 可以使用 add('xiaochen')方法添加元素，但不可变集合 fset 则不能使用该方法添加元素。

9.2 集合的创建与访问

9.2.1 集合创建

创建集合的语法格式如下：

```
parame={value₁,value₂,…valueᵢ…valueₙ}
```

其中，parame 为含有 n 个集合元素的集合名称，$value_i$ 为集合元素。例如：

```
set00={1,2,3,4,5,6,7,8,9}
```

可以使用花括号“{}”或者 set()函数创建集合，创建一个空集合必须用 set()函数而不是{}，因为{}是用来创建一个空字典。例如 s={1,2,3,4,5}是一个集合，而不是字典。

1. 使用花括号来存放集合的元素

例如，创建集合 student。

```
student={'wang','li','chen','liu','zhao','wang','zhang'}
```

又如：

```
>>>a={1,2,3}
>>>b={'x', (1,2 )}
```

```
>>>c={'y',[3,4]}
Tranceback(most recent call last)
    File"<pysheell#11>",line 1,in<module>
c={'y',[3,4]}
TypeError  unhashable type: 'list'
```

上述例子中,a集合和b集合都创建成功,但c集合创建失败,其原因是:集合元素可以是数值、字符串和元组,但由于列表为可变对象,所以将列表作为集合元素将发生错误。此外,在用花括号创建集合对象时,花括号内要有元素,否则解释器会误将其视为字典,而不是集合。

2. 利用set()函数创建集合

也可以使用set()内置函数,以可迭代对象作为集合元素创建集合。其语法格式如下:

```
set(迭代对象)
```

其中:

- 迭代对象只能传入一个参数。
- 列表和集合对象不能直接成为集合的元素,但可以通过set()函数将其转换成集合的元素。
- set()函数可以以列表为参数。
- 在set()函数中放入两个参数,如果一个为元组,另一个是字符串,将引发错误。
- 在set()函数中还可以加入range()函数,以可迭代的对象来作为集合的元素。
- 由于集合不含有重复数据,因此使用set()函数将字符串转换成元素时,重复字符将会只取一个,从而起到一种过滤的作用。

【例9-2】 利用range()函数创建迭代器程序。

```
>>>set_01=set(range(11,16))
>>>set_01
{11,12,13,14,15}
>>>wd='Pythoonn'
>>>print(set(wd))                          #删除重复字符o,n
{'P','y', 't','h','o','n'}
```

又如,创建可变集合set_test。

```
>>>set_test=set('hello')
>>>set_test
{'h','l','e','o'}
```

又如,创建不可变集合nset_test。

```
>>> set_test = set('hello')
>>> set_test
{'h', 'l', 'e', 'o'}                       #集合中的元素不重复
>>> nset_test = frozenset(set_test)
```

```
>>> nset_test
frozenset({'h', 'l', 'e', 'o'})
```

又如,在输出集合时,将自动删除重复的元素' wang '。

```
student={{'wang','li','chen','liu','zhao','wang','zhang'}}
>>>student
{'wang','li','chen','liu','zhao', 'zhang'}
```

【例 9-3】 对集合 student 进行成员'Liu'的测试。

```
student={'wang','li','chen','liu','zhao', 'zhang'}
if('Liu' in student):
    print('Liu in student')
else:
    print('Liu not in student')
```

程序运行结果如下:

```
Liu in student
```

9.2.2 集合访问

可以使用 for 循环遍历集合,访问集合中的每一个元素。

【例 9-4】 使用 for 循环遍历集合。

```
>>>set_02={'h','a','d','o','p'}
>>>for item in set_02:
        print(item)
h
a
d
o
p
```

遍历元素的顺序与创建元素的顺序不同,这说明集合中的元素无序。集合也支持 in 或 not in 运算符,用于检测某个元素是否在集合中存在,例如:

```
>>> set_02={'h', 'a','d','o','p'}
>>>'h' in set_02
True
>>>'h' not in set_02
False
```

9.2.3 集合元素更新

并集、交集和差集等的返回值与最左边的操作数具有相同的类型。例如:s & t 取交集。s 集合是一个 set 类型的集合,t 集合是一个 frozenset 类型的集合,则返回的结果将是 set 类型的集合。

1. 添加元素

可以使用 add()方法向集合中添加元素，例如：

```
>>>set_03=set()                    #创建空集合 set_3
>>>set_03.add('c')                 #向 set_03 集合中添加一个元素'c'
>>>set_03
{'c'}
>>>set_03.add('8')
>>> set_03
{'c', '8'}
```

2. 删除元素

可以利用 remove()、discard()、pop()或 clear()方法删除 set 集合中的元素。利用 remove()和 discard()方法可以删除指定的元素，利用 pop()方法随机删除任意一个元素，而 clear()方法可以删除集合所有的元素。举例说明如下。

(1) 利用 remove()方法删除指定的元素。

```
>>>set_04={'h', 'a','d','o','p'}
>>> set_04. remove('a')
>>> set_04
{'h','d','o','p'}
```

(2) 利用 discard()方法删除指定元素。

```
>>> set_04={'h','d','o','p'}
>>> set_04. discard('o')
>>> set_04
{'h','d','p'}
```

(3) 利用 pop()方法删除元素。

① 利用 pop()方法随机删除任意一个非数值元素。

```
set_04 = {'h','d','p'}
print(set_04)
print(set_04.pop())
print(set_04)
```

程序运行结果如下：

```
{}'h', 'p', 'd'}
h
{'p', 'd'}
```

② 利用 pop()方法删除一个数值元素。

```
s1={4,2,1,5}                  #集合里只有数字
s1.pop()                      #元素是数字时，删除最小的数字 1，其余数字升序排列
```

```
print(s1)
```

程序运行结果如下：

```
{2, 4, 5}                           #删除最小的数字 2，其余数字升序排列
```

③ 利用 pop()方法删除一个元素。元素既含有数字又含有非数字时，如果删除的是数字，则一定删除最小的，否则随机删除一个非数字元素。

```
s3={3,2,4,'A','Y','Z','X'}          #集合里既有数字又有非数字
s3.pop()
print(s3)
```

程序运行结果如下：

```
{2, 3, 4, 'X', 'A', 'Z'}
```

(4) 利用 clear()方法删除所有元素。

```
>>> set_05
{'h','d','p'}
>>> set_05. clear()
>>> set_05
set()
```

9.2.4 删除集合

删除集合与删除其他对象一样，可调用 del 命令将集合直接删除，例如：

```
>>>set_06={'e',''f','g'}
>>>del set_06
>>> set_06
```

由于 set_06 集合已被删除，如果访问，将提示错误。

9.3 集合运算

9.3.1 标准类型的运算符

Python 中的集合支持使用标准类型的运算符，包括成员运算符、等价运算符和比较运算符等。

1. 成员运算符

成员运算符(in 或 not in)用于判断某个值是否是集合中的元素，例如：

```
>>>set_07=set('bigdata')
>>>'d' in set_07
True
>>>'f' in set_07
```

```
False
>>>'f' not in set_07
True
```

2. 等价运算符

等价运算符(==或!=)用于比较两个集合是否等价。等价是指一个集合中的每个元素同时又是另外一个集合中的元素,这种比较与集合和元素顺序无关,只是与集合中的元素有关。例如:

```
>>>set_08=set('123')
>>>set_09=set('321')
>>>set_10==set_09
True
>>>set_10=frozenset('231')
>>>set_08==set_10
True
```

3. 比较运算符

比较运算符(>、<、>=、<=)可用于检测某个集合是否为其他集合的子集或者超集。其中<和<=用于判断是否是子集,>和>=则用于判断是否是超集。

子集为某个集合中一部分的集合,所以也称为部分集合。使用运算符(<或<=)执行子集运算,也可使用 issubset()方法完成。例如:

```
>>> A = set('abcd')
>>> B = set('cdef')
>>> C = set("ab")
>>> C < A
True                                        #C是A的子集,A是C的超集
>>> C < B
False
>>>set_11=set('program')
>>>set_12=set('pro')
>>> set_12< set_11
True
>>> set_11>set_12
True
>>> set_11>=set_11
True
```

9.3.2　集合类型的运算符

集合之间也可进行集合运算,例如并集、交集等,可用相应的运算符或方法实现。

1. 并集(|)

一组集合的并集是这些集合的所有元素构成的集合,而不包含其他元素。使用运算

符“|”执行并集运算，也可使用 union()方法完成。

【例 9-5】 并集运算。

```
>>> A = set('abcd')
>>> B = set('cdef')
>>> A | B
{'c', 'b', 'f', 'd', 'e', 'a'}
```

2. 交集(&)

两个集合 A 和 B 的交集将包含所有既属于 A 又属于 B 的元素，而没有其他的元素。使用运算符“&”执行交集运算，也可使用 intersection()方法完成。

【例 9-6】 交集运算。

```
>>> A = set('abcd')
>>> B = set('cdef')
>>> A & B
{'c', 'd'}
```

3. 差集(－)

A 与 B 的差集是所有属于 A 且不属于 B 的元素构成的集合，使用运算符“－”执行差集运算，也可使用 difference()方法完成。例如：

```
>>> A = set('abcd')
>>> B = set('cdef')
>>> A - B
{'b', 'a'}
```

4. 对称差(^)

两个集合的对称差是由只属于其中一个集合而不属于另一个集合的元素组成的集合。使用运算符“^”执行对称差运算，也可使用 symmetric_difference()方法完成。例如：

```
>>> A = set('abcd')
>>> B = set('cdef')
>>> A ^ B
{'b', 'f', 'e', 'a'}
```

9.3.3 可变集合类型的运算符

Python 还提供了仅适用于 set 集合的运算符，包括联合更新、交集更新、差补更新和对称差分更新。

1. 联合更新

联合更新(|＝)是在已经存在的集合中添加元素，该操作与 update()方法等价。例如：

```
>>>set_11=set('fgh')
>>>set_13=frozenset('xyz')
>>> set_11|= set_13
```

```
>>>set_11
{'f','g','h', 'x','y','z'}
```

2. 交集更新

交集更新(&=)保留与其他集合共有的元素，该操作与 intersection_update()方法等价。例如：

```
>>>set_11=set('fgh')
>>>set_14=frozenset('fgxyz')
>>> set_11&= set_14
>>> set_11
{'f','g'}
```

3. 差补更新

差补更新(-=)是指去掉其他集合中的元素后剩余的元素，该操作与 difference_update()方法等价。例如：

```
>>>set_11=set('fgh')
>>>set_14=frozenset('fgxyz')
>>> set_11-= set_14
>>> set_11
{'h' }
```

4. 对称差分更新

对称差分更新(^=)是指对集合 a 和集合 b 执行对称差分更新操作后返回一个集合，这个集合中的元素仅是原集合 a 或者另一个集合 b 中的元素，该操作与 symmetric_difference_update()方法等价。例如：

```
>>> set_11=set('fgh')
>>> set_14=frozenset('fgxyz')
>>> set_11^= set_14
>>> set_11
{'h','x','y','z'}
```

9.3.4 集合遍历

集合遍历和遍历列表相似，都可以直接使用 for 循环遍历集合。例如：

```
>>> s = set(['xiaoli', 'xiaowang', 'xiaoliu'])
>>> for name in s:
        print(name)
xiaoli
xiaowang
xiaoliu
```

【例 9-7】 利用 for 循环遍历如下的集合，输出 name：score。

```
s_score = set([('xiaoli', 95), ('xiaowang', 85), ('xiaoliu', 69)])
```

集合的元素是元组,因此 for 循环的变量被依次赋值为元组,程序如下:

```
s_score = set([('xiaoli', 95), ('xiaowang', 85), ('xiaoliu', 69)])
for x in s_score:
    print (x[0] + ':', x[1] )
```

程序运行结果如下:

```
xiaoli:95
xiaowang:85
xiaoliu:69
```

9.4 集合的方法与内置函数

9.4.1 集合的方法

前面已结合应用介绍了常用的集合方法,在这里,补充说明如下。

1. add()方法

利用 add()方法可以向集合中添加元素。例如:

```
>>> s_20 = {1, 2, 3, 4, 5, 6,7,8,9}
>>> s_20.add("s")
>>> s_20
{1, 2, 3, 4, 5, 6, 7 ,8, 9,'s'}
```

2. copy()方法

利用 copy()方法可以返回集合的浅复制。例如:

```
>>> s_20 = {1, 2, 3, 4, 5, 6,7,8,9}
>>> new_s = s_20.copy()
>>> new_s
{1, 2, 3, 4, 5, 6,7,8,9}
```

3. discard()方法

discard()方法可以删除集合中的一个元素(如果元素不存在,则不执行任何操作)。例如:

```
>>> s_20 = {1, 2, 3, 4, 5, 6,7,8,9}
>>> s_20.discard("sb")
>>> s_20
{1, 2, 3, 4, 5, 6,7,8,9}
```

4. symmetric_difference()方法

symmetric_difference()方法可将两个集合的对称差作为一个新集合返回,即合并两个集合并删除相同部分,而保留其余部分。例如:

```
>>> s_20 = {1, 2, 3, 4, 5, 6}
>>> s2 = {3, 4, 5, 6, 7, 8}
```

```
>>> s_26=s_20.symmetric_difference(s2)
>>> s_26
{1, 2, 7, 8}
```

5. isdisjoint()方法

如果两个集合有一个空交集,则 isdisjoint()方法返回 True。例如:

```
>>> s_30 = {1, 2}
>>> s1 = {3, 4}
>>> s2 = {2, 3}
>>> s_30.isdisjoint(s1)
True                          #s_30 和 s1 两个集合的交集为空则返回 True
>>> s_30.isdisjoint(s2)
False                         #s_30 和 s2 两个集合的交集为 2,因此不为空,所以返回 False
```

6. issubset()方法

issubset()方法的功能是:如果另一个集合包含这个集合,则返回 True。例如:

```
>>> s_30 = {1, 2, 3}
>>> s1 = {1, 2, 3, 4}
>>> s2 = {2, 3}
>>> s_30.issubset(s1)
True                          #因为 s1 集合 包含 s_30 集合
>>> s_30.issubset(s2)
False                         #s2 集合 不包含 s_30 集合
```

7. issuperset() 方法

issuperset()方法的功能是:如果这个集合包含另一个集合,则返回 True。例如:

```
>>> s_30 = {1, 2, 3}
>>> s1 = {1, 2, 3, 4}
>>> s2 = {2, 3}
>>> s_30.issuperset(s1)
False                         #s_30 集合不包含 s1 集合
>>> s_30.issuperset(s2)
True                          #s_30 集合包含 s2 集合
```

9.4.2 集合的常用内置函数

集合的常用内置函数如表 9-2 所示。

表 9-2 集合的常用内置函数

函　数	描　述
all()	如果集合中的所有元素都是 True(或者集合为空),则返回 True
any()	如果集合中的所有元素都是 True,则返回 True;如果集合为空,则返回 False

续表

函　数	描　述
enumerate()	返回一个枚举对象,其中包含了集合中所有元素的索引和值(配对)
len()	返回集合的长度(元素个数)
max()	返回集合中的最大项
min()	返回集合中的最小项
sorted()	从集合中的元素返回新的排序列表(不对集合本身进行排序)
sum()	返回集合的所有元素之和

9.4.3　列表、元组、集合与字典的比较

在 Python 程序设计中,列表、元组、集合、字典是常用的数据结构,表 9-3 所示的是列表、元组、集合、字典的比较。

表 9-3　列表、元组、集合、字典的比较

	列　表	元　组	字　典	集　合
函数	list	tuple	dict	set
可否读写	读写	只读	读写	读写
可否重复	是	是	是	否
存储方式	值	值	键/值对(不能重复)	键(不能重复)
是否有序	有序	有序	无序,自动正常	无序
初始化	[1,"a"]	('a',1)	{'a': 1,'b': 2}	Set([1,2])或{1,2}
添加	append	只读	d['key']='value'	add
读元素	L[2:]	T[0]	D['a']	无

9.5　集合程序案例

9.5.1　基于用户协同过滤算法的推荐程序

假设已有若干用户名字及其喜欢的电影清单,某用户已看过一些自己喜欢的电影,现在需要找个新电影看,但又不知道看什么好。这时可以利用程序能够根据已有数据,查找与该用户爱好最相似的用户,也就是看过并喜欢的电影与该用户最接近,然后从那个用户喜欢的电影中选取一个当前用户还没看过的电影进行推荐,基于协同过滤算法的电影推荐系统的程序如下:

```
from random import randrange
'''其他用户喜欢看的电影清单,randrange()返回指定递增基数集合中的一个随机数,基数默认
```

```
值为 1。'''
data={'user'+str(i):\
    {'f'+str(randrange(1, 10))\
    for j in range(randrange(15))}\
    for i in range(10)}

#待测用户曾经看过并感觉不错的电影
user = {'f1','f2','f3'}
#查找与待测用户最相似的用户和他喜欢看的电影
S_User, fs =max(data.items(),key=lambda item:len(item[1]&user))

print('原始数据:')
for u, f in data.items():
   print(u, f, sep=':')
print('与待测用户最相似的用户是:', s_User)
print('最相似的用户最喜欢看的电影是:', fs)
print('最相似的用户看过的电影中待测用户还没看过的有:',fs-user)
```

某次程序运行结果如下：

```
原始数据:
user0:{'f8', 'f4', 'f9', 'f1', 'f2', 'f7', 'f3'}
user1:{'f4', 'f2', 'f5', 'f1'}
user2:{'f8', 'f4', 'f6', 'f9', 'f1', 'f2', 'f7', 'f5', 'f3'}
user3:{'f8', 'f4', 'f6', 'f2', 'f7', 'f5'}
user4:{'f1', 'f3', 'f6'}
user5:{'f7', 'f5', 'f6'}
user6:{'f8', 'f4', 'f6', 'f9', 'f1', 'f2', 'f5'}
user7:{'f8', 'f4', 'f6', 'f9', 'f7', 'f3'}
user8:{'f4'}
user9:{'f8', 'f4', 'f6', 'f9', 'f5', 'f3'}
与待测用户最相似的用户是: user0
最相似的用户最喜欢看的电影是: {'f8', 'f4', 'f9', 'f1', 'f2', 'f7', 'f3'}
最相似的用户看过的电影中待测用户还没看过的有: {'f8', 'f7', 'f4', 'f9'}
```

在上述程序中，利用了由一个随机生成的 10 个元素的 data 集合表示 10 个用户所喜欢看的电影，这是作为原始数据，然后给出待测用户曾经看过并感觉不错的电影{'f1','f2','f3'}，通过用户协同过滤算法程序处理，找出最相似的用户最喜欢看的电影是{'f8', 'f4', 'f9', 'f1', 'f2', 'f7', 'f3'}和最相似的用户看过的电影中待测用户还没看过的有{'f8', 'f7', 'f4', 'f9'}，作为推荐。通过数据比较，也可以看出 user0 与待测用户喜好最接近，所以推荐 user0 最喜欢看但待测用户还没有看过的电影{'f8', 'f7', 'f4', 'f9'}。

9.5.2 磁盘资产采集信息的检测程序

下面的程序利用 disk_info 集合和 disk_queryset 集合分别表示采集信息和数据库信

息，指出应该进行删除、增加和更新操作。

磁盘资产采集信息与数据库中的信息需要进行比较之后，再将资产入库。多余的采集插槽是属于新增的，相同的插槽可能是由于磁盘容量变更而产生的，对数据库中有但是采集信息中没有的插槽应该从资产中删除。

1. 采集信息

```
disk_info = {
        '#1': {'factory': 'x1', 'model': 'x2', 'size': 600},
        '#2': {'factory': 'x1', 'model': 'x2', 'size': 500},
        '#3': {'factory': 'x1', 'model': 'x2', 'size': 600},
        '#4': {'factory': 'x1', 'model': 'x2', 'size': 900}
    }
#1/#2/#4/#4 为插槽信息,需要比对的就是插槽的增加/删除/不变的信息
```

2. 数据库信息

```
disk_queryset = [
    {'slot': '#1', 'factory': 'x1', 'model': 'x2', 'size': 200},
    {'slot': '#2', 'factory': 'x1', 'model': 'x2', 'size': 1000},
    {'slot': '#6', 'factory': 'x1', 'model': 'x2', 'size':300}
]
```

3. 程序

```
#!/usr/bin/python
#- * - coding:utf-8 - * -

disk_info = {
    '#1':{'factory':'x1','model':'x2','size':600},
    '#2':{'factory':'x1','model':'x2','size':500},
    '#3':{'factory':'x1','model':'x2','size':600},
    '#4':{'factory':'x1','model':'x2','size':900},
}

disk_queryset = [
    {'slot':'#1','factory':'x1','model':'x2','size':600},
    {'slot':'#2','factory':'x1','model':'x2','size':100},
    {'slot':'#6','factory':'x1','model':'x2','size':300},
]
disk_info_set = set(disk_info)
disk_queryset_set = { row['slot'] for row in disk_queryset }
#disk_info 有, disk_queryset 无,应新增硬盘
r1 = disk_info_set-disk_queryset_set
print('应新增硬盘:',r1)

#disk_queryset 有, disk_info 无,应删除硬盘
r2 = disk_queryset_set - disk_info_set
print('应删除硬盘:',r2)
```

```
#disk_info有, disk_queryset也有,应更新的硬盘
r3 = disk_queryset_set & disk_info_set
print('应更新的硬盘:',r3)
```

程序运行结果如下：

```
应新增硬盘: {'#4', '#3'}
应删除硬盘: {'#6'}
应更新的硬盘: {'#1', '#2'}
```

本章小结

集合是无序的、不重复的数据结构,虽然集合本身是不可哈希的,但集合元素必须是可哈希的。集合不能更改其内部的元素,但可以对集合求交集、并集、差集、反交集等。本章详细介绍了集合概念、集合类型、可哈希的概念、创建集合与访问、集合运算、集合的方法与内置函数、集合遍历、集合与其他数据类型的比较等。最后,通过集合程序案例,可以理解和掌握集合的应用。

习 题 9

1. 编写一个程序,其功能是任意输入一篇英文文章(可能有多行),当输入空行时结束输入,然后判断出现 3 种英文单词的次数。

2. 如何创建一个空的集合?

3. 如果集合 s1 = {1,2,3},s2 = {2,3,4},写出以下运算的结果

s1 & s2

s1 | s2

s1 - s2

s1 ^ s2

s1 > s2

s1 < s2

4. 编写程序：经理有 A、B、C,技术员有 A、C、D、E。使用集合运算,找出

- 既是经理也是技术员的人。
- 是经理但不是技术员的人。
- 是技术员但不是经理的人。
- 身兼一职的人。
- 经理和技术员的总人数。

5. 编写程序：先用计算机生成 N 个 1～1000 之间的随机整数($N \leqslant 1000$),N 是用户输入的,对于其中重复的数字,只保留一个,把其余相同的数字去掉,不同的数对应着不同的学生学号,然后再把这些数从小到大排序,并去重。

第 10 章 字 符 串

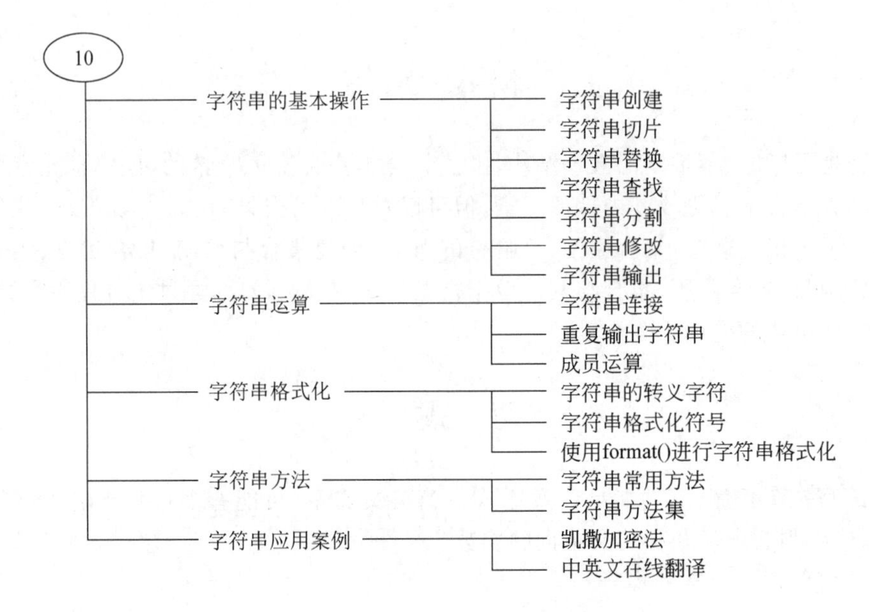

在 Python 中，字符串是有序的字符集合，又称字符序列。可以使用单引号或双引号来创建字符串。字符串是字符的容器，属于不可变有序序列。常使用单引号、双引号或三引号作为定界符，下述几种都是 Python 合法的字符串。

(1) 单引号字符串：'abc'。

(2) 双引号字符串："abc"。

(3) 三引号字符串：'''abc'''(三单引号)，"""abc"""(三双引号)。

单引号内可以使用双引号，中间的内容可以作为字符串打印；双引号内可以使用单引号，中间的内容也可以作为字符串打印；三单引号和三双引号中间的字符串在输出时保持原来的格式。

不同界定符可以互相嵌套，举例如下：

```
'Hello World!'
"学习'Python'语言"
'''我们"学习'Python'语言"程序'''
```

字符串除了支持序列的通用操作方法之外，还支持一些特有的操作方法，例如字符串格式化等。由于字符串是不可变序列，所以不能对字符串对象进行增、删、改等操作。

10.1　字符串的基本操作

字符串的基本操作主要包括字符串创建和字符串访问等。

10.1.1　字符串创建

可以通过对变量分配一个值完成字符串创建。例如，对变量 var1、var2 和 var3 分别赋值'Hello World! '、"Python"和"Big Data"，其中，'Hello World! '、"Python"和"Big Data"是字符串。

```
var1='Hello World!'
var2="Python"
var3="Big Data"
```

10.1.2　字符串切片

使用运算符来提取字符串中的单个字符中或某个范围的子字符串的操作称为切片。字符串与序列一样，也可以通过索引下标完成字符串的切片，其语法格式如下：

```
变量[头下标:尾下标:步长]
```

其中，选定了头下标和尾下标，就可以截取从头下标到尾下标之间的字符串。下标是从 0 开始，可以是正数或负数。下标也可以为空，可以表示取到头或尾。

(1) 如果步长为正值，则开始索引默认为 0，结束索引默认为最后是 len()−1；如果步长为负值，开始索引默认为−1，结束索引默认为开始位置，不能认为是 0，也不能认为是−1。

(2) 步长默认为 1，则步长为正值，从开始索引从左往右走；如果步长为负值，则从开始索引从右往左走。

(3) 步长的实际意义为从开始位置取一个数据，跳过步长的长度，再取一个数据，一直到结束索引。

切片运算说明如表 10-1 所示。

表 10-1　字符串切片运算

运　算	说　明
S[n]	指定索引值到序列的某个元素
S[n:m]	从索引值 n 到 m−1 间的若干元素
S[n:]	从索引值 n 开始到最后一个元素
S[:m]	从索引值 0 开始到索引值 m−1 结束之间的元素
S[:]	复制一份序列元素
S[::−1]	将整个序列元素翻转(逆序)

下面举例说明字符串截取的方法。

(1) 输出位置从 0 开始到位置 2 以前的字符。

```
>>>str1='12345678'
>>>str1[0:2]
12
```

(2) 输出位置 1。从开始位置到位置 6 之间的字符。

```
>>>str1[1:6]
23456
```

(3) 当开始索引和结束索引为开始位置和结束位置时可以省略不写。

```
>>> str1 [2:]
345678
```

(4) 截取完整的字符串。

```
>>> str1 [:]
12345678
```

(5) 从开始位置,每隔一个字符截取字符串。

```
>>> str1[::2]
>>> 1357
```

(6) 从索引 1 开始,每隔一个字符取一个字符。

```
>>> str1[1::2]
2468
```

(7) 截取从索引 2 到倒数第一位之间的字符串。

```
>>>str1[2:-1]
34567
```

(8) 字符串逆序排列。

```
>>>str1[::-1]
87654321
```

10.1.3 字符串替换

使用 replace()方法可以完成字符串替换,其语法格式如下:

```
变量.replace("被替换的内容","替换后的内容",次数)
```

其中,替换次数缺省表示全部替换。使用 replace()方法替换的字符串仅为临时变量,需重新赋值才能保存。

例如,将字符串 str2 中的 k 替换为 8:

```
>>>str2='akakaka'
```

```
>>>str22=str2.replace('k','8')          #替换次数缺省,所以替换所有 k
>>> str22
a8a8a8a
```

10.1.4 字符串查找

使用 find()方法可以完成字符串查找,其语法格式如下:

```
变量.find("要查找的内容",开始位置,结束位置)
```

其中,开始位置和结束位置是表示要查找的范围,缺省表示查找全部。如果找到,则返回位置序号,位置从 0 开始;如果没有找到,则返回−1。

例如,在字符串 str3 中查找字符串 hello。

```
>>>str3='aahello'
>>>str3.find('hello')
2
```

10.1.5 字符串分割

可以使用 split()方法完成字符串分隔,其语法格式如下:

```
变量.split('分隔标示符号',分隔次数)
```

其中,分隔次数表示分隔的最大次数,缺省则分隔全部。分隔标示符号是采用的分隔符号。例如,用逗号分隔 str4 字符串。

```
>>>str4='a,b,c,d'
>>>str4=str4.split(',')
>>>str4
['a', 'b', 'c', 'd']
```

10.1.6 字符串修改

字符串类型的对象不支持直接修改,如果通过直接赋值方式修改,则会给出出错提示:

```
>>>str5='this is a television'
>>>str5[-3]
i
>>>str5[-3]= 'computer'
Traceback(most recent call last)
    File"<pyshell#113>",line,in<modele>
        str5[-3]='computer'
TypeError.'str'object does not support item assignment
```

10.1.7 字符串输出

在交互式模式中，字符串输出是指输入字符串变量后，按 Enter 键，就可将字符串变量的内容输出。例如：

```
>>>x='bigdata'                              #输出字符串
>>>x
'bigdata'
```

在程序中，使用 print()语句输出字符串变量的内容。

【例 10-1】 字符串输出程序。

```
print(1000)                                 #输出数字
str = 'BigData'
print(str)                                  #输出变量
L1= [11,22,'a']                             #输出列表
print(L1)
t1 = (11,22,'a')                            #输出元组
print(t1)
d1= {'a':11, 'b':22}                        #输出字典
print(d1)
```

程序运行结果如下：

```
1000
BigData
[11, 22, 'a']
(11, 22, 'a')
{'a': 11, 'b': 22}
```

10.2 字符串运算

字符串可以在字符串运算符的支持下进行运算，常用的字符串运算方法如下。

10.2.1 字符串连接

使用字符串连接符“+”可以将两个字符串连接起来。

【例 10-2】 字符串连接程序。

变量 a 的值为字符串"Hello"，变量 b 的值为字符串"Python"，a 与 b 的连接程序为：

```
>>>a="Hello"
>>>b="Python"
>>>a+b
"HelloPython"
```

又如：

```
>>>path='c:\\Python3.5\\test.txt'
>>>path[:-4]+ '_new'+path[-4:]
c\Python3.5\test_new.txt
```

10.2.2 重复输出字符串

可使用“*”运算符重复输出字符串变量a的值，其语法格式如下：

```
'a'*n
```

其功能是重复输出n个字符串变量a的值。

例如：

```
>>>n=5
>>>'a'*n
'aaaaa'
```

10.2.3 成员运算

可以使用成员运算符in完成成员运算，如果字符串中包含了给定的字符，则返回True；否则返回False。其语法格式如下：

```
x in a
```

其功能是：如果字符x在字符串a中，则返回True；否则返回False。例如：

```
>>>a="Hello"
>>>b="Python"
>>>'H' in a
True
```

另一个成员运算符是not in，如果字符串中不包含给定的字符，则返回True；否则返回False。

其语法格式如下：

```
'x' not in a
```

其功能是：如果字符x不在字符串a中，则返回True，否则返回False。例如：

```
>>>a="Hello"
>>>b="Python"
>>>'H' not in a
False
```

Python字符串运算符的功能如表10-2所示。

表 10-2 Python 字符串运算符及其功能(a=Hello,b=Python)

运算符	功能描述	举 例
+	字符串连接	>>>a + b 'HelloPython'
*	重复输出字符串	>>>a * 2 'HelloHello'
[]	通过索引获取字符串中的字符	>>>a[1] 'e'
[:]	截取字符串中的一部分	>>>a[1:4] 'ell'
in	成员运算符:如果字符串中包含给定的字符,则返回 True	>>>"H" in a True
not in	成员运算符:如果字符串中不包含给定的字符,则返回 True	>>>"M" not in a True
r 或 R	所有的字符串都是直接按照字面的意思来使用,没有转义特殊字符或不能打印的字符。原始字符串除了在字符串的第一个引号前加上字母"r"(可以大小写)之外,与普通字符串具有完全相同的语法	>>>print(r'\n') \n >>>print(R'\n') \n
%	格式化字符串	见 10.3 节

10.3 字符串格式化

10.3.1 字符串的转义字符

为了克服引号表示字符串的歧义,需要对字符串的某些特殊字符进行转义处理,Python 语言的字符串使用"\"来实现转义。例如,当需要表示字符串 Xiaowang said "I'm OK",由于单引号和双引号可能引起歧义,所以需要在它前面插入一个\表示这是一个普通字符,不代表字符串的起始,可将这个字符串又可以写为 Xiaowang said \"I\'m OK\"。转义字符\不计入字符串的内容中。

Python 转义字符的功能如表 10-3 所示。

表 10-3 转义字符的功能

转义字符	功能描述
\(在行尾时)	续行符
\\	反斜杠符号
\'	单引号
\"	双引号
\a	响铃

续表

转义字符	功能描述
\b	退格(Backspace)
\e	转义
\000	空
\n	换行
\v	纵向制表符
\t	横向制表符
\r	回车
\f	换页
\oyy	八进制数,yy代表的字符,例如:\o12代表换行
\xyy	十六进制数,yy代表的字符,例如:\x0a代表换行
\other	其他的字符以普通格式输出

利用转义字符可以使得输出格式更为灵活与清晰,例如,在输出语句中输出两行,可以使用转义字符实现。

【例 10-3】 应用转义字符程序。

```
>>> print("\'Hadoop\'\n\'Bigdata\'")
'Hadoop'
'Bigdata'
>>>print('Hello\tWorld')                    #包含转义字符的字符串
Hello  World
>>>print('\103')                            #三位八进制数对应的字符
C
>>>print('\x41')                            #两位十六进制数对应的字符
A
```

10.3.2 字符串格式化符号

在 Python 中,格式化字符串是指用一个值代替一个字符串格式化符号%s,其中 s 表示格式化的字符串。

1. 格式化字符串

在 print()函数的字符串中,利用%s 作为占位符,可以使用在其后面的%之后的值代替%s。例如:

```
>>>print("My name is %s" %('xiaoli'))
```

"My name is %s"中的%s 为占位符,其后的%之后的('xiaoli')中的'xiaoli'为一个字符串的值,执行 print 函数后,用'xiaoli'代替%s,输出内容如下:

```
My name is xiaoli
```

可以看出，在%左边放置了一个待格式化的字符串，在%右边放置的是需要格式化的值，它是一个字符串或数字。%s为转换说明符，标记了需要放置转换值的位置，又称为占位符。在上面的例子中，s表示被格式化的是字符串'xiaoli'，s代表字符串，如果不是字符串，就需要使用str函数将其转换为字符串。

2. 格式化整数

在print()函数的字符串中，利用%d作为占位符，并用%后面的值代替%d。例如：

```
>>>print("My is %d kg" %(60))
```

"My weight is %d"中的%d为占位符，其后的%(60)中的60为一个整数，执行print()函数后，用60代替%d，输出内容如下：

```
>>>print("My weight is %d kg" % (60))
My weight is 60 kg
```

%d也为占位符，d表示百分号右边的值会被格式化为整数60。

又如，占位符%s和%d可以同时存在：

```
>>>print("name:%s,class %d" % ('zhangsan', 3))
name:zhangsan,class 3
```

3. 常用占位符

常用字符串格式化占位符号如表10-4所示。

表10-4　常用字符串格式化占位符号

符　号	描　述
%c	格式化字符及其ASCII码
%s	格式化字符串
%d	格式化整数
%u	格式化无符号整型
%o	格式化无符号八进制数
%x	格式化无符号十六进制数
%X	格式化无符号十六进制数(大写)
%f	格式化浮点数字，可指定小数点后的精度
%e	用科学计数法格式化浮点数
%E	作用同%e，用科学计数法格式化浮点数
%g	%f和%e的简写
%G	%f和%E的简写
%p	用十六进制数格式化变量的地址

4. 字符串格式化占位符号的用法

（1）直接使用占位符，可同时使用占位符%s、%d 和%o 等。

```
>>>print('%s+%d' % ('abc', 123))
abc+123
>>>print('%o' % 11)                          #输出八进制数 13
13
```

（2）可以为%d 指定长度。例如%05d，如果数字少于 5 位将在左边补 0，大于指定长度时不受此影响。

```
>>>print('%s+%05d' % ('abc', 123))
abc+00123
>>>print('%03x' % 10)
00a
>>>print('%.3e' % 123456789)
1.235e+08
```

（3）使用字典。Python 在格式化字符串时支持将字典作为要插入的真实数值。当插入字典到有格式化运算符的字符串时，字典的键作为格式化运算符的参数进行占位，而字典的值则根据键所在的位置进行置换。例如：

```
>>>dic1={'name': 'xiaoming', 'age':30}
>>>dic1
{'name': 'xiaoming', 'age':30}
>>> print('I am %(name)s age %(age)d.' % dic1)
I am xiaoming age 30.
```

在格式化字符串时，使用字典可以完成许多重复元素的拼接。例如：

```
>>>print('Python is %(args)s, %(args)s, %(args)s beautiful' % {'args': 'very'})
Python is very, very, very beautiful
```

5. 格式化运算符辅助指令

Python 格式化运算符辅助指令如表 10-5 所示。

表 10-5　格式化运算符辅助指令

符　　号	功　　能
*	定义宽度或者小数点精度
−	用于左对齐
+	在正数前面显示加号（ + ）
<sp>	在正数前面显示空格
#	在八进制数前面显示零('0')，在十六进制数前面显示'0x'或者'0X'(取决于用的是'x'还是'X')
0	在显示的数字前面填充'0'而不是默认的空格

续表

符　号	功　　能
%	'%%'输出一个单一的'%'
(var)	映射变量(字典参数)
m.n.	m 是显示的最小总宽度,n 是小数点后的位数

在表 10-5 中,较常用的符号有%s、%d 和%f,而%E 和%e 在科学计算中使用较多。

虽然格式化运算符的右边操作数可以是任何元素,但是如果是元组,那么字符串格式化将有所不同。例如操作数为元组,那么其中的每个元素都将单独格式化,并且每个值都需要设置一个相对应的转换说明符。在含有多个占位符的字符串中,可以利用元组传入多个格式化值。如果需要转换的元组作为转换表达式的一部分存在,就必须将其使用圆括号括起来,否则将出错。也就是说,如果使用列表或其他序列代替元组,就将序列解释为一个值,只有元组和字典可以格式化一个以上的值。

(1) %字符。%字符标记转换说明符开始。

(2) 转换标志。转换标志为可选,用“－”表示对齐,“＋”表示在转换值之前需要加上正负号。空白字符“ ”表示正数之前保留空格;“0”表示转换值位数不够时使用 0 来填充。

(3) 最小字段宽度。最小字段宽度是指转换后的字符串至少应该具有该值指定的宽度,如果是 *,就将从值元组中读出宽度,最小字段宽度是可选项。

(4) 点(.)尾随精度值。如果转换的是实数,出现在小数点后的位数表示精度值;如果转换的是字符串,该数字就表示字段最大宽度;如果是 *,精度就从元组中读出。其中,精度值为可选项。

(5) 转换类型。转换类型如表 10-4 所示。简单转换是指只需要写出转换类型。在下述代码中,仅需要写出浮点数,精度为小数点后两位数。

```
>>>print('pi=%.2f'%3.14)
pi=3.14
```

又如,结合格式化转换符号%d 进行整数格式化。

```
>>>nYear = 2019
>>>nMonth = 8
>>>nDay = 3
#格式化日期,%02d 数字转换成两位整型数,缺位填 0
>>> print ('%04d-%02d-%02d'%(nYear,nMonth,nDay))
2019-08-03                              #输出结果
```

转换说明符给出了宽度和精度。字段宽度是转换后的值所保留的最少字符个数,精度是数字转换结果中应该包含的小数位数或字符转换后的值所包含的最大字符个数。

如果字段宽度和精度都为整数,并通过点号(.)分隔,这两项都是可选参数。但如果给出精度,就必须包含点号。

【例 10-4】 字段宽度和精度程序。

```
>>>print('pi=%.10f'%3.141593)          #字段宽度为 10
pi=3.14159300                          #字段宽度为 10,字符串占 8 个字符,剩余 2 个空格
>>>print('%.5s'%('hello BigData'))  #打印字符串的前 5 个字符
hello
```

(6) 使用星号(＊)。可以使用星号表示字段的宽度和精度,其数值可从元组中读出。例如,使用星号。

```
>>>print('%.*f'%(10,12345))
12345.0000000000
>>>print('%.*d'%(10,12345))
0000012345
>>>print('%.*s'%(5,'hello BigData'))
hello                                  #输出宽度为 5
>>>print('%.*s'%(15,'hello BigData'))
hello  BigData                         #输出宽度为 15
>>>print('%*.*s'%(10,5,'hello BigData'))
     hello
>>>print('%*.*s'%(10,2,'hello BigData'))
        he
```

例如,符号、对齐和 0 填充。

在字段宽度和精度之前可以放置一个标表,这个标表可以是零、加号、减号或空格,其中零表示用 0 进行填充。

标表为零。

```
>>>print('pi=%010.2f'%3.141593)
pi=0000003.14
```

标表为减号。减号表示左对齐数值,例如,下述的执行结果是数字右侧多出了额外的空格。

```
>>>print('pi=%-10.2f'%3.14)
pi=3.14                                #此处右侧多出了额外的空格
```

标表为空白。空白表示在正数前面加上空格,例如,从下述的输出结果中可以看出,该操作可用于对齐正负数。

```
>>> print(('% 5d'%10)+'\n'+('%5d'%-10))
 10
-10
```

标表为加号。加号(＋)表示无论是正数还是负数都表示出符号:

```
>>>print(('%+5d'%10)+'\n'+('%+5d'%-10))
+10
```

```
-10
```

该操作也可以用于数值的对齐。

10.3.3 使用 format()进行字符串格式化

格式化字符串的函数 str.format()增强了字符串格式化的功能。使用 format()进行格式化的方法灵活,不仅可以使用位置进行格式化,还可以使用关键参数进行格式化,以及支持序列解包格式化字符串。

在 format()方法中,它通过"{}"和":"来代替传统的%方式,可以使用的格式主要有b(二进制格式)、c(把整数转换成 Unicode 字符)、d(十进制格式)、o(八进制格式)、x(小写十六进制格式)、X(大写十六进制格式)、e/E(科学计数法格式)、f/F(固定长度的浮点数格式)和%(使用固定长度浮点数显示百分数)。"{}"用于控制显示的内容是什么,如通过序号/关键字等。":"则是用来控制显示的方式,比如填充/格式化/精度/进制等。使用方法简述如下。

1. 使用位置参数

位置参数不受顺序约束,并且可以是字典,只要求 format()中有相对应的参数值即可,参数索引从 0 开始,传入的位置参数列表可用"*"列表。

```
>>> li = ['yang',18]
>>> 'my name is {} ,age {}'.format('yang',18)
'my name is yang ,age 18'
```

2. 使用索引

```
>>> 'my name is {1},age{0}'.format(18,'yang')
'my name is yang,age 18'
>>>'my name is {1},age {0} {1}'.format(18,'yang')
'my name is yang ,age 18 yang'
>>> 'my name is {} ,age {}'.format( * li)
'my name is yang ,age 18'
```

3. 使用关键字参数

可以使用字典作为关键字参数传入值,字典前需要加符号"**"。

```
>>> hash = {'name':'yang','age':18}
>>> 'my name is {name},age is {age}'.format(name='yang',age=19)
'my name is yang,age is 19'
>>> 'my name is {name},age is {age}'.format(**hash)
'my name is yang,age is 18'
```

4. 填充与格式化

填充与格式化的语法格式为:

```
:[填充字符][对齐方式][宽度]
```

其中,对齐方式为<、^、>,例如:

```
>>> '{0:*>10}'.format(20)             #右对齐
'********20'
>>> '{0:*<10}'.format(20)             #左对齐
'20********'
>>> '{0:*^10}'.format(20)             #居中对齐
'****20****'
```

5. 精度与进制

【例 10-5】 精度与进制的示例程序如下。

```
>>> '{0:.2f}'.format(2/3)             #保留 2 位小数
'0.66'
>>> '{0:.3f}'.format(2/3)             #保留 3 位小数
'0.666'
>>>'{:.2f}'.format(156.33456)
'156.33'
>>>'{:b}'.format(18)
'10001'
>>>'{:d}'.format(18)
'18'
>>>'{:o}'.format(18)
'22'
>>>'{:x}'.format(18)
'12'
```

逗号还能用作金额的千位分隔符。

```
>>>'{:,}'.format(1234567890)
'1,234,567,890'
>>> '{:,}'.format(12369132698)        #千分位格式化
'12,369,132,698'
>>> '{0:%}'.format(3.5)               #格式化为百分数
'350.000000%'
```

10.4　字符串方法

在 Python 中,字符串方法内容丰富,下面仅介绍几种常用的字符串方法。

10.4.1　字符串常用方法

除了可以使用内置函数和运算符对字符串进行操作之外,Python 字符串对象自身还提供了大量的字符串检测、替换等方法。由于字符串对象是不可变对象,所以有关字符串修改的方法都是返回修改之后的新字符串,而没有对原字符串做任何修改。

1. find()方法

find()方法可以查找一个字符串在另一个字符串指定的范围(默认为整个字符串)中

首次出现的位置，如果不存在，则返回－1。

使用 find()方法可以检测字符串中是否包含子字符串，参见前面的介绍。

2. index()方法

使用 index()方法可以检测出某个字符串是否存在于另一个字符串中，如果不在，则提示错误。index()方法的语法格式如下：

```
str.index(st, beg=0, end=len(string))
```

其中，st 为检测字符串，str 为被检测字符串，beg 为开始索引，默认为 0，end(结束)表明检查是否包含在指定范围内。该方法与 find()方法类似，不同的是 st 不在 str 中时会抛出一个异常。

【例 10-6】 使用 index()方法的程序。

```
>>>str1 = "this is string example"
>>> print(str1)
this is string example
>>>str2 = "exam"
>>> print(str2)
exam
>>>print(str1.index(str2))
15
>>>print (str1.index(str2, 10))
15
>>>print (str1.index(str2, 40))
Traceback (most recent call last):
  File "test.py", line 8, in
  print str1.index(str2, 40)
ValueError: substring not found
```

3. count()方法

使用 count()方法可以统计字符串中某个字符出现的次数。count()方法的语法格式如下：

```
str.count(sub, start= 0,end=len(string))
```

其中，sub 表示搜索的子字符串，start 表示字符串开始搜索的位置，默认为第一个字符，该字符索引值为 0。end 表示字符串中结束搜索的位置，默认为字符串的最后一个位置。

例如：

```
>>>str1 = "this is string example"
>>>sub1 = "i"
>>>print ("str1.count(sub1, 4, 40) : ", str1.count(sub1, 4, 40))
str1.count(sub1, 4, 40) : 2
>>>print ("str1.count(sub1, 0, 40) : ", str1.count(sub1, 0, 40))
str1.count(sub1, 0, 40) :  3
```

4. rsplit() 方法

rsplit()方法通过指定分隔符对字符串进行分隔并返回一个列表,默认分隔符为所有空白字符,包括空格、换行(\n)、制表符(\t)等。它类似于 split()方法,不同的是它从字符串最后面开始分隔,即从右向左分割,split()方法的语法格式如下:

```
S.rsplit([sep=None][,count=S.count(sep)])
```

其中,sep 为可选参数,即指定的分隔符,默认为所有的空白字符,包括空格、换行(\n)、制表符(\t)等。count 也为可选参数,即分隔次数,默认为分隔符在字符串中出现的总次数,该方法返回值为分隔后的字符串列表。

```
str1 = "this is string example"
print(str1.rsplit( ))
print(str1.rsplit('i',1))
print(str1.rsplit('w'))
```

以上程序运行结果如下:

```
['this', 'is', 'string', 'example]
['this is str', 'ng example]
['this is string example']
```

5. partition()方法

partition()方法用来根据指定的分隔符将字符串进行分隔。如果字符串包含指定的分隔符,则返回一个 3 元的元组,第一个为分隔符前面的子字符串,第二个为分隔符本身,第三个为分隔符后面的子字符串。partition()方法的语法格式如下:

```
str1.partition(sep)
```

其中,sep 是指定的分隔符。

```
str1 = "http://www.w3cschool.cc/"
print(str1.partition("://"))
```

输出结果如下:

```
('http', '://', 'www.w3cschool.cc/')
```

6. lower()方法

在文本分析中,经常需要进行字符串转换以及每个单词的首字母大小写转换等。lower()方法用于将字符串中所有大写字符转换为小写形式,并返回相应的字符串。lower()方法的语法格式如下:

```
S.lower()
```

无参数,例如:

```
str6 = "BigData EXAMPLE"
print( str6.lower() )
```

输出结果如下：

```
bigdata example
```

7. upper()方法

upper()方法用于将字符串中的小写字母转为大写字母。upper()方法的语法格式如下：

```
str.upper()
```

无参数，例如：

```
str1 = "this is string example"
print("str1.upper() : ", str1.upper())
```

程序运行结果如下：

```
str1.upper() : THIS IS STRING EXAMPLE
```

8. capitalize()方法

capitalize()将字符串的第一个字母变成大写形式，其他字母则变成小写形式。capitalize()方法的语法格式如下：

```
str.capitalize()
str6 = "this is string example "
print("str6.capitalize() : ", str6.capitalize())
```

程序运行结果如下：

```
str6.capitalize() : this is string example
```

10.4.2 字符串方法集

Python 语言的字符串方法功能强大，为了便于使用与查询，在表 10-6 中给出了更多的字符串方法。

表 10-6 字符串方法集

方　法	描　述
string.capitalize()	把字符串的第一个字符变为大写形式
string.center(width)	返回一个将原字符串居中并使用空格填充至长度 width 的新字符串
string.count(str, beg=0, end=len(string))	返回 str 在字符串里面的出现次数，如果指定了 beg 或者 end，则返回指定范围内 str 的出现次数
string.decode(encoding='UTF-8', errors='strict')	以 encoding 指定的编码格式解码字符串，如果出错默认报一个 ValueError 异常，除非 errors 指定的是'ignore'或者'replace'
string.encode(encoding='UTF-8', errors='strict')	以 encoding 指定的编码格式编码字符串，如果出错默认报一个 ValueError 异常，除非 errors 指定的是'ignore'或者'replace'

续表

方　法	描　述
string.endswith(obj, beg=0, end=len(string))	检查字符串是否以 obj 结束，如果指定了 beg 或者 end，则检查指定的范围内是否以 obj 结束，如果是，则返回 True；否则返回 False
string.expandtabs(tabsize=8)	把字符串中的 tab 符号转换为空格，tab 符号默认的空格数是 8
string.find(str, beg=0, end=len(string))	检测 str 是否包含在字符串中，如果使用 beg 和 end 指定范围，则检查是否包含在指定范围内，如果是，则返回开始的索引值；否则返回－1
string.format()	格式化字符串
string.index(str, beg=0, end=len(string))	与 find()方法一样，只不过如果 str 不在字符串中，则会报一个异常
string.isalnum()	如果字符串至少有一个字符并且所有字符都是字母或数字，则返回 True；否则返回 False
string.isalpha()	如果字符串至少有一个字符并且所有字符都是字母，则返回 True；否则返回 False
string.isdecimal()	如果字符串中只包含十进制数字，则返回 True；否则返回 False
string.isdigit()	如果字符串中只包含数字，则返回 True；否则返回 False
string.islower()	如果字符串中包含至少一个区分大小写的字符，并且所有这些(区分大小写的)字符都是小写，则返回 True；否则返回 False
string.isnumeric()	如果字符串中只包含数字字符，则返回 True；否则返回 False
string.isspace()	如果字符串中只包含空格，则返回 True；否则返回 False
string.istitle()	如果字符串是标题化的(见 title())，则返回 True；否则返回 False
string.isupper()	如果字符串中包含至少一个区分大小写的字符，并且所有(区分大小写的)字符都是大写，则返回 True；否则返回 False
string.join(seq)	以字符串作为分隔符，将 seq 中所有元素的字符串表示合并为一个新的字符串
string.ljust(width)	返回一个原字符串左对齐并使用空格填充至长度 width 的新字符串
string.lower()	将字符串中的所有大写字符转换为小写形式
string.lstrip()	截掉字符串左边的空格
string.maketrans(intab, outtab])	maketrans()方法用于创建字符映射的转换表，对于接收两个参数的最简单的调用方式，第一个参数是字符串，表示需要转换的字符；第二个参数也是字符串，表示转换的目标
max(str)	返回字符串 str 中最大的字母
min(str)	返回字符串 str 中最小的字母
string.partition(str)	有点像 find()和 split()的结合体，从 str 出现的第一个位置起，把字符串分成一个 3 元素的元组(string_pre_str, str, string_post_str)。如果字符串中不包含 str，则 string_pre_str == string
string.replace(str1, str2, num=string.count(str1))	把字符串中的 str1 替换成 str2，如果指定了 num，则替换不超过 num 次

续表

方　法	描　述
string.rfind(str, beg=0,end=len(string))	类似于 find()函数,不过是从右边开始查找
string.rindex(str, beg=0,end=len(string))	类似于 index(),不过是从右边开始
string.rjust(width)	返回一个原字符串右对齐并使用空格填充至长度 width 的新字符串
string.rpartition(str)	类似于 partition()函数,不过是从右边开始查找
string.rstrip()	删除字符串末尾的空格
string. split (str = "", num = string.count(str))	以 str 为分隔符对字符串切片,如果 num 有指定值,则仅分隔 num 个子字符串
string.splitlines([keepends])	按照行('\r'、'\r\n'、\n')分隔,返回一个包含各行作为元素的列表。如果参数 keepends 为 False,则不包含换行符;如果为 True,则保留换行符
string. startswith (obj, beg = 0, end=len(string))	检查字符串否是以 obj 开头,是则返回 True;否则,返回 False。如果 beg 和 end 指定值,则在指定范围内检查
string.strip([obj])	在字符串上执行 lstrip()和 rstrip()
string.swapcase()	翻转字符串中的大小写
string.title()	返回"标题化"的字符串,就是说所有单词都是以大写开始,其余字母均为小写
string.translate(str, del="")	根据 str 给出的表(包含 256 个字符)转换字符串的字符,并将要过滤掉的字符放到 del 参数中
string.upper()	将字符串中的小写字母转换为大写形式
string.zfill(width)	返回长度为 width 的字符串,原字符串右对齐,前面填充 0
string.isdecimal()	isdecimal()方法检查字符串是否只包含十进制字符,这种方法只适用于 Unicode 对象

10.5　字符串应用案例

10.5.1　凯撒加密法

凯撒加密法是利用字母表进行替换的加密技术。凯撒加密法非常容易被破解,而且在实际应用中也无法保证通信安全。凯撒加密是通过把字母移动一定的位数来实现加密和解密,明文中的所有字母从字母表向后或向前按照一个固定步长进行偏移后被换成密文。凯撒加密法的替换方法是通过排列明文和密文字母表,密文字母表是通过将明文字母表向左或向右移动一个固定数目的位置而得到的。例如,当偏移量是左移 3 的时候,解密时的密钥就是 3,A 被替换成 D,B 被替换成 E,以此类推,X 替换成 A,如下所示。

明文字母表：ABCDEFGHIJKLMNOPQRSTUVWXYZ。

密文字母表：DEFGHIJKLMNOPQRSTUVWXYZABC。

使用时，加密者查找明文字母表中需要加密的消息中的每一个字母的所在位置，并且写下密文字母表中对应的字母。需要解密的人则根据事先已知的密钥反过来操作，得到原来的明文。

凯撒加密法的加密、解密方法还能够通过同余的数学方法进行计算。首先将字母用数字代替：A=0，B=1，……，Z=25。此时偏移量为n的加密方法即

```
En(x)=(x+n)mod26
```

解密就是：

```
Dn(x)=(x-n)mod26
```

程序如下：

```
import os
def encryption():                          #加密函数
    str_raw = input("输入明文:")
    k = int(input("输入密钥:"))              #密钥即位移量
    str_change = str_raw.lower()
    str_list = list(str_change)
    str_list_encry = str_list
    i = 0
    while i < len(str_list):               #按密钥 k 进行加密
        if ord(str_list[i]) < 123-k:
            str_list_encry[i] = chr(ord(str_list[i]) + k)
        else:
            str_list_encry[i] = chr(ord(str_list[i]) + k - 26)
        i = i+1
    print ("加密结果:"+"".join(str_list_encry))
def decryption():                          #解密函数
    str_raw = input("输入密文:")
    k = int(input("输入密钥:"))
    str_change = str_raw.lower()
    str_list = list(str_change)
    str_list_decry = str_list
    i = 0
    while i < len(str_list):               #按密钥 k 进行解密
       if ord(str_list[i]) >= 97+k:
            str_list_decry[i] = chr(ord(str_list[i]) - k)
       else:
            str_list_decry[i] = chr(ord(str_list[i]) + 26 - k)
       i = i+1
    print ("解密结果:"+"".join(str_list_decry))
while True:
```

```
    print ("1. 加密")
    print ("2. 解密")
choice = input("选择:")                    #加密与解密选择
    if choice == "1":
        encryption()
    elif choice == "2":
        decryption()
    else:
        print ("输入有误!")
    break
```

程序运行结果如下：

```
1. 加密
2. 解密
选择:1
输入明文:abc
输入密钥:2
加密结果:cde
>>>
1. 加密
2. 解密
选择:2
输入密文:cde
输入密钥:2
解密结果:abc
>>>
1. 加密
2. 解密
选择:1
输入明文:abc
输入密钥:22
加密结果:wxy
>>>
1. 加密
2. 解密
选择:2
输入密文:WXY
输入密钥:22
解密结果:abc
>>>
1. 加密
2. 解密
选择:3
```

```
输入有误!
>>>
```

10.5.2　中英文在线翻译

在线翻译是一种程序,通常是指借助互联网的资源,使用实用性极强、内容动态更新的经典翻译语料库,将互联网技术和语言精华完美结合。中英文在线翻译程序借用翻译网站的接口来完成,程序逻辑简单。将需要翻译的内容作为参数,传到相应的 url。然后通过网站的服务器返回一个 JSON 数据,就可以获得相应的翻译结果。启动程序在终端输入需要翻译的内容,可以是中文(需要译成英文),也可以是英文(需要译成中文)。

程序的基本结构如下:本程序主要包括三个函数,即 translate(word)函数、reuslt(repsonse)函数和 main()函数。其中,translate(word)函数需要指定翻译网站的词典 api、传输参数的定义以及判断服务器是否响应成功和响应的结果等;reuslt(repsonse)函数通过 json.loads 将返回的结果加载成 json 格式;main()函数是主函数,主要完成翻译方式选择、输入需要翻译的词或句以及输出翻译结果。

```
import json
import requests

#翻译函数,word 需要翻译的内容
def translate(word):
    url = 'http://'-----------------------------------'
    #传输的参数,其中 w 表示需要翻译的内容
    key = {
    ---------------,
    'w': word,
    ---------------,
    "version": ----,
    "ue":"UTF-8",
    "typeResult":"true"
    ---------------,
    }
    response = requests.post(url, data=key)    #key是发送给网站服务器的内容
    if response.status_code == 200:            #判断服务器是否响应成功
        return response.text                   #服务器响应的结果
    else:
        print("调用失败")
        return None                            #响应失败,返回空

def reuslt(repsonse):
    result = json.loads(repsonse)              #将返回的结果加载成 json 格式
    print ("输入的词:%s" % result['translateResult'][0][0]['src'])
    print ("结果:%s" % result['translateResult'][0][0]['tgt'])
```

```
def main():
    print("英文-->中文:输入 1")
     print("中文-->英文:输入 2")
     x=int(input('输入选择:'))
    if x=1:
        word = input('输入需要翻译的英文内容:')
        list_trans = translate(word)
        reuslt(list_trans)
    elf x=2:
        word = input('输入需要翻译的中文内容:')
        list_trans = translate(word)
        reuslt(list_trans)
    else:
        print('选择越界提示')
        return None                                    #返回空

if __name__ == '__main__':
main()
```

程序运行结果如下：

```
英文-->中文:输入 1
中文-->英文:输入 2
输入选择:1
输入需要翻译的英文内容:book
输入:book
结果:书
>>>
```

程序运行结果如下：

```
英文-->中文:输入 1
中文-->英文:输入 2
输入选择:2
输入需要翻译的中文内容:书
输入:书
结果:book
>>>
```

程序运行结果如下：

```
英文-->中文:输入 1
中文-->英文:输入 2
输入选择:3
选择越界提示
>>>
```

本 章 小 结

在程序中，字符串应用广泛，Python语言的字符串功能强大而灵活。本章主要内容包括字符串的基本操作、字符串运算、字符串的转义字符、字符串格式化、字符串方法以及字符串与集合、列表、元组和字典的相互转换等，最后介绍了两个字符串程序案例。通过本章内容的学习，可以掌握字符串的基本使用方法，尤其是设计字符串程序，进而增强程序设计能力。

习　题　10

1. 编写一个程序：将一个英文句子中的单词倒序输出，但是不改变单词结构。例如：I am a student，输出为 student a am I。

2. 编写一个程序：将一个英文句子中的单词倒序输出单词首字母。例如：I am a student，输出为 s a a I。

3. 编写一个程序：将一个英文中的每个单词倒序输出。例如：I am a student，输出为 I ma a student。

4. 编写一个程序：定义一个字符串 str='abcdefghijklmnopqrstuvwxyz'，在每个字符前面加上序号，例如 1a2b3c.....26z。

5. 编写一个程序：输入两个字符串，从第一个字符串中删除第二个字符串中所有的字符。例如，输入“They are students.”和“aeiou”，则删除之后的第一个字符串变成“Thy r stdnts.”

- 输入描述：每个测试输入包含 2 个字符串。
- 输出描述：输出删除后的字符串。

6. 编写一个程序：依次计算一系列给定字符串的字母值，这些字母值为字符串中每个字母对应的编号值(A 对应 1，B 对应 2，以此类推，不区分大小写字母，非字母字符对应的值为 0)的总和。例如，Colin 的字母值之和为 3+15+12+9+14=53。

输入格式：

一系列字符串，每个字符串占一行。

输出格式：

每行字符串的字母值占一行。

输入样例：

```
Colin
ABC
```

输出样例：

```
53
6
```

7. 编写一个程序：输出一个字符串中每个字符出现的次数。

8. 编写一个程序：输入两个数值，求两个数的最大公约数和最小公倍数。

第 11 章 异常与处理

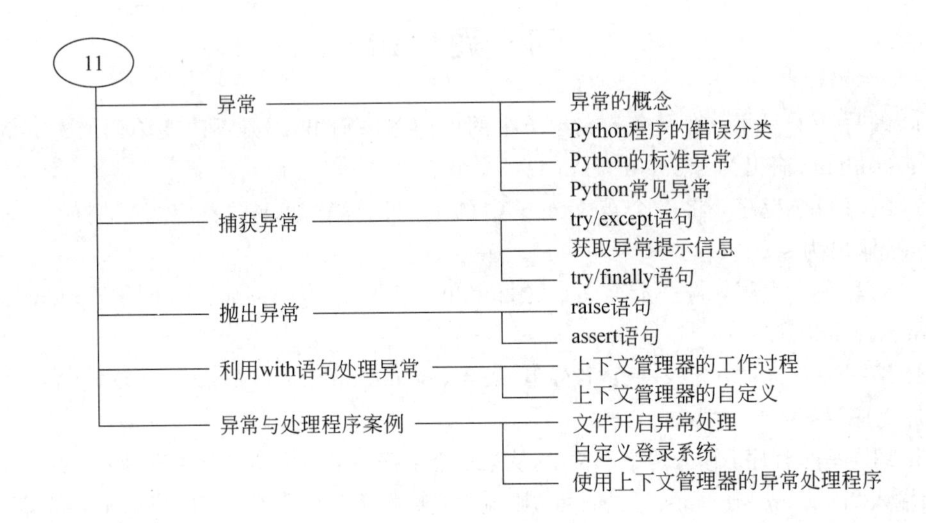

11.1 异　　常

异常是程序运行时引发的错误,当异常出现后,如果没有及时进行处理,最终将导致程序崩溃。为此,Python 设置了异常处理机制,在程序运行过程中可以对异常进行捕获与处理。

11.1.1 异常的概念

在前面列举的 Python 程序中,经常出现报错信息,如 NameError、SyntaxError、TypeError 和 ValueError 等。这些报错信息的出现表明程序运行过程中出现了异常,导致不能保证程序正常运行,进而使得设计的程序不能达到预期的结果。异常是一种出现在程序运行过程中的事件,它会影响程序的正常执行。

在 Python 程序中,需要捕获异常并尽快处理,而不至于使整个程序系统崩溃。

11.1.2 Python 程序的错误分类

Python 程序的错误主要分为三种类型,即语法错误、运行错误和逻辑错误。

1. 语法错误

语法错误是指源程序中语法的拼写错误，语法错误导致编译器不能够将源程序转换成字节码，形成编译错误，出现语法错误时将提示 SyntaxError。

例如，语法错误。

```
print"Big Data")
```

将出现语法错误，给出 SyntaxError invalid syntax 提示，这是由于在 print 后面缺少了一个左括号的缘故。

2. 运行错误

程序运行错误是指在程序执行过程中产生的错误，而运行期检测到的错误被称为异常。例如，如果在调用某个内置函数时没有导入含有这个函数的模块，解释器将在程序运行时提示 NameError。如果在程序中出现零除运算，解释器将在运行时提示 ZeroDivisionError。

通过给出的运行时错误的提示，分析相关位置的模块，进而可以定位并修改程序错误。

例如，没有导入相应的模块而产生的错误提示。

```
print("Big Data")
print("Python")
print(rondom.choice(range(10)))
```

程序运行结果如下：

```
Big Data
Python
Traceback <most recent call last>:
    File"name error.py",line 3 in <modele>
        print(rondom.choice(range(10)))
NameError:name 'rondom' is not defined
```

其中，错误提示中的第 2 行显示错误行号为 3，说明程序中没有导入含有 range(10)函数的 rondom 模块。通常，可以根据错误行号和信息对错误进行定位，由此可以看出错误提示的作用。

又如，零除错误。

```
x=10
y=0
z=x/y+200
```

程序运行结果如下：

```
Traceback <most recent call last>:
    File"zero_division_error.py",line 3 in <modele>
        z=x/y+200
```

```
ZeroDivisionError:division by zero
```

其中，错误提示中的第2行显示错误行号为3，说明程序中的 z=x/y+200 出现了除数 y 为 0 的情况，可以根据错误行号和信息，对错误进行定位。

3. 逻辑错误

逻辑错误是指程序可以运行，表明程序本身既不会出现语法错误，也不会出现运行错误，但执行结果不正确，也就是说，获得了不正确的结果。Python 解释器不能够发现逻辑错误，需要根据测试结果来判断逻辑错误。

例如，逻辑错误。

```
import math
a=1;b=2;c=1
x1=-b+math.sqrt(b*b-4*a*c)/2*a
x2=-b-math.sqrt(b*b-4*a*c)/2*a
print(x1,x2)
```

上述程序用于计算一元二次方程的两个根，虽然程序运行中没有提示错误，但它只是说明程序中没有语法错误和运行错误，并不能够说明程序没有逻辑错误，也就是说，上述程序存在计算公式的错误，所以得到了不正确的结果。

通过上面分析可以看出，Python 解释器只能发现语法错误和运行错误，而不能发现逻辑错误。当发生异常时，Python 提供了异常处理机制来捕捉程序的错误，并进行处理。

11.1.3 Python 的标准异常

Python 解释器会对执行中的程序进行检测，如果有错误，就会引发异常，出现异常将使得程序无法继续执行。Python 默认的异常处理是停止执行程序，并且发出错误信息。为了不使执行的程序中断，就要使用异常处理程序来捕捉异常。当程序发生异常时，跳转到异常处理程序，并使程序继续往下执行。

在 Python 中，为了完成异常处理，设置了异常处理机制。其作用是在程序代码产生异常之处进行捕捉，并使用另一段程序代码进行处理。Python 中所有的类都可使用对象来处理，所以 Python 也提供了标准异常类。

通常引发这些 Traceback 的错误信息是由 Python 的内置异常处理类所提供的，可以由 BaseException 提供基类，并由其创建多个派生类(子类)。

Python 程序中经常出现的标准异常类的名称与简单描述如下。

1. BaseException 类：所有异常的基类。
2. SystemExit 类：解释器请求退出所引发。
3. KeyboardInterrupt 类：用户中断执行(通常是按 Ctrl+C 组合键)所引发。
4. Exception 类：常规错误的基类所引发。
5. StopIteration 类：迭代器没有更多的值所引发。
6. GeneratorExit 类：生成器发生异常来通知退出所引发。
7. StandardError 类：所有的内置标准异常的基类所引发。

8. ArithmeticError类：所有数值计算错误的基类所引发。

9. FloatingPointError类：浮点计算错误所引发。

10. OverflowError类：数值运算超出最大限制所引发。

11. ZeroDivisionError类：除(或取模)零 (所有数据类型)所引发。

12. AssertionError类：断言语句失败所引发。

13. AttributeError类：对象没有这个属性所引发。

14. EOFError类：没有内置输入,到达EOF标记所引发。

15. EnvironmentError类：操作系统错误的基类所引发。

16. IOError类：输入/输出操作失败所引发。

17. OSError类：操作系统错误所引发。

18. WindowsError类：系统调用失败所引发。

19. ImportError类：导入模块/对象失败所引发。

20. LookupError类：无效数据查询的基类所引发。

21. IndexError类：序列中没有此索引所引发。

22. KeyError类：映射中没有这个键所引发。

23. MemoryError类：内存溢出错误所引发。

24. NameError类：未声明/初始化对象(没有属性)所引发。

25. UnboundLocalError类：访问未初始化的本地变量所引发。

26. ReferenceError类：弱引用试图访问已经被垃圾回收的对象所引发。

27. RuntimeError类：一般的运行时错误所引发。

28. NotImplementedError类：未实现的方法所引发。

29. SyntaxError类：Python语法错误所引发。

30. IndentationError类：缩进错误所引发。

31. TabError类：Tab与空格混用所引发。

32. SystemError类：一般的解释器系统错误所引发。

33. TypeError类：对类型无效的操作所引发。

34. UnicodeError类：Unicode解码时的错误所引发。

35. UnicodeTranslateError类：Unicode转换时的错误所引发。

36. Warning类：警告的基类。

37. DeprecationWarning类：关于被弃用的特征的警告。

38. FutureWarning类：关于构造将来语义会有改变的警告。

39. OverflowWarning类：旧的关于自动提升为长整型(long)的警告。

40. PendingDeprecationWarning类：关于特性将会被废弃的警告。

41. RuntimeWarning类：可疑的运行时行为(runtime behavior)的警告。

42. SyntaxWarning类：可疑语法的警告。

43. UserWarning类：用户代码生成的警告。

44. ZeroDivisionError类：出现零除运算。

11.1.4 Python 常见异常

大多数的异常都不会被程序处理，而以错误信息的形式展现。错误信息的前面部分显示了异常发生的上下文，并以调用栈的形式显示具体信息。

1. NameError 类

变量名错误是指由于变量没有经过声明而直接使用所引起的 NameError 类异常。例如：

```
>>>print(a)
Traceback <most recent call last>:
    File"<stdin>",line 1 in <modele>
NameError: 'a' is not defined
```

上述信息表明，Python 解释器在任何命名空间中都没有找到 a。在第 3 行显示了出现错误发生的行号和模块，第 4 行显示了错误的名称 NameError，以及错误编号何详细信息，表示 a 变量无定义。

2. TypeError 类

当将与变量类型不相符的值赋给变量时，将引发 TypeError 类异常。例如：

```
>>>print("A"+12)
Traceback <most recent call last>:
    File"<stdin>",line 1 in <modele>
TypeError: must be str,not int
```

在 print("A"+12)语句中，"A"+12 是将字符串 A 与整数 12 连接，在语法上是要求两个字符串连接，一个字符串 A 不能与整数连接，出现操作数类型错误，所以引发 TypeError 类异常。

3. ZeroDivisionError 类

当除数为零的时候，将引发 ZeroDivisionError 类异常。例如：

```
>>>15/0
Traceback <most recent call last>:
    File"<stdin>",line 1 in <modele>
ZeroDivisionError: division by zero
```

4. IndexError 类

如果使用了序列中不存在的索引，将引发 IndexError 类异常。例如：

```
>>>list_1=[0]
>>>list_1[1]
Traceback <most recent call last>:
    File"<stdin>",line 2 in <modele>
IndexError: list index out of range
```

5. KeyError 类

当字典中不存在需要访问的键时，将引发 KeyError 类异常。例如：

```
>>>dict_1={'name':xiaoli,'age':20}
>>>dict['gender']
Traceback <most recent call last>:
    File"<stdin>",line 2 in <modele>
KeyError: 'gender'
```

上例中，dict_1 字典只有 name 和 age 两个键，当获取 gender 键的值时，引发 KeyError 类异常。

6. SyntaxError 类

当出现 Python 语法错误时，将引发 SyntaxError 类异常。例如：

```
>>>a=10.0
>>>int a
Traceback <most recent call last>:
    File"<stdin>",line 1 in <modele>
SyntaxError: 'int a'
```

在上例中，int a 书写有误，正确的书写为 int(a)，这是属于语法错误。

11.2　捕获异常

当程序执行过程中抛出异常之后，Python 解释器查找相应的异常处理程序。如果找到匹配的异常处理程序，则执行相应的处理程序；如果没有匹配的异常处理程序，则终止程序的执行，并直接呈现错误信息。

例如，除数为 0 的错误。

```
X=1
Y=0
x/y
```

程序运行结果如下：

```
Traceback <most recent call last>:
    File"zero_division_error.py",line 1 in <modele>
        1/0
ZeroDivisionError:division by zero
```

当 0 作为除数时引发异常，但在程序中没有设置异常处理结构，所以终止程序的执行。

11.2.1　try/except 语句

try/except 语句是一种异常处理语句，该语句由 try 子句和 except 子句组成，其中 try 子句检测异常，except 子句捕获异常。

1. try/except 语句的语法格式

基本 try/except 语句的语法格式如下：

```
try:
    被检测的可能出现异常的语句块
except 异常类名:
    异常处理程序
else:
    没有发生异常的执行程序
```

(1) try 子句之后要有冒号，其后是可能出现异常的代码。

(2) except 子句之后同样要有冒号，其后是要捕获的异常类型以及异常处理程序。

(3) else 子句后要有冒号，如果 try 子句中被检测的语句块没有异常发生，则不执行 except 子句中的异常处理程序，而是继续执行没有发生异常后所执行的程序。

2. try/except 语句的工作过程

try/except 语句的工作过程如下。

(1) 首先执行 try 子句，就在当前程序上下文中做标记，当出现异常时就可以回到做标记的地方，即执行 try 和 except 之间的代码，检测可能出错的语句块。

(2) 如果没有发生异常，则忽略 except 子句后的语句，执行 else 子句。

(3) 如果发生异常，程序就执行 except 子句，此时有下述两种可能：

① 如果发生的异常与 except 子句后设定的异常类型相一致，则执行 except 子句及处理程序，然后继续执行 try/except 语句之间没有执行的代码。当所有的异常处理完毕后，控制流就通过整个 try 语句。

② 如果发生的异常和 except 子句后制定的异常类型不一致，则该异常将被抛出到上一级代码处理。如果最终都没有得到处理，就使用默认的处理方式：终止运行程序，并显示提示信息。

try/except 语句的处理流程如图 11-1 所示。

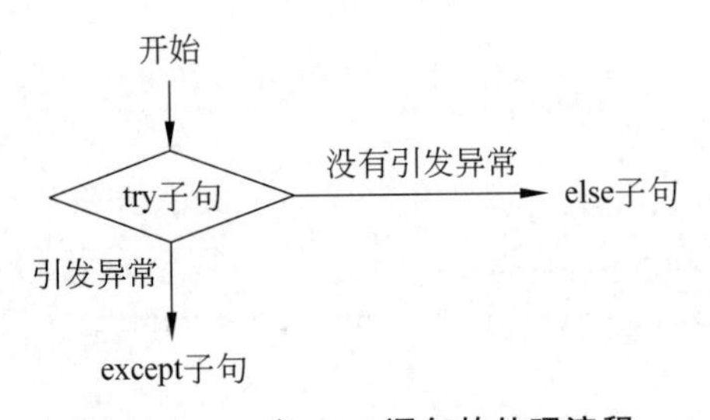

图 11-1 try/except 语句的处理流程

【例 11-1】 异常处理程序。

```
try:
    print("my age is:"+20)
    print("my name is xiaoguang")
except TypeError:
    print("error")
```

在上述程序中，虽然使用符号"+"连接字符串和数字而导致发生了类型异常

(TypeError),但是程序并没有崩溃。这是由于 except 子句捕获到了这个异常,告诉解释程序已经做了相应处理,执行错误处理代码,在这个例子中是输出“error”字符串。

又如:

```
x=[1,2,3,4,5,6]
print(x[7])
```

程序运行结果是结束程序运行,给出下述出错信息:

```
Traceback <most recent call last>:
   File"<stdin>",line 2 in <modele>
IndexError: list index out of range
```

为了避免程序因出现异常而提前结束,可以使用 try/except 语句,程序如下:

```
x=[1,2,3,4,5,6]
try:
    print(x[7])
except IndexError:
    print("索引下标出界")
```

程序运行结果如下:

```
索引下标出界
```

在上述程序中,try 语句检测 print(x[7])语句是否出错。如果出错,则 except 语句首先捕获异常类型为 IndexError,则捕获该错误,执行 print("索引下标出界")语句。程序使用了 try/except 语句构成的异常处理结构,使得即使出现异常程序也不会终止,增强了程序的鲁棒性。

将上例进行修改,即添加 else 子句。

```
x=[1,2,3,4,5,6]
try:
    print(x[4])
except IndexError:
    print("索引下标出界")
else:
    print("程序无异常出现")
```

程序运行结果如下:

```
5
程序无异常出现
```

在上述程序中,try 子句检测 print(x[4])语句,检测结果没有出错,except 子句没有捕获异常类型,则直接执行后继语句,即执行 print("程序无异常出现")语句,输出“程序无异常出现”。

11.2.2 获取异常提示信息

有些异常可以在程序中纠正,但有些不能。无论是否可在程序中处理,程序员都有必要全面了解程序的运行情况,包括程序出现的所有异常信息。

1. 使用 as 子句来获取系统反馈的异常

通常在程序中维护一个日志,用其记录程序中出现的所有异常,这时可以使用 as 子句来获取系统反馈的具体异常信息,而不是程序员自己定义的异常信息。其语法格式如下:

```
try:
    被检测的程序代码
except 异常类名 as 别名:
    异常处理的程序代码
else 子句:
    继续向下执行的代码
```

【例 11-2】 选择 Exception 类。

```
z=(22,33,44)
try:
    print(z[4])
except Exception as error:
    print("error:",error)
```

程序运行结果如下:

```
error:tuple index out of range
```

使用 except 语句配合异常处理 Exception 类形成异常处理程序,除了直接用 print() 函数输出相关信息之外,也可以使用 as 语句给异常类提供一个别名。如有异常发生,则使用 print() 函数输出: error: tuple index out of range。其中 error 是系统反馈的异常信息,这种反馈信息只是提示。

【例 11-3】 使用 as 子句来获取系统反馈的详细异常信息。

```
try:
    print("my age is:"+25)
    print("my name is xiaowang")
except TypeError as error:
    print("error information:",error)
```

程序运行结果如下:

```
error information: can only concatenate str (not "int") to str
```

2. 捕获多个异常

在某一代码段中,有可能出现多种异常情况,对此可以使用带有多个 except 子句的

try/except 语句结构，只要有异常，则执行 except 子句下面的程序代码。这种多个异常的捕获方法是，将多个异常类组成一个元组放在一个 except 子句后处理，也可以将多个 except 子句串联使用。

(1) 将多个异常类组成一个元组放在一个 except 子句后处理。

【例 11-4】 捕获多种异常。

```
try:
    print(x)
    print(2/0)
except(NameError,ZeroDivisionError) as error:
    print(error)
```

这段 except 代码中设置了 NameError 和 ZeroDivisionError 两个异常类型，一个是试图访问没有定义的 x 变量，将引发 NameError 异常；另一个是出现了零作为分母的情况，将引发 ZeroDivisionError 异常。可以将这两个异常组成一个元组放在一个 except 子句中处理。

(2) 多个 except 子句串联以捕获多个异常。带有多个 except 子句的 try/except 语句格式如下。

```
try:
    被检测的程序代码
except 异常类型 1:
    异常处理的程序代码
except 异常类型 2:
    异常处理的程序代码
except 异常类型 3:
    异常处理的程序代码
else:
    如果没有异常,则执行下述代码块
```

在上述的语法格式中，如果出现多个异常，则按照异常出现的先后顺序进行捕获。如果任意一个异常被捕获，则立刻进行异常处理。

使用多个 except 子句，需要对不同的异常采用不同的处理程序。例如，用两个 except 子句可以捕获两种异常。

```
try:
    print(2/0)
    print(x)
except ZeroDivisionError:
    print("0 作为除数")
except NameError as: error
    print(error)
```

【例 11-5】 使用多个 except 子句捕获多个异常。

```
try:
    x=int(input("输入数据 x:"))
    y=int(input("输入数据 y:"))
    z=x/y
except ValueError:
    print("应全部输入数值数据")
except ZeroDivisionError:
    print("除数不能为 0")
except NameError:
    print("变量不存在")
else:
    print("最终结果:",z)
```

程序运行结果如下:

```
输入数据 x:c12
应全部输入数值数据
输入数据 x:33
输入数据 y:dd
应全部输入数值数据
输入数据 x:35
输入数据 y:0
除数不能为 0
输入数据 x:2
输入数据 y:2
最终结果:1.0
```

通过运行结果可以看出,由于数据输入的不同,将产生不同类型的错误,导致输出不同的结果。

try 子句检测程序代码是否出错,如果用户输入了非数值数据,则产生 NameError 或者 ValueError 类型错误;如果用户输入的第二个数据为数值 0,则产生 ZeroDivisionError 类型错误。except 子句捕获错误类型,根据捕获的错误类型执行相对应的语句。

如果用户两次输入的都为数值数据,则 try 子句检测的程序代码不产生异常,直接执行 else 子句。

11.2.3 try/finally 语句

finally 子句可以与 try 语句联合使用,其语法格式如下:

```
try:
    被检测的程序代码
except:
    异常处理的程序代码
finally:
```

```
    必须执行的程序代码
```

在上述格式中，finally 子句必须是最后的一条语句，如果有 else 子句，则必须出现在 finally 子句之前。

主要功能是：在 try 语句中，无论是否发生异常，都将执行 finally 子句下面的程序代码。

在真实应用场景中，可以利用 finally 子句释放外部资源（文件与网络连接等），无论它们在使用中是否出错。

【例 11-6】 使用 finally 子句。

```
try:
    x=int(input("输入数据 1:"))
    y=int(input("输入数据 2:"))
    z=x/y
except ValueError:
    print("应全部输入数值数据")
except ZeroDivisionError:
    print("除数不能为 0")
else:
    print("最终结果:",z)
finally:
    print("END")
```

第 1 次程序运行结果如下：

```
输入数据 1:1
输入数据 2:5
最终结果: 0.2
END
```

第 2 次程序运行结果如下：

```
输入数据 1:23
输入数据 2:aa
应全部输入数值数据
END
```

第 3 次程序运行结果如下：

```
输入数据 1:56
输入数据 2:0
除数不能为 0
END
```

从运行结果可以看出，运行程序产生 ValueError 类型错误，except 子句捕获之后，执行 print("应全部输入数值数据")，然后直接执行 finally 子句中的 print("END")语句。

如产生 ZeroDivisionError 类型错误，except 子句捕获之后，执行 print("除数不能为

0")，然后直接执行 finally 子句中的 print("END")语句。

从上述过程可以看出与理解 try/finally 语句的应用场景。在 try/finally 语句中，finally 子句主要用于无论是否发生错误都需要执行的一些工作。例如在读一个文件时，无论是否发生异常，最后都需要关闭文件，对于这种场合就需要使用 finally 子句来完成。

11.3 抛出异常

如果捕获到的异常在本级无法处理，或者不应该在本级处理，则将异常抛出以交给上一级程序处理。在程序中可以使用 raise 语句和 assert 语句抛出特定的异常。

11.3.1 raise 语句

程序在执行过程中，如果出现用户输入的数据与要求数据不符或者用户操作错误等问题，需要程序进行处理并给出相应的提示。也就是说，对于语法错误和运行错误所引起的异常，可以利用 try/except 语句处理。

在程序中可使用判断语句，在判断语句体内进行相应的问题处理，如果处理问题的语句过多，将导致代码复杂化。在这种情况下，可以使用 raise 语句主动抛出异常，由异常处理语句块进行处理。另一种情况是，很多时候系统是否要引发异常可能需要根据应用的业务需求来决定。如果程序中的数据、执行与既定的业务需求不符，这就是一种异常。由于与业务需求不符而产生的异常必须由程序员来决定引发，系统无法引发这种异常。在这种情况下，就可以使用 raise 语句主动抛出异常，由异常处理语句块进行处理。也就是说，对于逻辑错误和系统不能够发现的缺陷由程序员设计考虑，可以使用 raise 语句处理。

1. raise 语句

如果需要在程序中自行引发异常，则应使用 raise 语句，该语句的基本语法格式为：

```
raise [exception name [(reason)]]
```

其作用是指定抛出的异常名称，以及异常信息的相关描述。如果可选参数全部省略，则 raise 将当前错误原样抛出；如果仅省略 (reason)，则在抛出异常时，将不附带任何的异常描述信息。

raise 唯一的参数就是要抛出的异常。这个参数必须是一个异常实例或一个异常类(派生自 Exception 的类)。如果传递的是一个异常类，它将通过调用没有参数的构造函数来隐式实例化。

【例 11-7】 raise 抛出异常的捕获与处理。

```
try:
    s = None
    if s is None:
        print ("s是空对象")
        raise NameError                    #引发 NameError 异常，后面的代码将不能执行
    print(len(s))                          #这句不会执行，但是后面的 except 还可执行
except TypeError:
```

```
    print("空对象无长度")
except NameError:
    print("接收 raise 的异常 NameError")
finally:
    print('end test')
```

程序运行结果如下：

```
s 是空对象
接收 raise 的异常 NameError
end test
```

又如：

```
try:
    a = int(input('输入年龄:'))
    if a > 120:
        raise ValueError('年龄不可能大于 120')
    print(a)
except ValueError as e:
    print('出现错误,错误类型是:', e)
```

程序运行结果如下：

```
输入年龄:1234
出现错误,错误类型是: 年龄不可能大于 120
输入年龄:12
12
```

2. raise 语句的基本格式

raise 语句有如下三种格式。

(1) 单独一个 raise。该语句引发当前上下文中捕获的异常(如在 except 块中)，或默认引发 RuntimeError 异常。

(2) raise 异常类名称。raise 后带一个异常类名称，该语句引发指定异常类的默认实例。例如：

```
raise Exception
```

(3) raise 异常类名称(描述信息)。在引发指定异常的同时附带异常的描述信息，这是一种经常使用的方式。例如

```
raise Exception('密码输入错误')
```

上面三种用法最终都是要引发一个异常实例，即使指定的是异常类，实际上也是引发该类的默认实例，raise 语句每次只能引发一个异常实例。

3. raise 常用的抛出异常方法

在 Python 程序中，用 raise 语句可以主动抛出异常，一旦执行了 raise 语句，raise 后

面的语句将不能执行，常用方法如下。

(1) 使用类名引发异常。在raise语句中可以指定异常的类名引发异常，例如：

```
raise IndexError
```

(2) 传递异常。使用不带任何参数的raise语句，可以再次引发刚刚发生过的异常，其作用就是向外传递异常，例如：

```
try:
    raise IndexError
except:
    print("error")
raise
```

程序运行结果如下：

```
error
Traceback (most recent call last):
  File "F:/文件处理.py/27.py", line 5, in <module>
    raise
RuntimeError: No active exception to reraise
```

在上述程序中，使用try中的raise抛出了IndexError异常。如果程序运行中出现了异常，则跳转到except子句中执行，即运行输出语句print("error")后，可以再次使用raise引发异常，导致程序出现错误而终止运行。

(3) 指定异常的描述信息。当使用raise语句抛出异常时，还能够为异常类指定自定义描述信息。例如：

```
try:
    psw=input("输入登录密码:")
    if(psw!='56781234'):
        raise Exception('密码输入错误')
except Exception as e:
    print(e)
```

程序运行结果如下：

```
输入登录密码: 12345678
密码输入错误
>>>
输入登录密码: 56781234
>>>
```

(4) 直接调用内置异常类或对象。使用raise语句可直接调用内置异常类或对象，其语法格式如下：

```
raise 内置异常类或对象
```

【例 11-8】 使用 raise 语句直接调用内置异常类。

```
>>>raise Exception(1/0)
Tanceback (most recent call last):
    file"<pyshell#30>",line 1,in<module>
        raise Exception(1/0)
ZeroDivisionError:division by zero
>>>raise NameError('Testing')
Tanceback (most recent call last):
    file"<pyshell#31>",line 1,in<module>
        raise NameError('Testing')
NameError:Testing
```

raise Exception(1/0)语句是调用 Exception，raise NameError 语句则是调用 NameError。

(5) 使用异常类的实例引发异常。通过显式创建异常类的实例，直接使用异常类的实例对象引发异常，例如，其语法格式如下：

```
index=Indexerror()
raise index
```

4. 捕捉异常并进行处理

程序捕捉到异常之后进行处理，并不中断程序的执行。可以使用 try/except 语句加上 raise 语句来完成这一功能，其语法格式为：

```
try:
    raise Exception
except Exception as 异常参数:
    异常处理的程序代码
else:
    如果没有异常,执行这个代码块
```

在上述程序中用 raise 语句引发异常。except 子句需要使用 raise 语句中的相同类。其中，Exception 是异常类。例如名字错误引起的异常是 NameError。参数是一个异常参数值。该参数为可选，如果没有选择，则异常的参数是"None"。

例如，产生异常与捕获异常。

```
try:
    raise Exception('引发错误')
except Exception as err:
    print(err)
else:
    print('没有错误')
```

在上述程序中，使用 try 子句中的 raise 语句引发错误。

【例 11-9】 raise 语句引发的自定义类异常。

```
import math
class MyError(RuntimeError):
    pass

class Circular():

    def __init__(self,radius):
        self.radius=radius
        print('半径:',self.radius)
        if self.radius>0:
            self.radius=radius
        else:
            raise MyError ('半径不能小于或等于零')

    def periphery(self):                #接收圆周长
        return 2 * self.radius * math.pi

    def __repr__(self):                 #设置输出格式
        return'圆周长:{:4.3f}'.format(self.periphery())

try:
    r=int(input('r='))
    one=Circular(r)
    print(one)
except MyError as err:
    print()
    print('引发异常,',err)
```

程序运行结果如下：

```
r=20
半径: 20
圆周长:125.664
r=-20
半径: -20
引发异常, 半径不能小于或等于零
```

又如：

```
class MyException (Exception):
   pass
try:
   pass
   raise MyException("出错")
```

```
except MyException as error:
print(error)
```

程序运行结果如下：

```
出错
```

在主程序中，用户自定义了一个异常 MyException。在 try 语句中通过 raise 语句将 MyException 抛出，并且指定了异常提示信息。在自定义异常时，可以像创建普通类一样赋予其属性与方法，但一般仅添加几个属性，用于描述异常的详细信息。在实际应用系统的开发中，可以创建本系统的异常体系，首先创建一个继承 Exception 类的基类，然后针对不同情况创建不同的子类。

11.3.2　assert 语句

可以使用 assert 语句判断一个表达式的真假，如果表达式为 True，那么表达式不做任何操作；否则引发 AssertionError 异常。assert 语句的语法格式如下：

```
assert 表达式[参数]
```

其中，表达式是 assert 语句的判断对象，参数通常是一个字符串，是自定义异常的参数，用于显示异常的描述信息。

assert 语句与 raise 的主要不同点是：assert 语句必须配备条件才能够抛出异常。

例如：

```
>>>data=[]
>>>assert data[1]
Traceback <most recent call last>:
   File"<pyshell#1",line 1 in <modele>
      assert data[1]
IndexError:list index out of range
```

【例 11-10】 要求成员的年龄必须大于 18 岁。

```
>>>age=16
>>>assert age>18,"年龄必须大于 18 岁"
Traceback <most recent call last>:
   File"<stdin>",line 1 in <module>
AssertionError: 年龄必须大于 18 岁
```

其中，age>8 是 assert 语句的断言表达式，"年龄必须大于 18 岁"是异常参数。当程序运行时，由于 age=16，断言表达式之值为 False，所以系统抛出了 AssertionError 异常，并在异常后显示自定义异常的参数。

assert 语句抛出的 AssertionError 异常也可以通过 try/except 语句捕获，代码如下：

```
age=16
try:
```

```
    assert age>18, "年龄必须大于 18 岁"
except AssertionError as error:
    print(error)
```

程序运行结果如下：

```
年龄必须大于 18 岁
```

assert 语句用于判定用户定义的约束条件，在程序没完成时，可以使用断言语句对条件进行判定。与其使程序在运行中崩溃，还不如在遇到不满足的条件时就报出异常。

11.4 利用 with 语句处理异常

利用 with 语句处理异常需要建立上下文管理器，这是一种常用的方法。

11.4.1 上下文管理器的工作过程

上下文是指在程序中用来表示代码执行过程中所处的前后环境。上下文管理器是一个对象，它定义了在执行 with 语句时要建立的运行时上下文。上下文管理器处理进入和退出运行时的代码块，通常通过 with 语句使用，也可以通过直接调用它们的方法使用。

1. 定义上下文管理器

Python 的 with 语句提供了一个有效的机制，可使代码更简练，并且在异常产生时，可使清理工作更简单。简单地说，要定义一个上下文管理器，需要在一个类中实现__enter__(self)和__exit__(self, exc_type, exc_value, traceback)方法。上下文管理器协议是指要实现对象的__enter__()和 __exit__()方法。上下文管理器也就是支持上下文管理器协议的对象，即实现__enter__()方法和 __exit__()方法。

(1) object.__enter__(self)：该方法能够在执行 with 后面的语句时执行，一般用来处理操作前的内容，例如创建对象、初始化等，并返回自身或者另一个与运行时上下文相关的对象。

(2) object.__exit__(self, exc_type, exc_value, traceback)：该方法能够在 with 内的代码执行完毕后执行，一般用来处理一些善后收尾工作，例如文件的关闭、数据库的关闭等。__exit__()方法有三个参数来接收和处理异常，如果代码在运行时发生异常，将把异常保存到这三个参数中，这三个参数是：

- exc_type：异常类型。
- exc_val：异常值。
- exc_tb：异常回溯跟踪。

各个参数描述了上下文退出的情况，如果上下文是无异常地退出，三个参数都将为 None。如果提供了异常，并且希望方法屏蔽此异常以避免其被传播，则应当返回真值；否则的话，异常将在退出此方法时按正常流程处理。如果 with_body 的退出是由异常引发，并且__exit__()的返回值等于 False，则主动抛出异常，并终止程序；如果 __exit __()的返回值等于 True，那么就忽略这个异常，继续执行后继代码。

2. with 语句

在通常情况下，可以使用 with 语句构造上下文管理器，其语法格式如下：

```
with 上下文表达式 [as var]:
    with body
```

当 with 执行时，将执行上下文表达式来获得一个上下文管理器。上下文管理器的职责是提供一个上下文对象，用于在 with body 中进一步处理细节。

配合 with 语句使用的时候，上下文管理器自动调用__enter__()方法，然后进入运行时上下文环境。如果有 as 子句，则返回自身或另一个与运行时上下文相关的对象，赋值给 var。当 with body 执行完毕退出 with 语句块或者 with body 代码块时出现异常，则自动执行__exit__()方法，并且将异常参数传递进来。如果__exit__()方法返回 True，则 with 语句代码块不会显式地抛出异常，并终止程序；如果返回 None 或者 False，则主动抛出异常，并终止程序。

with 语句是 Python 提供的一种简化语法，适用于对资源进行访问的场合，确保不管使用过程中是否发生异常都执行必要的“清理”操作，释放资源。with 语句主要是为了简化代码操作。

例如，如果文件 test.txt 存在，则在 Python 中对一个 txt 文件进行写入操作并在写入后需要关闭文件的程序如下：

```
try:
    f = open('test.txt', 'r')          #打开一个文件
    f.write('Hello Python ')
finally:
    f.close()                          #关闭该文件
```

为了建立上下文管理器，可以将内置函数 open()作为上下文表达式，使用 with 语句即可进入上下文管理器，可将上述代码改写成：

```
with open('test.txt', 'r') as f:
    f.write('Hello Python ')
```

with 语句的执行过程如下：

(1) 加载上下文管理器的__exit__()方法。

(2) 调用上下文管理器的__enter__()方法。

(3) 如果有 as var 子句，则将__enter__()方法的返回值赋给 var。

(4) 执行子代码块 with body。

(5) 调用上下文管理器的__exit__()方法。

当代码或函数执行时，需要考虑一个环境。在不同的环境中调用，有时效果不同，这些不同的环境就是上下文管理器。例如数据库连接之后创建了一个数据库交互的上下文管理器，进入这个上下文管理器，就能使用连接进行查询，执行完毕关闭连接并退出交互环境。创建连接和释放连接都需要有一个共同的调用环境。

上下文管理器的运用场景和典型用法主要包括保存和恢复各种全局状态、锁定和解

锁资源、关闭打开的文件、异常捕捉等。不能对任意的 Python 对象都使用 with 语句，对象需要支持上下文管理协议。目前支持该协议的对象主要有：

- file
- decimal.Context
- thread.LockType
- threading.Lock
- threading.RLock
- threading.Condition
- threading.Semaphore
- threading.BoundedSemaphore

11.4.2 上下文管理器的自定义

程序设计者需要自定义上下文管理器，主要工作是使它能够支持上下文管理器协议，并实现该协议规定的__enter__()方法和__exit__()方法。

【例 11-11】 上下文管理器应用举例。

```
class Sample():
    def __init__(self):
        self.name = 'xx'
        print('in__init__()')

    def __enter__(self):
        print ('in __enter__()')
        return 'Python'

    def __exit__(self, type, value, trace):
        print ('in __exit__()')

with Sample() as sp:
    print ('sp:',sp)
```

程序运行结果如下：

```
in __init__()
in __enter__()
sp: Python
in __exit__()
```

执行顺序是__init__()→__enter__()→with 语句后继代码块→__exit__()。

上述 Sample 类中的__exit__()方法有三个参数 value、type 和 trace，即__exit__(type, value, trace)。这些参数在异常处理中主要用于捕获异常，它的返回值是一个 boolean 对象。除了 self 之外，必须传入另外三个参数 val、type 和 trace，分别表示上下文表达式的类型、值(如 IndexError: list index out of range 中，冒号后面的部分就是值)以

及 traceback。返回 True 则表示这个异常被忽略;返回 False 则表示这个异常会抛出。

11.5　异常与处理程序案例

在本节,主要介绍三个异常处理应用程序,其中第 1 个文件开启异常处理程序使用了 try/except 语句块,第 2 个自定义登录系统异常处理程序使用 raise 语句抛出异常,第 3 个异常处理程序使用了上下文管理器(with 语句)。

11.5.1　文件开启异常处理

打开一个文件,它可能不存在;如果连接一个数据库,它不能连接或没有访问所需的安全证书;如果知道一行代码可能引发异常,对于这些场景可以使用 try/except 语句块处理。

例如,文件开启异常处理程序。

```
try:
    f_sock = open('/f7')
except IOError:
    print('The file does not exist')
print('This line will always print')
```

程序运行结果如下:

```
The file does not exist
This line will always print
```

程序说明如下:

(1) 使用内置 open()函数打开一个不存在的 f7 文件,则引发 IOError 类异常。因为没有提供任何显式的 IOError 异常检查,Python 仅输出关于发生了什么的调试信息,然后终止。

```
>>> f_sock = open("/f7", "r")
Traceback (innermost last):
    File "<interactive input>", line 1, in ?
IOError: [Errno 2] No such file or directory: '/notthere'
```

(2) 如果在一个 try/except 语句内开启不存在的 f7 文件,则有:

```
try:
    f_sock = open("/f7")
except IOError:
    print ("The file does not exist ")
print ("This line will always print")
```

当 open 方法引发了 IOError 异常时,已经准备好处理。except IOError:行捕捉到异常,接着执行代码块,在本例中这个代码块只打印出错误信息,即"The file does not exist”。

(3) 一旦处理异常了,在 try/except 块之后的第一行继续进行。无论异常是否发生,这一行总是输出出来。如果在根目录下确实有一个 f7 文件,对 open 的调用将成功,except 子句将忽略,并且最后一行仍将执行。

如果不捕捉异常,整个程序将崩溃。使用异常处理,一发生错误,就可以在问题的源头通过标准的方法来处理它们。

对于文件开启异常处理,也可以写成如下 try/except 嵌套形式:

```
try:
    ff=open("hello.txt","r")
    try:
        print(ff.read(5))
    except:
        print('读文件异常')
    finally:
        print('释放资源')
    ff.close()
except IOError:
    print("文件不存在")
```

程序运行结果如下(如果要打开的文件不存在):

```
文件不存在
```

11.5.2 自定义登录系统

用户可以创建新的异常,即用户自定义异常,其方法是只需要创建一个类,这个类是继承 Exception 类或者 Exception 类的子类来产生自己所需要的异常类。

在下述程序中,用户登录一个系统需要输入用户名和用户密码,在这里输入的用户名和用户密码不是一个确定值,而是用户名和用户密码的特征。例如用户名是由 3~8 个字符组成的字符串,用户密码是由 6 个数字组成的字符串,如果不是上述情况,则使用 raise 抛出异常。

```
class Name(RuntimeError):                    #自定义异常类型
        pass
class Pwd(RuntimeError):
        pass
def checklogin(username,userpwd):        #定义函数,检查用户名和密码输入
    if len(username)<3 or len(username)>8:
        raise Name("3-8")
    if not username.isalpha():
        raise Name("由数字字母组成")
    if len(userpwd)!=6:
        raise Pwd("密码由 6 个数字和字母组成")
```

```
    if not userpwd.isalnum():
        raise Pwd("密码由数字和字符组成")

x =input("输入用户名:")
y =input("输入密码 :")
try :
    checklogin(x,y)

except Name as e:
    print(str(e))
except Pwd as ee:
    print(str(ee))
else:
    print("用户名密码正确,进入系统")
```

程序运行结果如下：

```
==================== RESTART: F:\文件处理.py\2.py ====================
输入用户名:wan
输入密码:123456
用户名密码正确,进入系统
>>>
==================== RESTART: F:\文件处理.py\2.py ====================
输入用户名:li
输入密码:123456
3-8
>>>
==================== RESTART: F:\文件处理.py\2.py ====================
输入用户名:wan
输入密码:abcdef
用户名密码正确,进入系统
>>>
==================== RESTART: F:\文件处理.py\2.py ====================
输入用户名:liu
输入密码:abc567
用户名密码正确,进入系统
>>>
==================== RESTART: F:\文件处理.py\2.py ====================
输入用户名:liu
输入密码:12345
密码由 6 个数字和字母组成
>>>
```

11.5.3　使用上下文管理器的异常处理程序

在下述程序中,使用了上下文管理器。通过两个实参数据 m 和 n 调用 Computing

类，进行两个数的加法运算。在 Computing 类中，定义了__init__()方法、__enter__()方法、__exit__()方法和 add()方法，以及使用 with 语句构造上下文管理器。由__init__()方法接收两个参数，由__enter__()方法返回一个地址，被 as 后的变量接收，是否继续向外抛出由__exit__()方法捕获的异常。在 with 语句中，出现了 Computing(1，'5')，实参中出现了字符串'5'，出现异常并抛出。

```
class Computing(object):
    #接收两个参数
    def __init__(self,m,n):                    #接收两个参数的方法
        self.__m = m
        self.__n = n

    #返回一个地址，被 as 后的变量接收，实例对象就会执行 Computing 类中的 add()方法

    def __enter__(self):
        print('执行__enter__')
        return self

    def __exit__(self, exc_type, exc_val, exc_tb):
        print("执行__exit__")
        if exc_type == None:
            print('程序无问题')
        else:
            print('程序问题如下:')
            print('Type: ', exc_type)
            print('Value:', exc_val)
            print('TreacBack:', exc_tb)
        #返回值决定了捕获的异常是否继续向外抛出
        #如果是 False 那么就会继续向外抛出，程序会看到系统提示的异常信息
        #如果是 True 不向外抛出，程序看不到系统提示信息，只能看到 else 中的输出
        return  True

    def add(self):
        print("执行加法 add")
        return self.__m + self.__n

>>>with Computing(1, '5') as ff:
        ff.add()
执行__enter__
执行加法 add
执行__exit__
程序问题如下:
Type:  <class 'TypeError'>
Value: unsupported operand type(s) for +: 'int' and 'str'
```

```
TreacBack: <traceback object at 0x000001E21E2C0240>
>>> with Computing(1,5) as ff:
            ff.add()
执行__enter__
执行加法 add
执行__exit__
程序无问题
>>>
```

本 章 小 结

异常处理的主要目的是防止因外部环境的变化而导致程序出现无法控制的错误，而不是仅用于处理程序的逻辑错误，所以将所有的代码都用 try 语句包含起来的做法不合道理。另外捕获异常之后应该进行相应处理，如果在异常捕获之后忽略掉，将会隐蔽导致程序出错的原因，不利于程序的正常运行与维护。

本章系统介绍了 Python 语言系统的异常捕获和处理的机制，通过本章内容的学习，不仅可以掌握 Python 程序设计和调试方法，而且还可提高运行和维护 Python 程序的能力。

习　题　11

1. 下述代码是否产生异常，如果能产生异常，写出异常的名称：

```
mylist=[1,2,3,4,,]
```

2. 下述代码是否产生异常，如果能产生异常，写出异常的名称：

```
mylist=[1,2,3,4,5]
print(mylist[len(mylist)])
```

3. 下述代码是否产生异常，如果能产生异常，写出异常的名称：

```
mylist=[3,5,1,4,2]
mylist.sorted()
```

4. 如下代码是否产生异常，如果能产生异常，写出异常的名称：

```
mydict={'host':'www.123.com','port':'80'}
print(mydict['server'])
```

5. 写出下述程序异常的名称：

```
f=open(r'c:\test.txt',wb)
f.write('i love u')
f.close()
```

6. 编写一个计算减法的方法，当第一个数小于第二个数时，抛出“被减数不能小于减数”的异常。

7. 定义一个函数 func(filename)，其中，filename 是文件的路径。

函数功能：打开文件，并且返回文件内容，最后关闭，用异常来处理可能发生的错误。

8. 假设成年人的体重和身高存在此种关系：身高(厘米)－100＝标准体重(千克)。

如果一个人的体重与其标准体重的差值在±5 千克以内，则显示“体重正常”，其他情况则显示“体重超标”或“体重不达标”。编写程序，能处理用户输入的异常，并且使用自定义异常类处理身高小于 130 cm 或大于 250 cm 的异常情况。

9. 编写程序：录入一个学生的成绩，把该学生的成绩转换为 A(优秀)、B(良好)、C(合格)或 D(不及格)的形式，最后将该学生的成绩打印出来，要求使用 assert 断言语句处理分数不合理的情况。

第 12 章 日期与时间

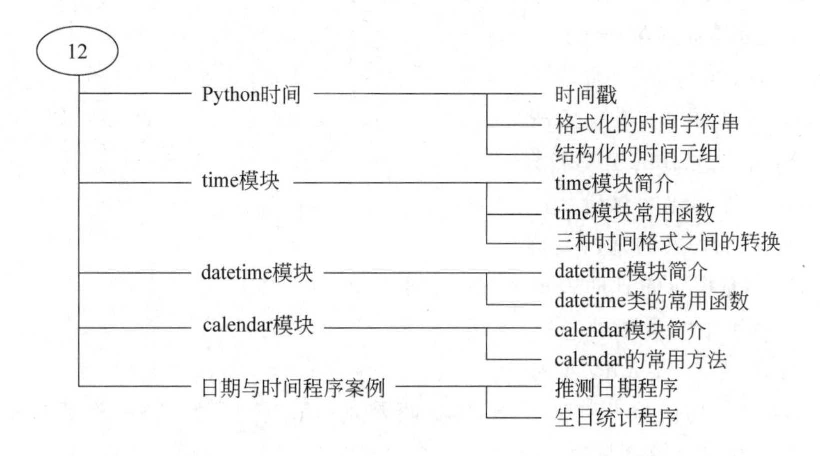

在程序设计中，日期和时间的应用非常普遍，大部分的数据记录和日志处理都需要使用时间。在 Python 中，有多种处理日期和时间的方式，并且设置了与日期和时间有关的模块，常用的有 time 模块、datetime 模块以及 calendar 模块等。

12.1 Python 时间

计算机只能识别时间戳格式的时间，而用户需要格式化的时间字符串和结构化时间元组的时间表示，为此，经常需要在时间戳、格式化的时间字符串和结构化时间元组这三种时间格式之间进行转换。在 Python 中，可以很方便地做到这一点。

12.1.1 时间戳

时间戳是一个字符序列，用于标识某一刻的时间。也就是说，时间戳是从 1970 年 1 月 1 日 00 时 00 分 00 秒(北京时间 1970 年 1 月 1 日 08 时 00 分 00 秒)到现在的总毫秒数。时间戳适于做日期表示与运算，但是 1970 年之前的日期就无法用时间戳表示了。例如当前的时间戳为：1474763828.543787。Python 3.5 中支持的最大时间戳为 32535244799(3001-01-01 15:59:59)

12.1.2 格式化的时间字符串

格式化的时间字符串是格式化的、易于理解的表示时间的字符串。

1. 时间的格式化符号

在 Python 中,表示时间与日期的格式化符号如下:

- %y: 两位数的年份表示(00~99),省略了世纪的年份。
- %Y: 四位数的年份表示(0000~9999),完整的年份表示。
- %m: 月份(01~12)。
- %d: 一个月中的第几天(0~31)。
- %H: 一天中的第几小时(0~23),即 24 小时制。
- %I: 一天中的第几小时(01~12),即 12 小时制。
- %M: 分钟数(00~59)。
- %S: 秒(00~59)。
- %a: 本地简化的星期名称。
- %A: 本地完整的星期名称。
- %b: 本地简化的月份名称。
- %B: 本地完整的月份名称。
- %c: 本地相应的日期表示和时间表示。
- %j: 一年中的第几天(001~366)。
- %p: 本地 A.M.或 P.M.的等价符。
- %U: 一年中的星期数(00~53),星期天为一星期的开始,第一个星期天之前的所有天数都放在第 0 周。
- %w: 一星期中的第几天(0~6),0 为星期天,是一个星期的开始。
- %W: 一年中的星期数(00~53),星期一为一个星期的开始。
- %x: 本地相应的日期表示。
- %X: 本地相应的时间表示。
- %Z: 当前时区的名称,如果不存在,则为空字符。
- %%: %字符。

2. 格式化符号的使用说明

对于上述的 22 个格式化符号的使用,需要说明下述几点:

(1) "%p"只有与"%I"配合使用才有效果。

(2) 文档中强调确实是 0~61,而不是 59,闰年 h 少占两秒。

(3) 当使用 strptime()函数时,只有在这年中的周数和天数已确定的情况下,%U 和%W 才会计算。

例如,2019 年 6 月 21 日星期三 03 时 58 分 469 毫秒的格式化的时间字符串是:

```
Wed Jun 21 03:58:469 2019
```

还有其他易于理解的时间字符串,例如,2020-01-15 等。

又如:

```
>>> datetime.datetime.now().strftime('%Y-%m-%d %H:%M:%S')
2021-02-15 09:48:36
```

12.1.3　结构化的时间元组

时间元组又称结构化的时间(struct_time)元组,包括 9 个元素：年、月、日、时、分、秒、周/年、天/年、是否为夏令时,如表 12-1 所示。

表 12-1　结构化的时间元组元素

索引	属　性	字　段	值
0	tm_year	4 位数年	例如 2018
1	tm_ mon	月	1～12
2	tm_mday	日	1～31
3	tm_hour	小时	0～23
4	tm_min	分钟	0～59
5	tm_sec	秒	0～61(60 或 61 是闰秒)
6	tm_wday	一周的第几日	0～6(0 为周日)
7	tm_yday	一年的第几日	1～366
8	tm_isdst	夏令时	默认为－1

例如,时间元组内容如下：

```
struct_time(tm_year=2018, tm_mon=8, tm_mday=3, tm_hour=22, tm_min=33,
tm_sec=39, tm_wday=0, tm_yday=200, tm_isdst=0)
```

12.2　time 模块

time 模块是最常用的时间模块之一。

12.2.1　time 模块简介

time 模块主要包含提供日期和时间功能的类和函数。该模块既提供了将日期和时间格式化为字符串的功能,也提供了从字符串恢复日期和时间的功能。在使用时,首先导入 time 模块,其语法格式如下：

```
import time
```

然后输入 [e for e in dir(time) if not e.startswith('_')] 命令,即可得到该模块所包含的全部属性和函数：

```
>>> [e for e in dir(time) if not e.startswith('_')]
['altzone', 'asctime', 'clock', 'ctime', 'daylight', 'get_clock_info', 'gmtime',
'localtime', 'mktime', 'monotonic', 'perf_counter', 'process_time', 'sleep',
'strftime', 'strptime', 'struct_time', 'time', 'timezone', 'tzname']
```

12.2.2 time模块常用函数

time模块中的常用函数与功能如表12-2所示。

表12-2 time模块的主要函数与功能

time常用函数	功能描述
time.asctime([t])	将时间元组或struct_time转换为时间字符串。如果不指定参数t，则默认转换当前时间
time.ctime([secs])	将以秒数代表的时间(格林尼治时间)转换为时间字符串
time.gmtime([secs])	将以秒数代表的时间转换为struct_time对象。如果不传入参数，则使用当前时间
time.localtime([secs])	将以秒数代表的时间转换为代表当前时间的struct_time对象。如果不传入参数，则使用当前时间
time.mktime(t)	它是localtime的反转函数，用于将struct_time对象或元组代表的时间转换为从1970年1月1日00时整到现在过了多少秒
time.perf_counter()	返回性能计数器的值，以秒为单位
time.process_time()	返回当前进程使用CPU的时间，以秒为单位
time.sleep(secs)	暂停secs秒，什么都不做
time.strftime(format[, t])	将时间元组或struct_time对象格式化为指定格式的时间字符串。如果不指定参数t，则默认转换当前时间
time.strptime(string[, format])	将字符串格式的时间解析成struct_time对象
time.time()	返回从1970年1月1日00时整到现在过了多少秒
time.timezone	返回本地时区的时间偏移，以秒为单位
time.tzname	返回本地时区的时间偏移，以秒为单位

格式化时间是我们经常使用的时间，获得格式化时间所用的函数如图12-1所示。

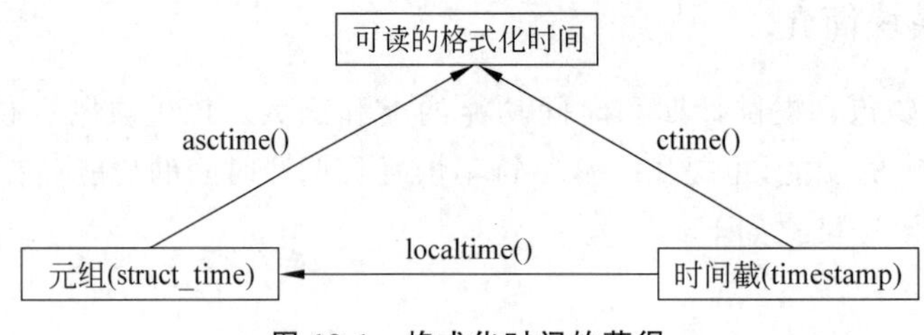

图12-1 格式化时间的获得

从图12-1中可以看出，利用ctime()函数可以将时间戳转换为格式化时间，利用asctime()函数则可以将时间元组转换为格式化时间。

Python可以用从1970年1月1日00时整到现在所经过的秒数代表当前时间(又称格林尼治时间)，例如30秒表明时间是1970年1月1日00时00分30秒。但需要注意的是，在实际输出时可能会受到时区的影响，如中国处于东八区，因此实际上会输出1970

年1月1日08时00分30秒。

1. time()函数

使用time()函数可以返回当前时间的时间戳,即1970年01月01日08时00分00秒到现在时间的浮点秒数,time()函数的语法格式如下:

```
time.time()
```

其中,第1个time表示time模块,第2个time()表示内置函数,该函数无传递参数。其功能是返回当前时间的时间戳,以秒为单位。

例如,获取以秒为单位的时间戳。

```
>>>import time
>>>print('当前时间的时间戳 (单位为秒):',time.time())
```

程序运行结果如下:

```
当前时间的时间戳(单位为秒):1612505420.8781028
```

2. ctime()函数

ctime()函数将从纪元开始以秒为单位的时间戳(格林尼治时间)转换为表示本地时间的字符串。ctime()函数的语法格式如下:

```
time.ctime([ sec ])
```

如果没有提供sec或提供了一个None值,则使用time()返回的当前时间。

例如,获取可读的格式化的时间字符串(当前时间)。

```
>>>import time
>>>print ("ctime :", time.ctime())
ctime : Fri Feb  5 14:12:08 2021
```

例如:

```
>>>timeStamp = 1581419600              #给出时间戳
>>>timeArray = time.localtime(timeStamp)
>>>otherStyleTime = time.strftime("%Y--%m--%d %H:%M:%S", timeArray)
>>>print(otherStyleTime)               #计算出格式化时间
2020--02--11 19:13:20
```

3. asctime()函数

使用asctime()函数可以将一个时间元组转换为可读的格式化的时间字符串,asctime()函数的语法格式如下:

```
time.asctime([t]))
```

其中,t是时间元组,返回值是24个字符的字符串:'Tue Feb 17 23:21:05 2009'。如果t缺省,则默认为当前时间。

【例 12-1】 asctime()函数的使用。

```
>>>import time
>>>s = time.localtime()                                    #时间元组
>>>print(s)
time.struct_time(tm_year=2021, tm_mon=2, tm_mday=5, tm_hour=14, tm_min=15, tm
_sec=26, tm_wday=4, tm_yday=36, tm_isdst=0)
>>>print ("asctime : ",time.asctime(s))                    #可读的格式化的时间字符串
asctime :  Fri Feb  5 14:15:26 2021
```

12.2.3 三种时间格式之间的转换

结构化元组时间与格式化时间的相互转换需要使用 striptime()函数或 striptime()函数;时间戳向结构化时间的转换需要使用 mktime()函数或 localtime()函数;结构化时间向时间戳的转换需要使用 mktime()函数,如图 12-2 所示。

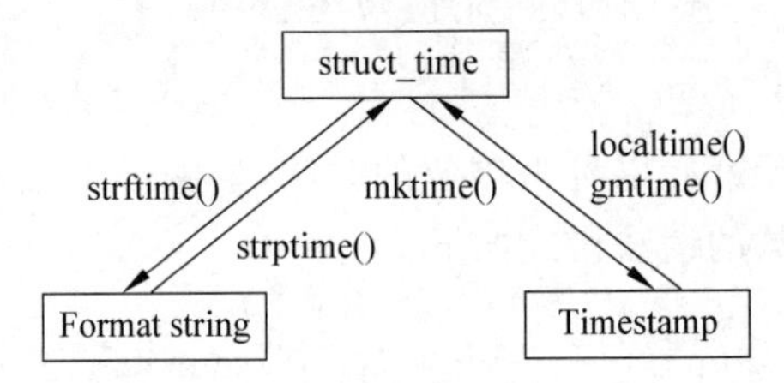

图 12-2 三种时间格式之间的转换

1. 格式化时间字符串与时间元组之间的转换

(1) striptime()函数。使用 striptime()函数可根据指定的格式把一个格式化时间字符串解析为时间元组。其语法格式如下:

```
time.striptime(string[, format])
```

其中,time 是指时间模块,string 为时间字符串,format 为格式化字符串,返回结构化元组。例如:

```
>>>import time
>>>s = time.striptime('25 Nov 20', '%d %b %y')
>>>print('返回的元组',s)
```

返回的元组如下:

```
time.struct_time(tm_year=2020, tm_mon=11, tm_mday=25, tm_hour=0, tm_min=0, tm
_sec=0, tm_wday=2, tm_yday=330, tm_isdst=-1)
```

(2) strftime()函数。使用 strftime()函数可以将时间元组转换为格式化时间。时间字符串表示当地时间,具体格式由参数 format 决定。

strftime()函数的语法格式如下:

```
time.strftime(format[,tuple])
```

其中，time是指time模块，format是指格式化字符串，tuple是指可选的参数，表示一个时间元组对象，该函数返回以可读的格式化时间字符串表示的当地时间。

例如：

```
>>>import time
>>>s = time.strptime('25 Nov 21', '%d %b %y')
>>>print('返回的元组',s)
```

返回的元组如下：

```
time.struct_time(tm_year=2020, tm_mon=11, tm_mday=25, tm_hour=0, tm_min=0, tm
_sec=0, tm_wday=2, tm_yday=330, tm_isdst=-1)
>>> print(time.strftime('%d-%b-%y',s)))
25-Nov-20
```

2. 时间戳与时间元组之间的转换

（1）gmtime()函数。使用gmtime()函数可将一个以秒为单位的时间戳转换为UTC时区(0时区)的时间元组。gmtime()函数的语法格式如下：

```
time.gmtime([secs])
```

其中，time是指time模块，secs是指转换为以秒为单位的时间，可选参数secs表示从1970-1-1到现在的秒数。gmtime()的默认值为time.time()，即如果没有提供secs，则同time()函数一样。该函数无任何返回值。例如：

```
>>import time
>>>print ('gmtime :', time.gmtime())
gmtime : time.struct_time(tm_year=2021, tm_mon=2, tm_mday=5, tm_hour=14, tm_
min=34, tm_sec=43, tm_wday=4, tm_yday=36, tm_isdst=0)
```

（2）localtime()函数。使用localtime()函数可以将时间戳转换为本地时间元组。其语法格式如下：

```
localtime([secs])
```

其中，如果无secs参数，则以当前时间为转换时间。如果有secs参数，则表示转换为time.struct_time类型对象的秒数。该函数无任何返回值。例如，localtime()函数类似于gmtime()函数，但其转换秒数为本地时间。如果secs未提供或为None，则当前时间调用time()返回其结果。当把数字时间戳服务DST用于给定的时间时，将DST标志设置为1。

```
>>>import time
>>>print('time.localtime():',time. localtime())
time.localtime(): time.struct_time(tm_year=2021, tm_mon=2, tm_mday=5, tm_hour
=22, tm_min=38, tm_sec=7, tm_wday=4, tm_yday=36, tm_isdst=0)
```

又如，接收时间戳(1970纪元后经过的浮点秒数)并返回当地时间下的时间元组t(t.

tm_isdst 可取 0 或 1，取决于当地当时是不是夏令时）。

```
>>>import time
>>>print(time.time())
   1612536018.5566406
>>>print(time.localtime(1612536018.5566406))
time.struct_time(tm_year=2021, tm_mon=2, tm_mday=5, tm_hour=22, tm_min=40, tm
_sec=18, tm_wday=4, tm_yday=36, tm_isdst=0)
```

（3）mktime()函数。使用 localtime()函数可以将时间戳转换为本地时间元组，而使用 gmtime()函数则将一个以秒为单位的时间戳转换为 UTC 时区（0 时区）的时间元组。但 mktime()函数的功能与它们所进行的操作相反，mktime()函数接受时间元组作为参数，返回以秒为单位时间的时间戳。如果输入值不合法，则抛出 OverflowError 异常或 ValueError 异常。

mktime()函数的语法格式如下：

```
time.mktime(t)
```

其中，time 是指 time 模块，t 为结构化时间，是一个 9 位元组元素，mktime()函数可将时间元组 t 转换为时间戳。例如：

```
>>>import time
>>>t = time.localtime(1612536018.5566406)                #t 为时间元组
>>>print ("time.mktime(t):%f"% time.mktime(t))
me.mktime(t):1612536018.000000
```

3. 三种时间格式表示

【例 12-2】 使用三种时间表示方式（时间戳、时间元组和格式化的时间）。

```
print(time.time())                                       #当前时间戳
print(int(time.time()))
print(time.strftime('%Y-%m-%d %H:%M:%S'))                #格式化的时间
print(time.strftime('%Y-%m-%d'))
print(time.strftime('%H:%M:%S'))
print(time.gmtime())                                     #获取标准时区的时间元组
```

程序运行结果如下：

```
1612584162.8282526
1612584162
2021-02-06 12:02:42
2021-02-06
12:02:42
time.struct_time(tm_year=2021, tm_mon=2, tm_mday=6, tm_hour=4, tm_min=2, tm_
sec=42, tm_wday=5, tm_yday=37, tm_isdst=0)
```

12.3　datetime 模块

12.3.1　datetime 模块简介

datetime 模块也是一个常用的模块，其中包括了 date 和 time 所有的信息，datetime 模块功能强大。支持时间范围为 0001 年到 9999 年。datetime 模块定义了两个常量，即 datetime.MINYEAR 和 datetime.MAXYEAR，分别表示 datetime 所能够表示的最大和最小年份，其中，MINYEAR=1，MAXYEAR=9999。

datetime 模块主要包括 datetime、date、time、timedelta 和 tzinfo 这 5 个类，其中 datetime 类最为常用。

datetime 类是表示日期和时间的类，date 是表示日期的类，常用的属性有 year、month 和 day。time 是表示时间的类，常用的属性有 hour、minute、second 和 microsecond。timedelta 是表示时间间隔的类，时间间隔是指两个时间点之间的长度。tzinfo 是表示与时区有关的相关信息的类。

12.3.2　datetime 类的常用函数

1. today()函数

today()函数的语法格式如下：

```
datetime.today()
```

today()函数的功能是返回一个表示当前本地时间的 datetime 对象，例如：

```
import datetime
t= datetime. datetime.today()
print(t)
```

程序运行结果如下：

```
2021-02-15 09:58:55.118167
```

【例 12-3】 获取当前格式化时间的两种方法。

```
import time
import datetime
import datetime,time
now1=time.ctime()                          #第一种获取当前格式化时间的方法
print(now1)
now2 = datetime.datetime.today ()          #另一种获取当前格式化时间的方法
print (now2)
```

程序运行结果如下：

```
Sun Feb  7 06:16:16 2021
2021-02-07 06:16:16.127414
```

2. now()函数

now()函数的语法格式如下：

```
datetime.now(tZ)
```

如果没有提供了参数 tZ,就可以获得当前的本地时间;如果提供了参数 tZ,就可以获得该参数所指定时区的本地时间。例如：

```
import datetime
t= datetime. datetime.now()
print(t)
```

程序运行结果如下：

```
2021-02-06 12:30:02.734027
```

【例 12-4】 使用 datetime 获取当前时间。

```
import datetime
now1 = datetime.datetime.now()
now2=time.strftime('%Y-%m-%d %H:%M:%S')
print(now1)
print(now2)
now = datetime.datetime.now()
d1 = now - datetime.timedelta(hours=1)          #获取前一小时
d2 = now - datetime.timedelta(days=1)           #获取前一天
print(now)
print(d1)
print(d2)
```

程序运行结果如下：

```
2021-02-06 12:39:03.091535
2021-02-06 12:39:03
2021-02-06 12:39:03.153777
2021-02-06 11:39:03.153777
2021-02-05 12:39:03.153777
```

【例 12-5】 输出指定格式的日期。

```
import datetime

#输出今日日期,格式为 dd/mm/yyyy。更多选项可以查看 strftime()方法
print(datetime.date.today().strftime('%d/%m/%Y'))
#创建日期对象
mm = datetime.date(2019, 5, 15)
print(mm.strftime('%d/%m/%Y'))
#日期算术运算
dd = mm + datetime.timedelta(days=1)
```

```
print(dd.strftime('%d/%m/%Y'))
#日期替换
kk= mm.replace(year=mm.year + 1)
print(kk.strftime('%d/%m/%Y'))
```

程序运行结果如下：

```
07/02/2021
15/05/2019
16/05/2019
15/05/2020
```

3. datetime 模块的主要函数集

datetime 模块的主要函数说明如表 12-3 所示。

表 12-3　datetime 模块的主要函数

函　　数	说　　明
datetime.date.today()	本地日期对象(用 str 函数可得到它的字面表示(2014-03-24))
datetime.date.isoformat(obj)	当前[年-月-日]字符串表示(2014-03-24)
datetime.date.fromtimestamp()	返回一个日期对象,参数是时间戳,返回 [年-月-日]
datetime.date.weekday(obj)	返回一个日期对象的星期数,周一是 0
datetime.date.isoweekday(obj)	返回一个日期对象的星期数,周一是 1
datetime.date.isocalendar(obj)	把日期对象返回一个带有年月日的元组
datetime.datetime.today()	返回一个包含本地时间(含微秒数)的 datetime 对象 2014-03-24 23:31:50.419000
datetime.datetime.now([tz])	返回指定时区的 datetime 对象 2014-03-24 23:31:50.419000
datetime.datetime.utcnow()	返回一个零时区的 datetime 对象
datetime.fromtimestamp(timestamp[,tz])	按时间戳返回一个 datetime 对象,可指定时区,可用于 strftime 转换为日期表示
datetime.utcfromtimestamp(timestamp)	按时间戳返回一个 UTC-datetime 对象
datetime. datetime. strptime (‘2014-03-16 12:21:21‘,”%Y-%m-%d %H: %M: %S”)	将字符串转为 datetime 对象
datetime. datetime. strftime (datetime.datetime.now(), ‘%Y%m%d %H%M%S‘)	将 datetime 对象转换为 str 表示形式
datetime.date.today().timetuple()	转换为时间戳 datetime 元组对象,可用于转换时间戳

12.4 calendar 模块

12.4.1 calendar 模块简介

Python 的 calendar 模块即日历模块，该模块中提供了三个大类。

- calendar.Calendar(firstweekday=0)。该类提供了许多生成器，如星期的生成器、某月日历生成器。
- calendar.TextCalendar(firstweekday=0)。该类提供了按月、按年生成日历字符串的方法。
- calendar.HTMLCalendar(firstweekday=0)。类似于 TextCalendar，不过生成的是 HTML 格式的日历。

12.4.2 calendar 的常用方法

calendar 模块本身也提供许多方法，主要包括一些对日期的操作方法和生成日历的方法。例如，输出某月的月历，或者默认设置星期一是每周第一天，而星期天是最后一天。

【例 12-6】 日期程序。

```
>>>import calendar
>>>calendar.isleap(2000)              #判断是否是闰年
True
>>> calendar.isleap(2100)
False
>>> calendar.month(2100,12)           #查看 2100 年 12 月的日历
December 2100\nMo Tu We Th Fr Sa Su\n 1 2 3 4 5\n 6 7 8 9 10 11 12\n13 14 15 16 17 18 19\
n20 21 22 23 24 25 26\n27 28 29 30 31\n'
>>> calendar.monthrange(2011,12)  #查看 2011 年 12 月是以星期几开始和当月总天数，
                                      #返回元组
(3, 31)
>>> calendar.monthrange(2012,2)
(2, 29)
>>> calendar.weekday(2010,2,23)   #查看 2010 年 2 月 23 日是星期几
1
```

在 Python 中，星期一为 0，星期二为 1，以此类推。

calendar 模块的主要方法如表 12-4 所示。

表 12-4 calendar 模块的主要方法

方 法 名	说 明
calendar.calendar(year,w=2,I=1,c=6)	返回一个多行字符串格式的 year 年年历，3 个月 3 行，间隔距离为 c。每日宽度间隔为 w 字符，每行长度为 21 * w+18+2 * c。I 是每星期行数

续表

方法名	说明
calendar.firstweekday()	返回当前每周起始日期的设置。默认情况下,首次载入calendar模块时返回0,即星期一
calendar.isleap(year)	year是闰年则返回True,否则返回False
calendar.leapdays(y1,y2)	返回y1和y2两个年份之间的闰年总数
calendar.month(year,month(year,month,w=2,I=1)	返回3个多行字符串格式的year年month月的日历,两行标题,1周1行。每日宽度间隔为w字符,每行的长度为7*w+6,I是每星期的行数
calendar.monthcalendar(year,month)	返回1个整数的单层嵌套列表。每个子列表装载代表1个星期的整数。year年month月外的日期都设为0;范围内的日期都由该月第几日表示,从1开始
calendar.monthrange(year,month)	返回两个整数。第1个是该月的星期几的日期码,第2个是该月的日期码。日从0(星期一)~6(星期日),月份为1(1月)~12(12月)
calendar.prcal(year,w=2,I=1,c=6)	相当于print(calendar.calendar(year,w,I,c))
calendar.prmonth(year,month,w=2,I=1)	相当于print(calendar.calendar(year,w,I,c))
calendar.setfirstweekday(weekday)	设置每周的起始日期码:0(星期一)~6(星期日)
calendar.timegm(tupletime)	和time.gmtime相反:接收1个时间元组形式,返回该时刻的时间戳(1970纪年后经过的浮点秒数)
calendar.weekday(year,month,day)	返回给定日期的日期码:0(星期一)~6(星期日)。月份为1月~12月

输出年历可以使用calendar()方法,calendar()方法的语法格式如下:

```
calendar.calendar(year,w=2,I=1,c=6,m=3)
```

使用calendar()方法可以返回一个多行字符串格式的year年的年历,年历格式为3个月一行,间隔距离为c,每日宽度间隔为w字符。每行长度为21* W+18+2* C,l是每星期的行数。

例如,输出一年的年历。

```
>>>import calendar
>>>c= calendar. calendar(2021)
>>> print(c)
                                  2021

      January                   February                   March
Mo Tu We Th Fr Sa Su      Mo Tu We Th Fr Sa Su      Mo Tu We Th Fr Sa Su
             1  2  3       1  2  3  4  5  6  7       1  2  3  4  5  6  7
 4  5  6  7  8  9 10       8  9 10 11 12 13 14       8  9 10 11 12 13 14
11 12 13 14 15 16 17      15 16 17 18 19 20 21      15 16 17 18 19 20 21
18 19 20 21 22 23 24      22 23 24 25 26 27 28      22 23 24 25 26 27 28
25 26 27 28 29 30 31                                29 30 31
```

```
      April                      May                      June
Mo Tu We Th Fr Sa Su    Mo Tu We Th Fr Sa Su    Mo Tu We Th Fr Sa Su
          1  2  3  4                    1  2        1  2  3  4  5  6
 5  6  7  8  9 10 11     3  4  5  6  7  8  9     7  8  9 10 11 12 13
12 13 14 15 16 17 18    10 11 12 13 14 15 16    14 15 16 17 18 19 20
19 20 21 22 23 24 25    17 18 19 20 21 22 23    21 22 23 24 25 26 27
26 27 28 29 30          24 25 26 27 28 29 30    28 29 30
                        31

      July                     August                  September
Mo Tu We Th Fr Sa Su    Mo Tu We Th Fr Sa Su    Mo Tu We Th Fr Sa Su
          1  2  3  4                       1           1  2  3  4  5
 5  6  7  8  9 10 11     2  3  4  5  6  7  8     6  7  8  9 10 11 12
12 13 14 15 16 17 18     9 10 11 12 13 14 15    13 14 15 16 17 18 19
19 20 21 22 23 24 25    16 17 18 19 20 21 22    20 21 22 23 24 25 26
26 27 28 29 30 31       23 24 25 26 27 28 29    27 28 29 30
                        30 31

    October                   November                 December
Mo Tu We Th Fr Sa Su    Mo Tu We Th Fr Sa Su    Mo Tu We Th Fr Sa Su
             1  2  3     1  2  3  4  5  6  7           1  2  3  4  5
 4  5  6  7  8  9 10     8  9 10 11 12 13 14     6  7  8  9 10 11 12
11 12 13 14 15 16 17    15 16 17 18 19 20 21    13 14 15 16 17 18 19
18 19 20 21 22 23 24    22 23 24 25 26 27 28    20 21 22 23 24 25 26
25 26 27 28 29 30 31    29 30                   27 28 29 30 31
```

又如，输出某年某月的日历：

```
>>>cm=calendar.month(2021,2)
>>> cm
February 2021
Mo   Tu   We   Th   Fr   Sa   Su
 1    2    3    4    5    6    7
 8    9   10   11   12   13   14
15   16   17   18   19   20   21
22   23   24   25   26   27   28
```

12.5 日期与时间程序案例

12.5.1 推测日期程序

输入某年某月某日，设计一个判断这一天是这一年的第几天的程序。

以 3 月 5 日为例，应该先把前两个月的天数加起来，然后再加上 5 天，即为本年的第

几天，特殊情况是闰年且输入月份大于 3 时需考虑多加一天：

程序如下：

```
year = int(input('年: '))                          #输入年
month = int(input('月: '))                         #输入月
day = int(input('日: '))                           #输入日

months = (0,31,59,90,120,151,181,212,243,273,304,334)  #存放 1 月到 11 月的月天数
if 0 < month <= 12:                                #获得月的天数
    sum = months[month - 1]
else:
    print ('data error')
sum += day                                         #存放天数
leapyear = 0
#判断是否是闰年
if (year % 400 == 0) or ((year % 4 == 0) and (year % 100 != 0)):
    leapyear = 1
if (leapyear == 1) and (month > 2):
    sum += 1                                       #是闰年增加 1 天
print ('这一年的第 %d 天' % sum)
```

程序运行结果如下：

```
年:2020
月:8
日:3
这一年的第 215 天
年: 2020
月: 12
日: 31
这一年的第 366 天
```

12.5.2 生日统计程序

1. 主要功能

随机生成 10 个人的生日(都是 90 后)，统计出那些人是夏季(6—8 月)出生，最大的比最小的大多少天，谁的生日最早以及谁的生日最晚，其中，春季是 3 月—5 月，夏季是 6 月—8 月，秋季是 9—11 月，冬季是 12 月—2 月。

2. 程序组成

生日统计程序由 7 个函数和 1 个主程序组成，这些函数分别是 build_birthday(创建生日字典)函数、person_birthday_summer(生日在夏天)函数、year_max(出生最晚)函数、year_min(出生最早)函数、person_days(最大的比最小的大多少天)函数、early_birthday(最大的生日)函数和 year_max(最小的生日)函数。

通过调用这些函数，可以完成上述的功能。程序代码如下：

```
from datetime import date, timedelta
from random import randint

def build_birthday(list_person_name: list):                #创建生日字典
    name_birthday = {}.fromkeys(list_person_name)
    for key in name_birthday:                               #随机生成生日
        temp_year = randint(1990, 1999)
        temp_month = randint(1, 12)
        temp_day = randint(1, 30)
        name_birthday[key] = date(temp_year, temp_month, temp_day)
    return name_birthday                                    #返回

def person_birthday_summer(name_birthday: dict):           #生日在夏天
    list_person = []                         #列表 list_person 存储夏天出生的 key
    for key in name_birthday:
        if name_birthday[key].month >= 6 and name_birthday[key].month <= 8:
            list_person.append(key)
    return list_person                       #将夏天出生的 key 返回列表 list_person


def year_max(name_birthday: dict):                          #出生最晚
    person_birth = list(name_birthday.values())             #提取字典中的出生日期
    max_birthday = sorted(person_birth)[len(person_birth) - 1]
    for key in name_birthday:                               #遍历 name_birthday 字典
        if name_birthday[key] == max_birthday:
            return key

def year_min(name_birthday: dict):                          #出生最早
    #提取在 name_birthday 字典中的出生日期
    person_birth = list(name_birthday.values())
    min_birthday = sorted(person_birth)[0]
    for key in name_birthday:                               #遍历 name_birthday 字典
        if name_birthday[key] == min_birthday:
            return key

def person_days(name_birthday: dict):                       #最大的比最小的大多少天
    #在字典中提取出生日期并存于列表 person_birth 中
    person_birth = list(name_birthday.values())

    min_birthday = sorted(person_birth)[0]
    max_birthday = sorted(person_birth)[len(person_birth) - 1]
    return (max_birthday - min_birthday).days               #返回天数

def early_birthday(name_birthday: dict):                    #最早的生日
```

```
    for key in name_birthday:
        name_birthday[key] = name_birthday[key].replace(year=1990)

    person_birth = list(name_birthday.values())
    return (sorted(person_birth)[0])

def later_birthday(name_birthday: dict):                    #最晚的生日
    for key in name_birthday:
        name_birthday[key] = name_birthday[key].replace(year=1990)
    person_birth = list(name_birthday.values())
    return (sorted(person_birth)[len(person_birth) - 1])

if __name__ == "__main__":
    list_name = ["xiaozhao", "xiaoyang", "xiaozhang", "xiaoli", "xiaowang",
"xiaohan", "xiaoma", "xiaozheng", "xiaoliu","xiaohu"]
    #为 list_name 中所有的学员生成生日
    name_birthday = build_birthday(list_name)
    print(name_birthday)
    #调用功能模块
    birthday_summer_list = person_birthday_summer(name_birthday)
    if len(birthday_summer_list) == 0:
        print("没有人的生日是在夏天: ")
    else:
        print("生日为夏天的有:", birthday_summer_list) #统计出夏季出生
    print("出生最晚的:", year_max(name_birthday))
    print("出生最早的:", year_min(name_birthday))
    print("最大比最小的大多少天:", person_days(name_birthday))
    date_early = early_birthday(name_birthday)        #生日最大的
    print("生日最大的是:%d 月%d 日" % (date_early.month, date_early.day))
    date_later = later_birthday(name_birthday)        #生日最小的
    print("生日最小的是:%d 月%d 日" % (date_later.month, date_early.day))
```

程序运行结果如下：

```
{'xiaozhao': datetime.date(1996, 10, 29), 'xiaoyang': datetime.date(1997, 8,
19), 'xiaozhang': datetime.date(1993, 11, 11), 'xiaoli': datetime.date(1992, 5,
20), 'xiaowang': datetime.date(1990, 9, 13), 'xiaohan': datetime.date(1996, 8,
2), 'xiaoma': datetime.date(1996, 8, 24), 'xiaozheng': datetime.date(1991, 11,
5), 'xiaoliu': datetime.date(1992, 1, 3), 'xiaohu': datetime.date(1999, 3, 11)}
生日为夏天的有: ['xiaoyang', 'xiaohan', 'xiaoma']
出生最晚的: xiaohu
出生最早的: xiaowang
最大比最小的大多少天:3101
生日最大的是:1 月 3 日
生日最小的是:11 月 11 日
```

本章小结

Python 中设置了与时间有关的模块，主要有 time 模块、datetime 模块以及 calendar 模块等。本章介绍了基于三种模块的函数/方法，并通过实例说明了这些方法的使用，为在 Python 程序设计中灵活使用时间和日历建立了基础。

习题 12

1. 编写获取当前日期和时间的程序。
2. 编写用于计算上周一和周日的日期的程序。
3. 编写计算指定日期的下个月当天的日期程序。
4. 编写输出 2022 年 1～12 月的程序。
5. 编写计算两个给定日期之间天数的程序。
6. 编写判断一个日期的所在月份有多少天的程序。
7. 编写计算当前时间向后 8 小时的时间的程序。

第13章 文件处理

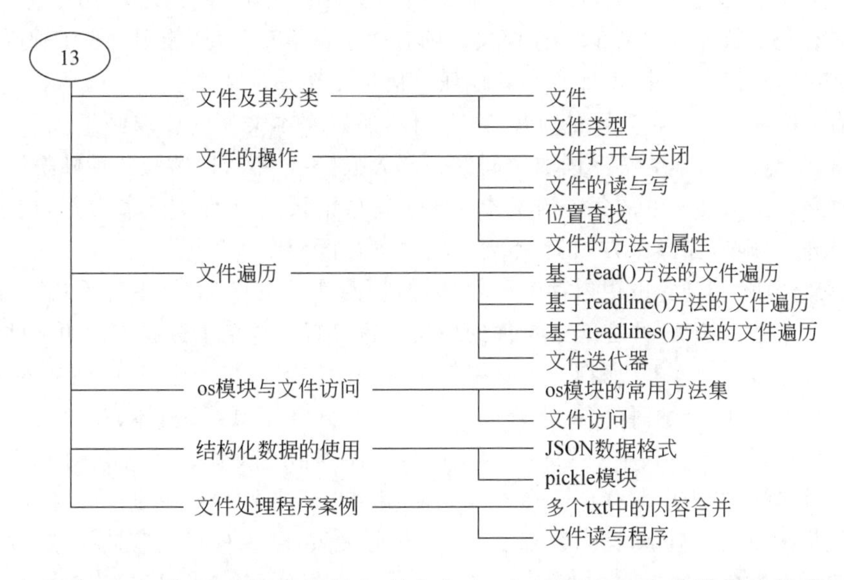

在运行程序时,经常需要将数据保存到内存中,存储在内存中的数据与程序不能够永久保存。如果需要在程序运行结束之后能够永久保存数据,这时就需要使用外存上的文件来保存数据,这就需要掌握对文件的操作。本章主要介绍 Python 创建文件、读取文件、保存文件和删除文件的基本方法。

13.1 文件及其分类

在说明文件处理的相关内容之前,首先介绍文件及常用文件类型。

13.1.1 文件

文件是存放在外部存储介质上的数据集合,磁盘、光盘、磁带、硬盘和 U 盘等都为外部存储介质。文件的特点是所存信息可以长期保存和多次使用,存储的信息不会因为断电而消失。操作系统正是以文件为单位对数据进行管理,如果需要访问存储在文件中的数据,一般首先按文件名找到所指定的文件,然后再从该文件中读取数据。如果需要将数据存储在文件中,也需要先建立一个以文件名作为标识的文件,然后才能向它写入数据。

从操作系统的角度考虑,也可以将常用的终端输入/输出设备看作是文件,终端键盘是一个输入文件,显示器和打印机可以看作是输出文件。在程序运行过程中,经常需要将一些中间数据或最终结果输出到外部存储介质上，并以文件的形式存储起来，以后需要时再把它们从文件中读取到内存中。

13.1.2 文件类型

在 Python 中，可将文件分为文本文件和二进制文件两种类型。

1. 文本文件

文本文件又称为 ASCII 文件，是一种典型的顺序存储文件，其逻辑结构属于流式文件。文本文件是指以 ASCII 码方式存储的文件，更确切地说，对于英文、数字等字符存储的是 ASCII 码。文本文件中除了存储文件的有效字符信息（包括能用 ASCII 码字符表示的回车、换行等信息）之外，不能存储其他任何信息。

由于文本文件是一种典型的顺序存储文件，所以文本文件的读取必须从文件的头部开始，一次全部读出，不能够只读取中间的一部分数据，也不可以跳跃式地随机访问，而是按顺序地存取。文本文件的每一行文本相当于一条记录，每条记录可长可短，记录之间使用换行符进行分隔，在操作方式上，不允许同时进行读操作和写操作。

文本文件使用方便，占用内存资源较少，但访问速度较慢，而且不易维护。通常使用文本处理软件进行编辑，并在文本文件的最后一行设置文件结束标志来标明文件的结束。

文本文件是一种容器，而纯文本是指仅含有一种内容。基于这一点，纯文本是文本的子集。纯文本文件中没有任何文本修饰，没有任何粗体、下画线、斜体、图形、符号或特殊字符及特殊打印格式。其中只保存文本，而不保存其格式设置。将所有的分节符、分页符、新行字符都转换为段落标记。在 Windows 系统中，纯文本文件的扩展名是.txt，也就是记事本默认保存的类型，其内容都是文字，不能像 Word 那样设置字体颜色、背景色等。

2. 二进制文件

二进制文件是存储在内存中的数据映像，也称为映像文件。它直接将二进制代码存放于文件中，以字节为单位访问数据，不能够使用文本处理软件进行编辑。二进制文件允许程序按所需的任何方式组织和访问数据，也允许对文件中的各字节数据进行存取和访问。二进制文件存储所需要的存储空间少，而且不需要进行转换，既节省空间，又节省时间。但是二进制文件不够直观，需要经过转换后才可看到所存储的信息。

除了文本文件和二进制文件之外，还可以根据存储数据的性质将文件分为程序文件和数据文件，根据文件的数据流向又可分为输入文件和输出文件。

3. 文本文件与二进制文件的比较

在物理上，计算机都是以二进制形式进行存储，所以文本文件与二进制文件的区别并不是在物理上的，而是在逻辑上的，也就是说，文本文件与二进制文件只是在编码层次上不同。

文本文件是基于字符编码的文件，常使用的编码有 ASCII 编码和 Unicode 编码等。二进制文件是基于值编码的文件，可以根据具体应用指定某个值（可以看作是自定义编码）。可以看出文本文件基本上是基于字符的定长编码（也有非定长的编码，如 UTF-8），每个字符在具体编码中固定，ASCII 码是 8 比特的编码，Unicode 一般占 16 比特。二进制文件可看作是变长编码，因为是值编码，多少比特代表一个值完全由文件本身决定。

13.2　文件的操作

无论是文本文件还是二进制文件，在对文件进行读写之前，必须首先打开文件，而在使用文件之后，也需要关闭文件。文件的操作一般分为下述三个步骤：

(1) 打开文件并创建文件对象。

(2) 通过文件对象对文件中的内容进行读取和写入等操作。

(3) 关闭并保存文件的内容。

13.2.1　文件打开与关闭

1. 文件打开

在 Python 中，使用 open()内置函数或 file()内置函数打开文件，两者具有相同功能，可以相互代替。下面以 open()为例说明文件的打开方法。

(1) open()函数。

open()函数的语法格式如下：

```
open(文件名 [,访问方式][,缓冲方式])
```

在上述的 open()函数的语法格式中，文件名是需要访问的文件的名称，这是一个必须设置的参数，如果无文件名，系统则不知道要打开哪个文件，进而抛出异常。访问方式参数表示打开文件的方式，主要有只读、写入和追加等，该参数为可选参数，其值是一个字符串，但无该参数时，则默认为只读方式。缓冲方式参数也是一个可选参数，表明访问文件所采用的缓冲方式。在本书中的语法格式说明中，用方括号括起来的参数均为可选参数。

文件名是一个变量，包含了需要访问的文件名称，是一个带路径的文件名，可以带一个从根目录开始的绝对路径或相对于当前打开文件所在路径的相对路径。当打开的文件与当前程序文件在同一个路径下时，不需要写路径，为了程序的可移植性，应该使用相对路径。

【例 13-1】 文件名参数使用举例。

在下面程序中，open()函数的文件名参数为 path，而 path 是一个带路径的字符串：

```
'd:/test.txt',其中包含了需要访问的文件的文件名 test.txt。
#!/usr/bin/python3
#-*- coding: UTF-8 -*-
path='d:/test.txt'
f1=open(path)
print(f1.name)
```

程序运行结果如下：

```
d:/test.txt
```

执行结果表明打开的是 d 盘下的 test.txt 文件。应说明的是，执行该程序前，已经在 d 盘下创建了一个名为 test.txt 的文件。

在上述程序中，首先定义一个 path 变量，变量值是一个文件的路径。文件路径表明了文件在计算机上的位置，如 d:/f.txt 表明文件在 d 盘，文件名为 f.txt。文件路径分为绝对路径和相对路径。绝对路径是指从根目录开始，逐级表示文件的位置。例如，在 Windows 操作系统下，查找文件的方式是，从 c 盘或 d 盘开始，c 盘、d 盘称为根文件夹。在该盘中的文件都从根文件夹开始逐级查找。在 Linux 操作系统下，是从 user、home 等根目录开始。

在上述程序中，path 变量值就是一个绝对路径，在文件搜索框中输入绝对路径就可以直接找到该文件。

相对路径是指相对于程序当前工作目录的路径，如果当前工作文件存放的绝对路径是 d:/python/workspace/f.txt，使用相对路径就可以不写这个绝对路径，而是使用一个“.”号代替这个路径值，写为“./f.txt”。

由于 Python 代码的反斜杠“\”是转义符，例如“\n”表示换行、“\t”表示制表符等，在 Windows 下的文件目录路径如果继续用"\"表示文件路径就会出现歧义。为此，可以使用斜杆“/”：如“c:/tc.py”；或将反斜杠符号转义，改为“\\”：如“c:\\tc.py”；或使用 Python 的原始字符串(raw string)：如 r“c:\tc.py”，即在 c 的前面添加 r”。r“表示后面的字符串是原始字符串，“\”不进行转义。

【例 13-2】 使用相对路径。

```
#!/usr/bin/python3
#-*- coding: UTF-8 -*-
path='./test.txt'
f1=open(path)
print(f1.name)
```

程序运行结果如下：

```
./test.txt
```

执行完程序后，可以查到在 D:/Python/workspace 路径下创建了一个名为 test.txt 的文件。除了使用“.”，还可以使用“..”表示上一级文件夹。

(2) 访问方式参数。

Python 严格区分二进制文件和文本文件的输入输出，用二进制模式打开文件时，不做任何解码，直接用二进制对象返回文件内容；用文本模式打开文件时，先用平台依赖的编码方式或 encoding 参数指定的编码方式对字节流进行解码，再用字符串形式返回文件内容。

访问方式参数指明了文件打开的方式，open()函数的访问方式参数选择如图 13-1 所示。

① r：以只读方式打开文件，文件的指针将放在文件的开头，这也是默认方式。使用 r 方式打开文件只能读取文件中的数据，不能够向文件中写入数据，而且该文件必须已经存在。不能使用 r 方式打开一个并不存在的文件，否则将抛出 IOError 异常，提示文件不存在。

② rb：打开二进制文件，用于只读，文件的指针将放在文件的开头。

③ w：使用 w 方式打开文件只能够向该文件写入数据，但不能读取其中的数据；如果

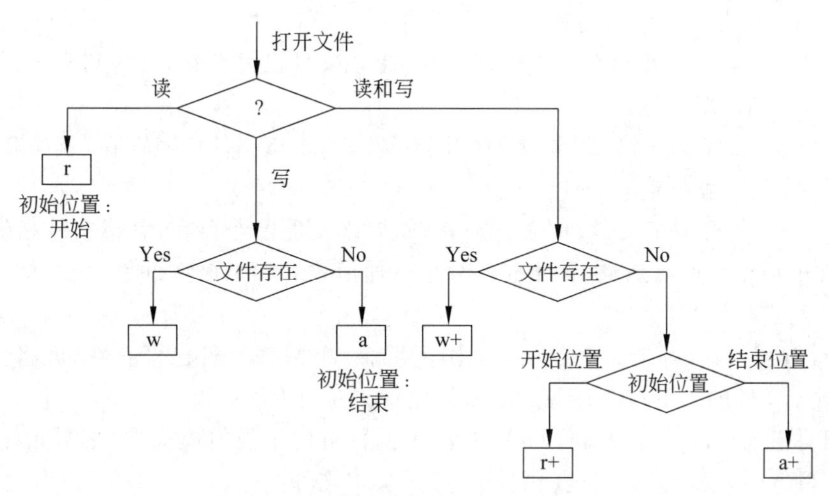

图 13-1 open()函数的访问方式参数选择

原来不存在该文件,则在打开时新建一个以指定名字命名的文件,如果原来已有一个该名字的文件,则在打开时将该文件删除,然后重新建立一个新文件。

④ a:使用 a 方式打开文件是指在打开文件后允许向文件末尾添加新的数据,但不删除原有的数据。使用 a 方式打开文件要求该文件必须已经存在,否则将抛出 IOError 异常。

⑤ ab:打开一个二进制文件用于追加,如果该文件已经存在,文件指针放于文件的结尾。也就是说,新的内容将写入已存在内容之后;如果不存在,就创建新文件后写入。

⑥ wb:打开二进制文件,只用于写入,如果该文件已经存在;就将其覆盖,如果不存在,就创建新文件。

⑦ 所有带+方式打开的文件既可以读又可以写,用 r+方式时,该文件应该已经存在,能够读取其中的数据。使用 w+方式时则新建一个文件,先向该文件写入数据,然后可以读取此文件中的数据。使用 a+方式打开文件时,不会删除原来的文件,并将位置指针移到文件末尾,可以添加,也可以读取。使用写模式可以实现向文件写入内容,+参数可用于任何模式中,指明允许读和写。参数带字母 b 时,表示读取二进制文件,t 表示文本文件。

- r+:打开一个文件,用于读写,文件的指针将放在文件的开头。

例如,"r+"访问方式参数。

```
#!/usr/bin/python3
#-*-coding: UTF-8 -*-
path='./test.txt'
f2=open(path,'r+')           #打开 test.txt 文件,用于读写,文件的指针将放在文件的开头
print(f2.name)
```

程序运行结果如下:

```
./test.txt
```

- · rb+：打开一个二进制文件，用于读/写，文件的指针将放在文件的开头。
- · w+：打开一个文件，用于读写。如果该文件已经存在，就将其覆盖；如果不存在，就创建新文件。
- · wb+：打开一个二进制文件，用于只写，如果该文件已经存在，就将其覆盖；如果不存在，就创建新文件。
- · a+：打开一个文件，用于读/写。如果该文件已经存在，就将文件指针放于文件的结尾。也就是说，文件打开时是追加模式。如果该文件不存在，就创建新文件后进行读写。
- · ab+：打开一个二进制文件，用于追加。如果该文件已经存在，就将文件指针放于文件的结尾；如果不存在，就创建新文件用于读/写。

使用写模式可以实现向文件写入内容，+参数可用于任何模式中，指明允许读和写。参数带字母 b 时，表示读取二进制文件，t 表示文本文件。

⑧ 如果不能完成文件打开的操作，open()函数将抛出一个 IOError 异常，出错的原因可能是用 r++方式打开一个并不存在的文件，或者磁盘已满，无法建立新文件等，因此通常使用异常处理来保证文件安全操作。

⑨ 在读取文本文件的数据时，将回车符和换行符转换为单个换行符；在向文件写入数据时，将换行符转换成回车符和换行两个字符。对于二进制文件不进行这种转换，内存中的数据与输出文件完全一致。

⑩ 在程序开始运行时，系统自动打开三个标准文件，即标准输入(stdin)、标准输出(stdout)和标准错误输出(stderr)，通常这三个文件都与终端相联系，因此从终端输入或输出都不需要打开终端文件。

(3) 缓冲参数。

缓存是指在内存建立一个存储区域作为缓存区，用于缓解数据传输中的速度差异。由于 CPU 从内存读取数据的速度远大于从磁盘读取数据的速度，而且内存存储容量远小于磁盘的存储容量，所以设置对数据进行缓存，可以提高计算效率。

缓存的区域是指在内存中为正在处理的程序开辟一段存储空间。如果需要从磁盘读取数据，内核可一次将数据读到输入缓冲区中，程序首先从缓冲区中读取数据，当缓冲区为空时，内核则再次访问磁盘。如果向磁盘写入数据，也先将待输出数据放入输出缓冲区中，当缓冲区存满之后，一次性写入磁盘。

I/O 是 Input/Output(输入/输出)的英文缩写，程序运行时在内存中驻留，由计算速度快的 CPU 完成计算，经常需要与磁盘和网络等进行数据交换，为此设置了 I/O 接口。

缓冲参数用于控制文件的缓存，为可选。如果其值为 0，I/O 就无缓存；如果其值为 1，I/O 就有缓存；如果其值为大于 1 的整数，表示缓存区的大小；如果取 −1 或小于 0 的整数，则表示使用默认的缓存区大小。

例如打开浏览器访问网页，浏览器需要通过网络 I/O 访问获取某网页。浏览器首先发送数据给需要获取某网页的服务器，指明它需要首页的 HTML，这个动作是向外发数据，即 Output。随后服务器将网页发过来，这个动作是从外面接收数据，即 Input。通过程序完成 I/O 操作有 Input 和 Output 两个数据流。从磁盘读取文件到内存是 Input 操作,反之,将数据存到磁盘文件中是 Output 操作。

2. 文件关闭

当一个文件使用完毕之后,为了安全,防止再次被误用,应该立刻关闭。文件关闭之后可以使指向该文件对象的引用不再指向该文件,进而使得通过该引用来对原来与其相联系的文件不再进行读/写操作。当文件关闭之后,如果再对该文件进行读/写操作,必须再次打开文件,使该文件的引用变量重新指向该文件。在 Python 中,使用 close()方法关闭文件。当一个文件被关闭之后,如果需要对其进行操作,就需要重新打开该文件。

(1) close()方法。利用 close()方法关闭文件的语法格式如下:

```
文件名.close()
```

例如:

```
f2=open('E:/name.txt','r+')
…
f2.close()
```

从上述可以看出,通过 open()方法返回文件对象并赋给变量 f2,使 f2 指向所打开的文件对象,然后对文件进行操作,最后执行 f2 的 close()方法关闭该文件,使得变量 f2 不再指向该文件。

在一般情况下,一个文件对象退出程序后将自动关闭,为了安全,需要显示出关闭文件的操作,程序如下。

```
#!/usr/bin/python
#-*- coding: UTF-8 -*-
f3 = open("xyz.txt","w")   #打开一个文件 xyz.txt
print("文件名:",f3.name)
f3.close()                 #关闭打开的文件
```

程序运行结果如下:

```
文件名:xyz.txt
```

【例 13-3】 文件的打开与关闭。

```
#example 13.3
try:
    f3=open('xyz.txt')
    f3.write('这是一个测试异常的测试文件,\n')
except IOError:
    print('没有找到文件或读取文件失败')
finally:
    f3.close()
    print('end')
```

程序运行结果如下:

```
没有找到文件或读取文件失败
end
```

关于上述程序的说明：

① 在本例中，打开当前文件夹下的 xyz.txt 文件。如果该文件存在，则在文件中写入字符串“这是一个用于测试异常的测试文件”，然后输出 end。

② 如果该文件不存在，则会抛出异常，输出“没有找到文件或读取文件失败”，并输出 end。

③ 文件的打开操作及其读/写操作都放在 try 语句块中，然后在 except 子句中捕获异常，最后在 finally 子句中关闭所打开的文件，并且输出 end 字符串。

(2) 文件对象退出程序可后自动关闭文件。虽然一个文件对象退出程序后会自动关闭，但是为了保证安全，仍需使用一个 close()方法来关闭文件。

```
#!/usr/bin/python
#-*- coding: UTF-8 -*-
path='./test.txt'
f2=open(path,'w')
print('write length:',f2.write('Hello world'))
f2.close()
```

程序运行结果如下：

```
write length: 11
```

在上述程序中，含有 f2.close()关闭文件语句。如果没有 f2.close()，文件对象退出程序后会自动关闭文件。但是由于写入的数据可能被缓存，如果程序或系统因为某些原因而崩溃，被缓存的部分数据就不会写入文件，为了避免丢失数据，文件使用后一定要关闭。

(3) 关闭文件后不能再进行写入。利用 close()方法能够刷新缓冲区中还没有写入文件的任何数据，并且关闭该文件。在此之后，如果不打开该文件，则不能再写入数据。另外，当一个文件对象的引用重新指向另一个文件时，Python 系统会自动关闭此前的文件。

13.2.2 文件的读与写

文件的读与写是重要的文件操作之一。在 I/O 编程中，Stream(流)是指只能够单向流动的数据流，Input Stream(输入流)是指数据从磁盘或网络流入内存，Output Stream(输出流)是指数据从内存流出。显然，在浏览网页时，浏览器和服务器之间至少要建立两个通道，才可以实现既能够发送数据又能够接收数据。

1. 文件读取

可以通过下述 3 种方法，以不同的读取方式来实现文件内容的读取。

(1) read()方法。使用 read()方法可以一次性地将文件中的所有内容全部读出，也可以指定每次读取多少个字节。read()方法的调用格式如下：

```
变量=文件对象.read([size])
```

变量用来存放从文件中读取的内容，size 参数表示读取文件中的前几个字符的数据，该参数是一个可选参数，如果不指定或指定负值（系统默认值为－1），则将读取文件的全部内容。在下述中没有所处路径，仅给出文件名，这是由于 Python 中将文件放到当前目录下不需要指定路径，即当文件与.py 文件在相同目录下时可以只写上文件名。

【例 13-4】 文本文件的读取。

```
#example 13.4
f4=open("testfile.txt",'r')
f4_content=f4.read()
print(f4_content)
f4.seek(0)                    #将文件指针移动到文件的起始位置
f4_con=f4.read(8)
print(f4_con)
f4.close()
```

关于上述程序的说明如下：

① 当文件读取结束后，位置指针将移动到 f4 文件内容最后一字节的后面，需要使用 seek()函数将位置指针移动到 F4 文件内容的起始处，否则无法继续读取文件内容。在上述程序中，f4.seek(0)语句的作用是将位置指针移到文件的起始位置。

② 当没有指定读取的字节数并且当前文件位置指针指向该文件头时，则默认读取文件的所有内容，也就是说，输出的内容与文件内容完全一致。

③ f4.read(8)的作用是从文件头开始读取 8 个字符的内容。

④ f4.close()的作用是关闭 testfile.txt 文件。

(2) readline()方法。readline()方法的作用是每次只读取文件中的一行数据，其调用格式如下：

```
变量=文件对象.readline([size])
```

其中，变量用于存放从文件中读取的内容，size 参数为可选参数，表示读取文件中当前位置指针指向的行的前几字节的数据，如果不指定或指定负值（系统默认值为－1,），将读取当前位置指针指向的行的所有内容。

【例 13-5】 readline()方法的使用。

```
#example 13.5
ff=open("testfile.txt"'r')
ff_content=ff.readline()
print(ff_content)
ff_con=ff.readine(6)
print(ff_con)
ff.close()
```

关于上述程序的说明如下：

① 当打开文件时，位置指针指向第一行开头，如果没有指定读取当前行的前几个字符，系统将默认读取当前行的所有字符，包含换行符，并输出。

② 当位置指针指向第二行开头时，指定读取当前位置指针指向的行的前 6 个字符数据，并输出。

又如，读取文件 testfile_1 的前两行数据。

```
>>>fff= open("./testfile_1.txt")
>>>fff. readline()          #读取第 1 行数据
'hello Python.\n'
>>>fff. readline()          #读取第 2 行数据
'hello world.'
……
>>> fff.close()
```

(3) readlines()方法。readlines()方法的功能是一次性读取当前位置指针所指向位置后面的所有内容，函数返回的是一个由每行数据组成的一个列表，其调用格式如下：

```
变量=文件对象.readlines()
```

在这个方法中无参数，可以使用循环程序来读取文件中的内容。

【例 13-6】 readlines()的使用。

文件对象.read([count])中的 count 参数指明从已经打开的文件中读取的字节数，该方法从文件头开始读入，如果没有 count 参数，就读取到文件末尾为止。例如：

```
#example 13.6
#!/usr/bin/python
#-*- coding: UTF-8 -*-
path='/test.txt'
f5=open(path,'r')
print('read result:', f5.read(12))
```

程序运行结果如下：

```
read result:Hello world!
```

2. 文件写入

将数据写入文件的方式与将字符串输出到屏幕上的方式相似。

可以使用 write()方法和 writelines()方法将数据写入文件，write()和 writelines()的不同之处是操作的对象不同，write()方法可将一个字符串写入到文件中，而 writelines()则可将列表中的字符串内容写入到文件中。

(1) write()方法。使用 write()方法可将字符串写入文件，如果调用成功，则返回写入文件的字符串长度。需要注意的是在使用 write()方法之前，用于打开文件的 open()方法不能够使用“r”方式。write()的调用格式如下：

```
文件对象.write(变量)
```

其中，变量表示需要写入的内容，它可以是一个字符串、指向字符串对象的变量或者是字符串表达式。

例如，从键盘输入一个字符串，将小写字母全部转换成大写字母，然后输出到一个磁盘文件 test.txt 中保存。

```
if __name__ == '__main__':
    fp = open('test.txt','w')
    string = input('please input a string:\n')
    string = string.upper()
    fp.write(string)
    fp = open('test.txt','r')
    print (fp.read())
    fp.close()
```

【例 13-7】 write()方法的使用。

```
#example 13.7
f=open('myfile.txt','w+')
f.write('this is a test file')
f.write('\n')
f.write('using write')
f.write('\n')
f.write('Python')
f.seek(0)
fc=f.read()
print(fc)
f.close()
```

程序运行结果如下：

```
this is a test file
using write
Python
```

上述程序说明如下：

文件写入使用了 write()方法，文件读出使用了 read()方法。

① 在上述程序中，第一次调用 write()方法可以将“this is a test file”字符串写入到 myfile.txt 中，此时位置指针指向了最后一个字符的后面。第二次调用 write()方法直接写入换行符，此时位置指针位于第二行起始处。第三次调用 write()方法将“using write”字符串写入，此时位置指针位于最后一个字符的后面。

② '\n'是换行的转义符号。

(2) 调用 seek()方法。调用 seek()方法可以重新将位置指针指向文件起始处，然后再通过 read()方法读取文件中的内容并输出。

又如：

```
#!/usr/bin/python
path='/test.txt'
```

```
ff=open(path,'w')
print('write.length:', ff.write('Hello Python!'))
```

程序运行结果如下：

```
write.length:13
```

结果表明，向 test.txt 文件成功地写入了 13 个字符。

使用 write()方法的处理方式是将覆盖原有文件，从头开始，每次写入都会覆盖前面所有的内容，就如同用一个新值覆盖一个变量的值。

【例 13-8】 追加模式。

如果需要在当前文件的字符串后追加字符，可以使用追加模式打开文件，即将上例中的 ff=open(path,'w')语句中的参数 w 更换为 a。例如在下一行追加字符。

在 Python 中使用'\n'换行符完成换行，如果在文件写入时追加的字符在下一行，可以进行如下操作：

```
#example 13.8
#!/usr/bin/python
#-*- coding: UTF-8 -*-
path='/test.txt'
ff=open(path,'w')
print('write.length:', ff.write('Hello Python,'))
ff=open(path,'r')
print('add length:', ff.read())
ff=open(path,'a')
print('add length:', ff.write('Welcome!'))
ff=open(path,'r')
print('read result:', ff.read())
```

程序运行结果如下：

```
write length:13
read result:Hello Python,
add length:8
read result: Hello Python,Welcome!
```

(3) writelines()方法。writelines()也可以完成对一个文件的写入操作，利用 writelines()可以将一个列表的内容都写入到文件中，其调用格式如下：

```
文件对象.writelines(列表)
```

其中，参数列表为字符串列表，writelines()将字符串列表的内容写入文件中。

【例 13-9】 writelines()使用。

```
#example 13.9
ff=open("myfile.txt",'w+')
strlist=["this is a test file \n"]
```

```
ff.writelines(strlist)
ff.write("using write")
ff.seek(0)
ffc=ff.read()
print(ffc)
ff.close()
```

程序运行结果如下：

```
this is a test file
using write
```

在例13-9中，将字符串列表通过writelines()方法写入到文件中，再将字符串“using write”写入到文件中，之后调用seek()方法，将位置指针重新指向文件起始处，再通过read()方法读取文件中的内容并输出。

在上述所介绍的文件读操作中是按字节读取或者对整个文件进行读取，写操作是全部覆盖或追加。为了更灵活地进行读写操作，可以使用下述方法完成行操作。

使用readline()方法可以从文件中读取单独一行，换行符为\n。如果readline()方法返回一个空字符串，表示已经读取到最后一行。

【例13-10】 读取行。

```
#example 13.10
#!/usr/bin/python
#-*- coding: UTF-8 -*-
path="/test.txt"
ff=open(path,"w")
ff.write("Hello Python,")
ff=open(path,"a")
ff.write("Welcome!")
ff=open(path,"r")
print('readlines result:', ff. readlines())
```

程序运行结果如下：

```
readline result:['Hello Python, Welcome!']
```

readline()方法与read()方法一样，传入数值以读取对应的字符串，传入小于0的数值表示整行输出。

13.2.3 位置查找

文件中的位置指针指向了当前读写位置。以顺序方式读写一个文件时，每次读写一个字符后，指针将自动移动以指向下一个字符。但为了能够达到随机读写文件的目的，可以使用seek()方法；为了随时知道位置指针的当前位置，可以使用tell()方法。

1. seek()方法

文件的读写一般从当前位置开始(打开文件时当前位置是0)，即按顺序访问直至文件结尾(EOF)。seek()方法可以实现随机读写文件中的任意位置上的字符,通过字节偏移量可将读取/写入位置移动到文件的任意位置,从而实现文件的随机访问。调用 seek()方法的语法格式如下:

```
文件对象.seek(偏移量,起始点)
```

其中,偏移量是读写位置需要移动的字节数;起始点用于指定文件的读写位置,起始点可以是 0、1 或 2,其中 0 表示文件头,1 表示文件当前位置,2 表示文件尾。偏移量表示以起始点为基点向后移动的字符数。seek()方法的起始点为 1 或 2,偏移量设置为 0,也就是说,seek()方法只允许针对文件开头移动位置,否则将抛出出错提示。

【例 13-11】 seek()方法的使用。

```
#example 13.11
ff=open('my_file.txt','w+')
strlist=['abc','def','ghi']
ff.writelines(strlist)
ff.seek(0)
fc1=ff.read(1)
print(fc1)
ff.seek(0,1)
fc2=ff.read(1)
print(fc2)
ff.seek(5,0)
fc3=ff.read(1)
print(fc3)
ff.seek(0,1)
ff.write('uvw')
ff.seek(0)
fc=ff.read()
print(fc)
ff.close()
```

程序运行结果如下:

```
a
b
f
abcdefuvw
```

上述程序说明如下。

第一次调用 seek(0)将位置指针移到文件头,然后读取一字节的数据并输出,结果为显示字符“a”;第二次调用 seek(0,1),表示将位置指针移到以当前位置为基准且偏移量为 0 的位置,即指针不动,指向字符“b”,然后读取并输出;第三次调用 seek(5),表示将位置指针移到文件头后第 5 个字符的位置,指向字符“f”,读取并输出;第四次调用 seek(0,2),表示将位置指针指向文件尾,然后在文件尾添加新内容;第五次调用 seek(0),再将位置指针移到文件头，读取整个文件并输出。

2. tell()方法

使用 tell()方法可以获取文件位置指针的当前位置，这个当前位置使用文件头的位移量表示，其返回值就是当前位置指针，tell()方法的语法格式如下：

```
文件对象. tell()
```

此方法返回该文件中读出的文件/写指针的当前位置。例如：

```
>>>ff= open("my_file.txt")
>>>ff.tell()
0
>>>ff.read(6)
'python'
>>>ff.tell()
6
>>>ff.close()
```

【例 13-12】　tell()方法的使用。

```
#example 13.12
f7=open('my_file.txt','w+')
strlist=['abc','xyz','gh']
f7.writelines(strlist)
print('current position pointer:',f7.tell())
f7.seek(0)
print('current position pointer:',f7.tell())
f7c1=f7.read(1)
print(f7c1)
f7.seek(0,1)
print('current position pointer:',f7.tell())
f7c2= f7.read(1)
print(f7c2)
f7.seek(5)
print('current position pointer:',f7.tell())
f7c3= f7.read(1)
print(f7c3)
f7.seek(0,2)
print('current position pointer:',f7.tell())
f7.write('uvw')
f7.seek(0)
print('current position pointer:',f7.tell())
f7c=f7.read()
print(f7c)
f7.close()
```

程序运行结果如下：

```
current position pointer: 8
current position pointer: 0
a
current position pointer: 1
b
current position pointer: 5
z
current position pointer: 8
current position pointer: 0
abcxyzghuvw
```

从运行结果可以看出，使用 tell()方法可以获得当前位置的指针。

13.2.4 文件的方法与属性

除了前面介绍的 open()、close()和 read()方法之外，还有一些常用的内置方法和属性。

1. 内置方法

(1) fileno()方法。fileno()方法的功能是返回一个底层文件的文件描述符(File Descriptor，FD)，可用于底层操作系统的 I/O 操作。调用 fileno()方法的语法格式如下：

```
文件对象.fileno()
```

fileno()方法无参数，例如：

```
#打开文件
ff = open("running.txt", "wb")
print ("文件名为: ", ff.name)
print("文件描述符为:",ff. fileno())
ff.close()                          #关闭文件
```

程序运行结果如下：

```
文件名为: running.txt
文件描述符为:3
```

(2) flush()方法。flush()方法用于刷新缓冲区，即将缓冲区中的数据立刻写入文件，同时清空缓冲区，不需要被动地等待输出缓冲区内容。一般情况下，文件关闭后会自动刷新缓冲区，但有时需要在关闭前刷新它，这时就可以使用 flush()方法。

flush()方法的语法格式如下：

```
文件对象.flush();
```

例如，flush()方法的使用。

```
#-*- coding: UTF-8 -*-
```

```
#打开文件
ff = open("running.txt", "wb")
print("文件名为: ", ff.name)
#刷新缓冲区
ff.flush()
#关闭文件
ff.close()
```

程序运行结果如下:

```
文件名为: running.txt
```

(3) readable()方法。readable()方法的功能是:如果文件对象已经打开并等待读取,则返回 True;否则返回 False。其语法格式为:

```
文件对象.readable()
```

(4) seekable()方法。seekable()方法的功能是:如果文件支持随机存取,则返回 True;否则返回 False。其语法格式为:

```
文件对象. seekable()
```

(5) truncate(size) 方法。truncate(size)方法的功能是截取文件到当前文件读写位置,如果设定 size 值,则截取 size 值所指定的大小。

(6) __next__()方法。__next__()方法的功能是返回文件对象的下一行。

2. 内置属性

(1) mode 属性:获取文件对象的打开模式。

(2) name 属性:获取文件对象的文件名。

(3) encoding 属性:获取文件使用的编码格式。例如,encoding='utf-8'。

(4) closed 属性:如果文件已关闭,则返回 True;否则返回 False。

13.3 文件遍历

利用 open()函数打开文件后,可以返回一个可遍历的对象,并通过循环以遍历的方式访问文件中的数据,每个循环获得文件中的一行数据,行尾设置一个换行符"\n"。也就是说,通过 read()、readline()和 readlines()方法与循环程序相配合,可以实现对文件内容的遍历。

13.3.1 基于 read()方法的文件遍历

利用 read()方法可以从指定文件中读取指定字节的内容,read()方法中的参数 size 用于设置本次读取的字节数,如果该参数缺省,read()方法将一次性读取指定文件中的全部内容。

例如,基于 read()方法的文件遍历。

```
f=open('myfile.txt','w+')
f.write('this is a test file')
f.write('\n')
f.write('using write')
f.write('\n')
f.write('Python')
f.seek(0)
fc=f.read()
print(fc)
f.close()
fv=input("input file name:")
f6= open(fv)
s=f6.read(20)                #读取 20 字节
while s:
    print(s,end="")
    s=f6.read(20)
f6.close()
```

程序运行结果如下：

```
this is a test file
using write
Python
input file name:myfile.txt
this is a test file
using write
Python
```

在上述程序中，前半部分是对 myfile.txt 文件写入：

```
this is a test file
using write
Python
```

后半部分是遍历 myfile.txt 文件，程序运行结果如下：

```
input file name:myfile.txt
this is a test file
using write
Python
```

print()函数在默认情况下输出数据时将自动换行，为了使输出文本格式与挖掘出的内容格式相一致，应将 print()函数中结尾的值设置为空字符串("")。而且随着 read(20)的调用，文件的读写位置每次向后偏移 20 字节，直到文件结尾。

13.3.2 基于 readline()方法的文件遍历

readline()方法的功能是每次只读取文件中的一行数据，readline([size])方法中的

size参数为可选参数，表示读取文件中当前位置指针指向的行的前几个字节的数据，不指定或指定负值（系统默认值为-1）时，将读取当前位置指针指向的行的内容。

在下述程序中，使用readline()方法遍历文件，并输出文件的内容。在遍历时，文件的读写位置随着readline()的调用不断移动，每次向下偏移一行。

```
f=open('myfile.txt','w+')
f.write('this is a test file')
f.write('\n')
f.write('using write')
f.write('\n')
f.write('Python')
f.seek(0)
fc=f.read()
print(fc)
f.close()
fv=input("input file name:")
f6= open(fv)
s=f6. readline()
while s:
    print(s,end="")
    s=f6. readline()
f6.close()
```

程序运行结果如下：

```
this is a test file
using write
Python
input file name:myfile.txt
this is a test file
using write
Python
```

13.3.3 基于readlines()方法的文件遍历

使用readlines()方法也可以一次性读取指定文件中的全部内容，但不同的是，readlines()方法将读取到的内容存储到列表中，列表中的每个元素对应文件中的每一行。下例是使用readlines()方法遍历文件并输出文件的内容，程序如下：

```
f=open('myfile.txt','w+')
f.write('this is a test file')
f.write('\n')
f.write('using write')
f.write('\n')
f.write('Python')
```

```
f.seek(0)
fc=f.read()
print(fc)
f.close()
fv=input("input file name:")
f6= open(fv)
s=f6. readlines()
while s:
    print(s,end="")
    s=f6. readlines()
f6.close()
```

程序运行结果如下：

```
this is a test file
using write
Python
input file name:myfile.txt
['this is a test file\n', 'using write\n', 'Python']
```

13.3.4 文件迭代器

在程序中，迭代是一个过程的多次重复。在 Python 语言中，文件对象也是一种可迭代对象，表明可以在循环中通过文件对象自身遍历文件内容。

例如，通过文件对象实现文件的遍历与输出。

```
fv=input("input file name:")
f6= open(fv)
for line in f6:
    print(line,end="")
f6.close()
```

程序运行结果如下：

```
hello python
hello big data
hello AI
```

迭代器具有记忆功能，如果上一次循环中输出了部分文件内容，后续再次通过循环获取文件内容时，将从上次获取的文件内容后开始输出。

例如，使用迭代器获取文件内容。

```
file1=input("input file name:")
ff= open(file1)
print("first output:")
i=1
for line in ff:
```

```
    print(line,end="")
    i+=1
    if i==3:
        break
print("second out:")
i=1
for line in ff:
    print(line,end="")
    i+=1
    if i==3:
        break
ff.close()
```

如果输入文件名为 c.txt,该文件处于程序所在路径下,其内容如下:

```
1.python
2.big data
3.artificial intellgence
4.computer science
```

程序运行结果如下:

```
input file name:c.txt
first output:
1.python
2.big data
second out:
3.artificial intellgence
4.computer science
```

通过上述可以看出,文件对象创建成功后,可以读取文件的内容。虽然与迭代器功能相似,在一次调用后就可以获取整个文件的内容,但是如果将文件对象 ff 替换为接收 ff.readlines()方法返回值的对象,那么程序两次输出的内容相同,也就是说,每次遍历 readlines()方法的返回值时,都将从头开始遍历。

13.4　os 模块与文件访问

13.4.1　os 模块的常用方法集

在操作系统中,进程所打开的文件一般通过文件描述符来标识,操作系统通过文件描述符来进行文件访问操作。os 模块提供了使用文件描述符来访问文件的相关函数,它们属于底层文件访问,但提供了更高级的文件操作功能,通常直接使用 Python 的内置文件对象进行文件访问。

利用 Python 内置的 os 模块可以直接调用操作系统的接口函数对目录和文件进行操作。使用 import os 导入该模块之后,可以使用如表 13-1 所示的 os 模块的常用方法集。

表 13-1 常用方法集

方　法	功　能
os.chdir(path)	改变当前工作目录
os.close	关闭文件
os.curdir	返回当前目录
os.dup(fd)	复制文件
os.dup2(fd,fd2)	将一个文件复制到另一个文件
os.getcwd()	返回当前工作目录
os.listdir(path)	返回 path 指定的文件夹包含的文件或文件夹的名字列表
os.makedirs(path[,mode])	创建多级目录的文件夹
os.mkdir(path[,mode])	创建一级目录的名为 path 的文件夹
os.open(file,flags[,mode])	打开一个文件
os.path.abspath(path)	返回 path 规范化的绝对路径
os.path.basename(path)	返回 path 最后的文件名
os.path.isabs(path)	如果 path 是绝对路径,则返回 True
os.path.exists(path)	如果 path 存在,则返回 True;否则返回 False
os.path.isfile(path)	如果 path 存在文件,则返回 True;否则返回 False
os.path.isdir(path)	如果 path 存在目录,则返回 True,否则返回 False
os.remove(path)	删除路径为 path 的文件
os.removedirs(path)	递归删除目录,如果目录为空,则删除,并递归上一级目录,如果也为空,则删除
os.rename(src,dst)	重命名文件或目录
os.renames(old,new)	递归地对目录进行更名,也可以对文件进行更名
os.rmdir(path)	删除 path 指定的空目录,如果目录非空,则抛出一个 OSError 异常

13.4.2 文件访问

1. 删除文件

在删除文件之前,需要检测要删除的文件是否存在。如果不存在,则系统提示文件不存在;如果存在,则使用 remove()方法可以删除文件,其格式为:

```
os.remove(path)
```

其功能是删除路径为 path 的文件。

【例 13-13】 删除文件的程序。

如果需要删除 myfile.txt 文件,首先检测该文件是否存在。如果不存在,则系统提示 myfile.txt 文件不存在;如果存在,则可以使用 remove()方法删除该文件。

```
#example 13.13
import os

ff='myfile.txt'
gg=os.path.exists(ff)
if gg:
    os.remove(ff)
    print("文件已删除")
else:
    print("要删除的文件不存在")
```

程序运行结果如下：

```
文件已删除
```

上述程序解说如下：首先调用os模块的子模块path，利用exists()函数判断所删除的文件是否存在。如果存在，则将其删除；否则提示所要删除的文件不存在。在该例中，已存在myfile.txt文件，因此可以删除。如果再次运行此程序，由于文件已被删除，则将显示“要删除的文件不存在”。

2. 文件备份

文件备份是一种常用的操作，它是通过文件的打开和读写来实现的。在当前目录下文件备份的具体步骤如下：

(1) 以只读的方式打开源文件。

(2) 以只写方式创建和打开备份文件。

(3) 读取源文件中的内容。

(4) 将源文件中的内容写入到备份文件中。

(5) 关闭源文件和备份文件。

【例13-14】 自动生成备份文件名，并完成备份。

如果源文件名为mytxtfile.txt，截取的文件后缀名为.txt，备份文件名为mytxtfile[copy].txt，这就完成了备份文件名的自动生成。输入需要备份文件的名称，系统自动完成文件的备份。程序如下：

```
fname=input('输入需要备份的文件路径和文件名:')
s_f=open(fname,'r')                  #打开源文件,返回 f1name 文件对象
if s_f:
    flag= fname.rfind('.')           #返回字符串最后一次出现的位置,如无匹配项返回 0
    if flag>0:                       #拼接新文件名
        file_flag=fname[flag:]
        copy_file=fname[:flag]+'[copy]'+ file_flag
        print('备份文件路径和文件名:',copy_file)
    new_file=open(copy_file,'w') #创建新文件对象,以只读的方式打开并逐行复制
    for line_content in s_f.readlines():       #获取源文件的内容
        new_file.write(line_content)           #将源文件逐行写入备份文件中
```

```
s_f.close()                                      #关闭源文件
new_file.close()                                 #关闭备份文件
```

程序运行结果如下：

```
输入需要备份的文件路径和文件名:D:/Python/mytxtfile.txt
备份文件路径和文件名: D:/Python/mytxtfile[copy].txt
>>>
```

如果输入的源文件名为 mytxtfile.txt，当程序运行之后，将在源文件路径中新增加一个新文件"mytxtfile [copy]. txt"。打开该文件，如果 mytxtfile. txt 文件与 mytxtfile [copy].txt 文件内容相同，表明文件备份成功。其中，使用 copy_file= fname[：flag]+ '[copy]' + file_flag 语句完成了备份文件名的拼接生成。

3. 文件重命名

使用文件重命名方法 rename()可以对文件重新命名。其语法格式如下：

```
os.rename(原文件名,新文件名)
```

在使用这个方法之前，需要加载 os 模块；被重命名的文件必须存在，否则将抛出异常。例如：

```
>>>import os
>>>os.rename('b.txt', 'c.txt')    #将当前路径下的 b.txt 重命名为 c.txt 文件
```

4. 创建文件夹

可以使用 mkdir()语句完成文件夹的创建。其语法格式如下：

```
os.mkdir(dirname)
```

其中，dirname 表示目录名。

在实际程序中，首先利用 exists()方法判断需要创建的文件夹，如果已存在，则给出提示，说明该文件夹已存在；否则可以使用 mkdir()方法创建文件夹。

例如，在 E 盘下创建一个 test 文件夹的程序如下。首先利用 exists()方法判断在 E 盘下是否存在 test 文件夹，如果存在，则提示该文件夹已存在；否则需要使用 mkdir()方法创建 test 文件夹。

【例 13-15】 创建文件夹。

```
#example 13.15
import os

dirname='E:\\test'
ff=os.path.exists(dirname)
if ff:
    print(dirname,'文件夹已存在')
else:
    print(dirname,'文件夹不存在')
```

```
    os.mkdir(dirname)
    print('创建一级目录的文件夹')
```

程序运行结果如下：

```
D:\\test 文件夹已存在
>>>
```

5. 删除文件夹

可以使用 rmdir()方法和 rmtree()方法删除文件夹，利用 rmdir()方法只能够删除空的文件夹，而 rmtree()方法可以删除非空的文件夹。其语法格式如下：

```
os.rmdir()
os.rmtree()
```

【例 13-16】 删除文件夹。

```
#example 13.16
import os
import sys

print ("目录为: %s"%os.listdir(os.getcwd()))          #列出目录
os.rmdir("mydir")                                     #删除路径
print ("目录为: %s" %os.listdir(os.getcwd()))         #列出重命名后的目录
```

程序运行结果如下：

```
目录为: [ 'a1.txt','resume.doc','a3.py','mydir' ]
目录为: [ 'a1.txt','resume.doc','a3.py' ]
```

说明如下：

(1) 利用 os.rmdir()，仅能将空文件夹删除。

(2) rmdir()方法属于 os 模块。

6. 获取当前目录

当前目录就是指当前的工作路径，可以利用 os 中的 getcwd()方法获取当前目录，其语法格式为：os. getcwd()。例如：

```
>>>import os
>>>os.getcwd()
F:\\Python\\test
```

7. 更改默认目录

可以使用 chdir()方法更改默认目录，如果对文件或文件夹进行操作时，传入的是文件名而非路径名，解释器将从默认目录中查找指定的文件，或将新建的文件放在默认的目录下。如果没有特别设置，当前目录即为默认目录。如果将默认目录更改为“E:\\”，那么将把新建的文件放入更新后的默认目录中，例如：

```
>>>import os
```

```
>>>os.chdir("")
>>>os.mkdir("dir")
```

如果查看“E:\\”下的文件，可找到新建目录 dir，表明默认目录更改成功。

8. 获取目录列表

在对目标文件进行操作时，经常需要先获得指定目录下的所有文件。可以利用 listdir()方法快速获取一个存储在指定目录下所有文件的元组，例如：

```
>>>import os
>>>lis=os.listdir("./")
```

操作后的结果为：当前目录下所有文件名都存储于元组 lis 中，用户可以通过遍历元组，获取目录中的文件。

例如：

```
import os,sys

path = "D:\\大数据\\大数据基础与应用"
#查看当前工作目录
re= os.getcwd()
print("当前工作目录为 %s" % re)
#修改当前工作目录
os.chdir(path)
#查看修改后的工作目录
re= os.getcwd()
print ("目录修改成功 %s" % re)
```

程序运行结果如下：

```
当前工作目录为 D:\\Python\\Python38
目录修改成功 D:\\大数据\\大数据基础与应用
```

13.5 结构化数据的使用

虽然上述方法可以将字符串写入文件并从文件中读取，但 read()方法只能返回字符串中。当需要保存更复杂的数据类型(如嵌套列表和字典)时，解析和序列化工作将变得更为复杂，为了解决这类问题，可以采用下述方法。

13.5.1 JSON 数据格式

Python 允许使用 JSON(JavaScript Object Notation，JavaScript 对象表示法)数据交换格式，用户不用对复杂的数据类型进行特殊转换即可保存到文件中。JSON 可以将数据层次结构化，并将它们转换为字符串表示形式，将这个过程称为序列化。从字符串表示重建数据称为反序列化。在序列化和反序列化之间，表示对象的字符串已存储在文件或数据中，通过网络连接可以发送到远程服务器中。JSON 数据格式通常用于数据交换。

例如，JSON 数据格式的使用。

```
>>>import json

>>>data={'xiaoli':23,'laoli',:45}
>>>in_json=json.dumps(data)                    #编码
>>>in_json
{"xiaoli':23,'laoli': 45}                      #字符串形式
>>>data=json.loads(in_json)                    #解码成一个对象
>>>data
{'xiaoli': 23, 'laoli': 45}                    #对象形式
```

13.5.2 pickle 模块

pickle 是 Python 语言的一个标准模块，安装 Python 后即会包含 pickle 库，不需要单独进行安装。

1. 序列化和反序列化的作用

(1) 便于存储。序列化过程将文本信息转变为二进制数据流，这样信息就容易存储在硬盘之中，当需要读取文件时，从硬盘中读取数据，然后再将其反序列化，便可以得到原始的数据。在 Python 程序运行中所得到的字符串、列表、字典等数据需要长久地保存下来，方便以后使用，而不是简单的放入内存中，关机断电就丢失数据。pickle 模块可以将对象转换为一种可以传输或存储的格式。

(2) 便于传输。当两个进程在进行远程通信时，彼此可以发送各种类型的数据。无论是何种类型的数据，都以二进制序列的形式在网络上传送。发送方需要把这个对象转换为字节序列，能在网络上传输，接收方则需要把字节序列再恢复为对象。pickle 模块可以将二进制的形式序列化后保存到文件中(保存文件的后缀为".pkl")，不能直接打开进行预览。而 Python 的另一个序列化标准模块 json 则可以直接打开查看。

2. 序列化操作

(1) pickle.dump()序列化方法。序列化的方法为 pickle.dump()，该方法的语法格式如下：

```
pickle.dump(obj, file, protocol=None, *,fix_imports=True)
```

该方法的功能是将序列化后的对象 obj 以二进制形式写入文件 file 中，并进行保存。其功能等同于 pickler(file, protocol).dump(obj)。参数说明如下：

① file：必须是以二进制的形式进行操作(写入)。即 file 为'svm_model_iris.pkl'，并且以二进制的形式('wb')写入。例如：

```
import picklewith open('svm_model_iris.pkl', 'wb') as f:
pickle.dump(svm_classifier, f)
```

② protocol：一共有 5 种不同的类型，即(0,1,2,3,4)。(0,1,2)是 Python 早期的版

本,(3,4)则是 Python3 之后的版本。

③ 可选参数：pickle.HIGHEST_PROTOCOL 和 pickle.DEFAULT_PROTOCOL。当前,在 Python 3.5 版本中,pickle.HIGHEST_PROTOCOL 的值为 4,pickle.DEFAULT_PROTOCOL 的值为 3。当 protocol 参数为负数时,表示选择的参数是 pickle.HIGHEST_PROTOCOL。

(2) pickle.dumps()序列化方法。pickle.dumps()方法的语法格式如下：

```
pickle.dumps(obj, protocol=None, *,fix_imports=True)
```

pickle.dumps()方法跟 pickle.dump()方法的区别在于,pickle.dumps()方法不需要写入文件中,它是直接返回一个序列化的 bytes 对象。

(3) 序列化方法 pickler(file, protocol).dump(obj)。pickle 模块提供了序列化的面向对象的类方法,即 class pickle.Pickler(file, protocol=None, *,fix_imports=True), pickler 类有 dump()方法。

pickler(file, protocol).dump(obj)实现的功能跟 pickle.dump() 是一样的。关于 pickler 类的其他方法,请参阅有关文献。

3. 反序列化操作

(1) 反序列化方法 pickle.load()。反序列化的方法为 pickle.load(),该方法的相关参数如下：

```
pickle.load(file, *,fix_imports=True, encoding="ASCII". errors="strict")
```

该方法实现的是将序列化的对象从文件 file 中读取出来。它的功能等同于 unpickler(file).load()。

例如：

```
import picklewith open('svm_model_iris.pkl', 'rb') as f:
model = pickle.load(f)
```

file 为'svm_model_iris.pkl',并且以二进制的形式('rb')读取。

读取的时候,参数 protocol 是自动选择的,load()方法中没有这个参数。

(2) 反序列化方法 pickle.loads()。pickle.loads()方法的语法格式如下：

```
pickle.loads(bytes_object, *,fix_imports=True, encoding="ASCII". errors=
"strict")
```

pickle.loads()方法与 pickle.load()方法的区别在于,pickle.loads()方法是直接从 bytes 对象中读取序列化的信息,而非从文件中读取。

(3) 反序列化方法 unpickler(file).load()。pickle 模块提供了反序列化的面向对象的类方法,即 class pickle.Unpickler(file, *, fix_imports=True, encoding="ASCII". errors="strict"),pickler 类有 load()方法。

unpickler(file).load()实现的功能跟 pickle.load() 是一样的。

pickle 模块实现了基本的数据序列化、持久化和反序列化。通过 pickle 模块的序列

化操作，能够将程序中运行的对象信息保存到文件中；通过 pickle 模块的反序列化操作，又能够从文件中创建上一次程序保存的对象。

【例 13-17】 pickle 模块在内存中的操作。

```
import pickle

#dumps
x=[111,222,333]
y= pickle.dumps(x)
print(y)
#loads
z= pickle.loads(y)
print(z)
```

程序运行结果如下：

```
b'\x80\x04\x95\x0c\x00\x00\x00\x00\x00\x00\x00]\x94(KoK\xdeMM\x01e.'
[111, 222, 333]
```

又如，pickle 模块在文本中的操作。

```
#dump
x=[111,222,333]
ret= pickle.load(open('db','rb'))
#load
pickle.dump(x,open('db','wb'))
print(ret)
```

程序运行结果如下：

```
[111, 222, 333]
```

在上例中，pickle 模块只能在 Python 中使用，并且只支持 Python 的基本数据类型。pickle 模块只是序列化了整个序列对象，而不是内存地址。

13.6　文件处理程序案例

本节通过两个有关文件处理的程序案例，说明文件处理程序的应用方法。

13.6.1　多个 txt 中的内容合并

利用简单的文件读写操作，可将多个 txt 中的内容合并到一个新的 txt 中。

1. 通过程序创建文件

(1) 创建一个 txt 文件，文件名为 mytxtfile，并向文件中写入“Python”，程序如下：

```
name=input('name:')
file_path = "D:/Python/"                    #新创建的 txt 文件的存放路径
```

```
full_path =file_path + name + '.txt'          #创建一个.txt 文档
ff = open(full_path, 'w')
ff.write('Python')
ff.close()
```

生成的 txt 文件在原来的文件夹中。

(2) 创建一个 doc 文件,文件名为 myfile,并向文件中写入“Python”,程序如下:

```
name=input('name:')
file_path = "D:/Python/"                      #新创建的 txt 文件的存放路径
full_path =file_path + name + '.doc'          #也可以创建一个.doc 的 word 文档
ff = open(full_path, 'w')
ff.write('Python')
ff.close()
```

生成的 doc 文件在原来的文件夹中。

2. 将多个 txt 合并成一个 txt

利用简单的文件读写操作,可将多个 txt 中的内容合并到一个新的 txt 中,程序如下:

```
import string

fileName = input(r'输入文件路径与名称:')
fp2 = open(fileName)                          #将文件内容读出到 y
y = fp2.read()
print(y)
fp2.close()

fp = open('D:/Python/mytxtfile.txt','a')      #打开文件 mytxtfile 3,置写入状态
fp.write(y)                                   #写入 mytxtfile 中
fp.close()

fd=open('D:/Python/mytxtfile.txt')
b=fd.read()
print(b)
fd.close()
```

程序运行结果如下:

```
输入文件路径与名称:D:/Python/mytxtfile2.txt
hello bilgdata

hello bilgdata
>>>
输入文件路径与名称:D:/Python/mytxtfile1.txt
Hello python
Hello AI
```

```
Hello Programming

hello bilgdata
Hello python
Hello AI
Hello Programming
```

13.6.2　文件读写程序

两个文件 mytxtfile1.txt 和 mytxtfile2.txt 中各存放一行字母，要求将这两个文件中的信息按字母顺序排列合并，输出到一个新文件 mytxtfile 3.txt 中。程序如下：

```
import string

fp1 = open('D:/Python/ mytxtfile1.txt')             #将文件 mytxtfile1 的内容读出到 x
x = fp1.read()
print(x)
fp1.close()                                          #关闭文件 mytxtfie1

fp2 = open('D:/Python/mytxtfile2.txt')               #将文件 mytxtfile2 的内容读出到 y
y = fp2.read()
print(y)
fp2.close()
fp3 = open('D:/Python/mytxtfile3.txt','w')           #打开文件 mytxtfile 3,置写入状态
z= list(x + y)                                       #链接 x 和 y 的内容
z.sort()                                             #将字母按从小到大排序
s = ''
s = s.join(z)                                        #去除字母之间的符号
print(s)
fp3.write(s)                                         #写入 mytxtfile3 中
fp3.close()
```

程序运行结果如下：

```
Hello python
Hello java
   H H a a e e h j l l l l n o o o p t v y
```

本 章 小 结

计算机文件是以硬盘等外部存储介质为载体而存储在计算机中的数据集合。文件在计算机中应用广泛，本章介绍了 Python 文件的相关方法，并且详述了 Python 文件的读写操作方法。主要内容包括文件及其分类、文件的打开与关闭、文件的读/写、文件遍历、os 模块与文件访问、JSON 数据格式和 pickle 模块等。最后，通过两个文件处理程序来说

明 Python 文件的应用方法。

习　题　13

1. 编写程序：判断在 D:/文件夹及其子文件夹中是否有一个名字为 templ.txt 的文件。

2. 使用 with/as 语句，编写一个二进制文件的写入和读取程序。

3. 编写将下列字典对象存入 JSON 格式文件中的程序。

```
Dt={ 'name': 'xiaozhang', 'age':19, 'average':79}
```

4. 编写程序：读取英文文本文件内容，并将其中的大写字母转变为小写字母，且将小写字母转变为大写字母，之后再存于另一个文件中。

5. 编写程序：用户输入一个目录和一个文件名，搜索该目录及其子目录中是否存在该文件。

第 14 章 多 线 程

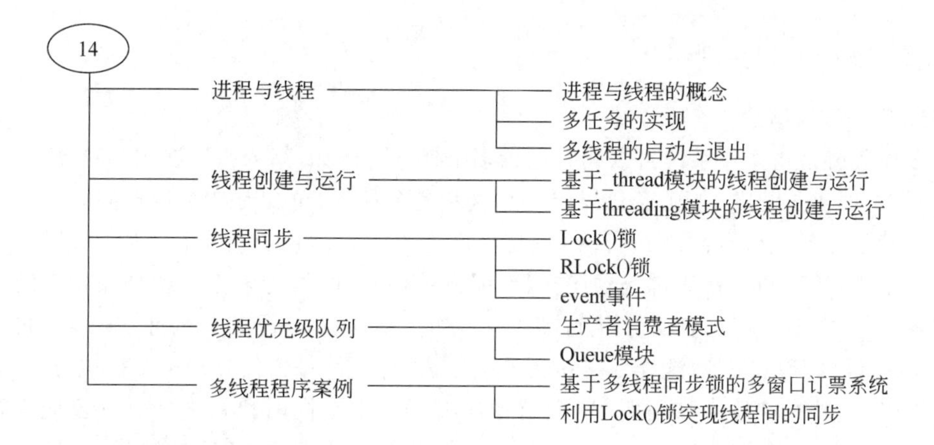

线程是比进程功能更小的程序模块，应用多线程技术可以实现和增强程序的并行性和重用性，进而优化处理能力。

14.1 进程与线程

在关于操作系统原理或 Linux 操作系统的学习中，已经接触过进程、线程和多线程的基本概念，在这里从应用的角度出发，再简单说明进程、线程、多线程和多进程等概念。

14.1.1 进程与线程的概念

1. 进程

进程是程序的一次执行，每个进程都有自己的地址空间、内存、数据栈以及记录运行轨迹的辅助数据等。进程又被称为重量级进程，操作系统管理运行所有的进程，并为这些进程分配合理的时间。进程是计算机中的程序在某数据集上的一次运行活动，是系统进行资源分配和调度的基本单位。

2. 线程

在一个进程内部需要同时做多件事情，这就需要同时运行多个子任务，将进程内的这些子任务称为线程。一个进程开始便会创建一个线程，称为主线程。与进程相比较，线程又称为轻量级进程，是程序执行流的最小单元。另外，线程是进程中的一个实体，是被系统独立调度和分派的基本单位，线程只拥有在运行中必不可少的最少资源，但它可与同属一个进程的其他线程共享进程所拥有的全部资源。线程之间的相互制约致使线程在运行中呈现出间断性。线程也有就绪、阻塞和运行三种基本状态之分。就绪状态是指线程具备运行的所有条件，逻辑上可以运行，在等待处理机；运行状态是指线程占有处理机并且正在运行；阻塞状态是指线程在等待一个事件(如某个信号量)，逻辑上不可执行。每一个程序都至少有一个线程，如果程序只有一个线程，那它就是程序本身。一个进程可以创建多个线程，多线程是同一进程下的不同执行路径，同一进程下的线程共享该进程的数据区。线程以并发的方式执行，线程执行时可以被中断和挂起。在多核 CPU 中，多线程才可能并行执行。

14.1.2 多任务的实现

1. 多任务的概念

多任务就是指操作系统可以同时运行多个任务。例如，某人一边在用浏览器上网，一边在听 MP3，一边还在使用 Word 做作业，这就是多任务，至少有 3 个任务同时运行。还有很多其他任务在后台同时运行着，只是桌面上没有显示而已。单核 CPU 可以执行多任务。由于 CPU 执行代码都是顺序执行，那么单核 CPU 执行多任务就是操作系统轮流控制各个任务交替执行，任务 1 执行 0.01 秒，切换到任务 2，任务 2 执行 0.01 秒，再切换到任务 3，再执行 0.01 秒，这样反复执行下去。表面上看，每个任务都是交替执行的，但是由于 CPU 的执行速度太快，用户感觉就像所有任务都在同时执行一样。真正地并行执行多任务只能在多核 CPU 上实现，但是由于任务数量远多于 CPU 的数量，所以操作系统也自动将很多任务轮流调度到每个 CPU 上执行。

对于操作系统来说，一个任务就是一个进程，开始多个任务就是多进程。例如打开一个浏览器就是启动一个浏览器进程，打开一个“记事本”就启动了一个“记事本”进程，打开两个“记事本”就启动了两个“记事本”进程，打开一个 Word 就启动了一个 Word 进程。有些进程还不止同时做一件事，如 Word 可以同时进行打字、拼写检查、打印等工作。

在一个进程内部，要同时做多件事，就需要同时运行多个子任务，将进程内的这些子任务称为线程。由于每个进程至少需要做一件事，所以一个进程至少有一个线程。当然，像 Word 这种复杂的进程可以有多个线程，多个线程可以同时执行，多线程的执行方式和多进程是一样的，也是由操作系统在多个线程之间快速切换，让每个线程都短暂地交替运行，看起来就像同时执行一样。当然，真正地同时执行多线程需要多核 CPU 才可能实现。

2. 多任务的实现方式

如果需要同时执行多个任务，则有下述两种解决方案。

一种是启动多个进程，每个进程虽然只有一个线程，但多个进程可以同时执行多个任务。另一种方法是启动一个进程，在一个进程内启动多个线程，这样，多个线程也可以同时执行多个任务。第三种方法就是启动多个进程，每个进程再启动多个线程，这样同时执行的任务就更多了，当然这种模型更复杂，实际很少采用。

通常由于各个任务之间并不是没有关联的，而是需要相互通信和协调，有时任务 1 必须暂停等待任务 2 完成后才能继续执行，有时任务 3 和任务 4 又不能同时执行，所以多进程和多线程的程序的复杂度要远远高于前面已书写的单进程和单线程的程序。因为复杂度高，调试也比较困难。

Python 既支持多进程，又支持多线程，多线程可以提高程序执行速度。在单线程情况下，执行过程中，某个子任务可能在等待 I/O，然而 I/O 到来的时间不确定，CPU 时间消耗在毫无意义的等待上，程序执行时间也将加上这一段等待的时间。在多线程情况下，如果某个子任务等待 I/O，可切换出其他线程执行，等到合适的时机(I/O 就绪)再切换回该线程，避免了 CPU 无意义的等待，也减少了程序的执行时间。

由于设置了全局解释器 GIL，Python 多线程中只能有一个线程被执行，因而无法利用多核 CPU 能够实现并行执行的特点。不仅如此，由于线程的切换需要时间开销，如多线程使用不当，程序执行速度还可能要低于单线程程序的执行速度。多线程适用于 I/O 密集型应用的场合。

图 14-1 所示的是多线程与单线程工作的示意图，其中长方形表示 CPU，圆表示线程，由上向下列出了单核多线程、单核单线程、双核多线程和双核单线程的调用情况。

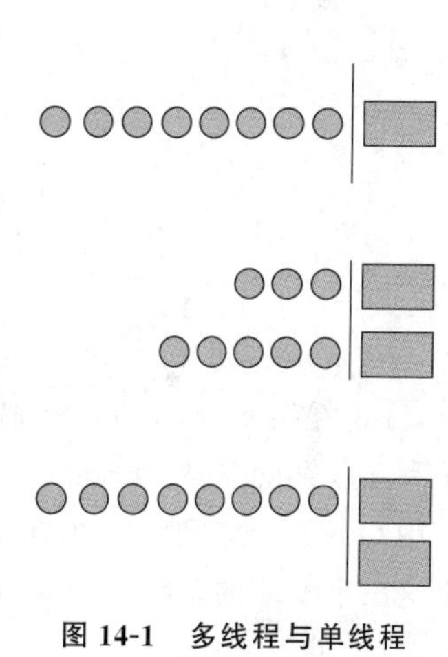

图 14-1 多线程与单线程工作示意图

3. 多线程的优点

(1) 使用线程可以将程序中长时间占据 CPU 的任务放到后台去执行。

(2) 程序运行速度加快。

(3) 改进用户界面，例如单击一个按钮，用于触发某事件的处理，可以弹出一个进度条显示处理的速度。

(4) 线程之间共享内存。

(5) Python 语言内置了多线程支持功能，而不是单纯地作为底层操作系统的调度方式，从而简化了 Python 的多线程编程。

(6) 操作系统在创建进程时，需要为该进程重新分配系统资源，但创建线程的代价则小得多。因此，使用多线程来实现多任务并发执行比使用多进程的效率高。

由于多进程和多线程的程序涉及到同步、数据共享等问题，所以编写的程序更为复杂。

14.1.3 线程的启动与退出

1. 线程启动

Python 代码的执行由 Python 全局解释器控制。在 Python 中，能够保证同一时刻只有一个线程运行。如果调用外部代码(例如 C/C++ 扩展函数等)，则 GIL 被锁定，并且一直持续到这个函数结束。这是由于在这个锁定期间没有运行 Python 字节代码，因此，不需要做线程切换。

2. 线程退出

线程退出的方式如下：

(1) 当一个线程结束后,这个线程就自动退出,这是常用的方法。

(2) 可以通过调用 thread.exit()函数,完成线程退出。

(3) 也可以使用 Python 退出进程的标准方法完成线程退出,例如通过调用 sys.ext()函数或抛出 SystemExit 异常来完成。

应说明的是,绝对不可以直接杀死一个线程。

3. 线程状态变迁

(1) 每个线程一定会有一个名字,尽管上面的例子中没有指定线程对象的名字,但是 Python 系统会自动为线程指定一个名字。

(2) 当线程的 run()方法结束时该线程完成。

(3) 无法控制线程调度程序,但可以通过其他的方式影响线程调度的方式。

(4) 线程的状态变迁如图 14-2 所示。

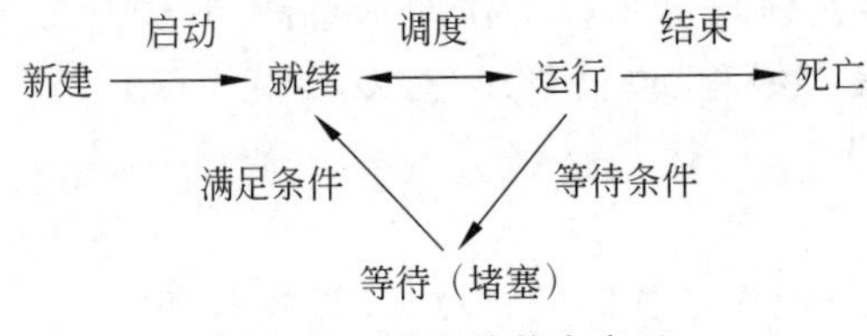

图 14-2 线程的状态变迁

14.2 线程创建与运行

Python 提供了_thread 模块、threading 模块和 Queue 模块等多线程模块,可以使用_thread 模块和 threading 模块创建线程和管理线程。其中_thread 模块提供了基本的线程和互斥锁的支持,threading 模块提供了更高级别、功能更全面的线程管理功能。可以使用 Queue 模块创建一个在多个线程之间共享数据的队列数据结构。下面主要介绍基于这三个模块的多线程编程方法。

14.2.1 基于_thread 模块的线程创建与运行

1. 使用_thread 模块的主要方法

(1) 创建一个新的线程。

(2) 分配锁对象。

(3) 线程退出。

(4) 获取锁对象。

(5) 释放锁。

2. 调用函数创建线程

调用_thread 模块中的 start_new_thread()函数来产生新线程。语法如下:

_thread.start_new_thread(function,args[,kwargs])

参数说明:

- function：线程函数名。
- args：传递给线程函数的参数。
- kwargs：可选参数。

【例 14-1】 没有使用多线程的程序。

下面的程序是一个串行执行的程序，主要由 A()函数、B()函数和 main()函数组成。

```
from time import sleep, ctime

def A():
    print('start A at:', ctime())
    sleep(4)                                    #睡眠 4 秒
    print('A done at:', ctime())

def B():
    print('startB at:', ctime())
    sleep(2)                                    #睡眠 2 秒
    print('B done at:', ctime())

def main():
    print('starting at:', ctime())
    A()
    B()
    print('all done at:', ctime())

if __name__ == '__main__':
    main()
```

程序运行结果如下：

```
starting at: Mon Feb  8 06:00:36 2021
start A at: Mon Feb  8 06:00:36 2021
A done at: Mon Feb  8 06:00:40 2021
startB at: Mon Feb  8 06:00:40 2021
B done at: Mon Feb  8 06:00:42 2021
all done at: Mon Feb  8 06:00:42 2021
```

从结果可以看出：

A 开始时间为 Mon Feb 8 06：00：36 2021。

B 开始时间为 Feb 8 06：00：40 2021。

程序运行过程是，A 和 B 按照顺序串行执行，先运行 A 函数，后运行 B 函数，结束时间为 Mon Feb 8 06:00:42 2021，耗时总计 4 s+2 s=6 s。

【例 14-2】 使用多线程的程序。

在下述程序中，调用_thread 模块中的 start_new_thread()函数产生新线程。

```
_thread.start_new_thread(function,args[,kwargs])
```

其中包括主线程 main()和两个子线程 A()、B(),线程都无任何参数。

```
import _thread
from time import sleep, ctime

def A():
    print('start A at:', ctime())
    sleep(4)
    print('A done at:', ctime())

def B():
    print('start B at:', ctime())
    sleep(2)
    print('B done at:', ctime())

def main():
    print('starting at:', ctime())
    _thread.start_new_thread(A, ())                #创建线程 A
    _thread.start_new_thread(B, ())                #创建线程 B
    sleep(6)
    print('all done at:', ctime())

if __name__ == '__main__':
    main()
```

程序运行结果如下：

```
starting at: Mon Feb  8 06:05:26 2021
start A at: Mon Feb  8 06:05:26 2021
start B at: Mon Feb  8 06:05:26 2021
B done at: Mon Feb  8 06:05:28 2021
A done at: Mon Feb  8 06:05:30 2021
all done at: Mon Feb  8 06:05:32 2021
```

比较例 14-1 和例 14-2 的输出结果,可以看出：

(1) 结果不是按照顺序输出。

(2) A 和 B 的运行时间总计 4 s,比没有使用多线程快了 2 s。

(3) sleep(6)是针对主线程的,预计 A 和 B 在 6 s 前执行完毕。

14.2.2 基于 threading 模块的线程创建与运行

threading 模块比_thread 模块功能更强大,_thread 模块的同步原语只有一个,而 threading 模块的原语较多。在_thread 模块中,在主线程结束时,所有线程都会被强制结束;但是 threading 模块能够确保重要子线程退出之后,进程才可退出。

1. 通过函数名创建子线程

可以通过函数名创建子线程,其中使用 target 指定线程要执行的目标函数,再使用

start()方法启动。例如：

```
import threading

def test_1():
    print("开始运行子线程")
def main():
    t_1=threading.Thread(target=test_1)      #通过 target 指定子线程函数 test_1
    t_1.start()                              #启动子线程 t_1

if __name__=="__main__":                     #当主线程结束后,所有的子线程也会结束
    main()
```

程序运行结果如下：

```
开始运行子线程
```

又如,用 start()方法启动线程。

```
import time
import threading

def mark(index):
    print("第%d次"%index)
    time.sleep(0.1)
if __name__=="__main__":
    for i in range(6):
        t_2=threading.Thread(target=mark,args=(i,))      #定义子线程 t_2
        t_2.start()                                      #启动子线程 t_2
        time.sleep(1)
```

程序运行结果如下：

```
第0次
第1次
第2次
第3次
第4次
第5次
```

又如：

```
import threading
import time
def say_01 ():
    print('A')
    time.sleep(1)
if__name__=="__main__":
```

```
    for i in range(3):
        t_3=threading.Thread(target=say_01)                    #定义线程 t_3
        t_3.start()                                            #启动线程 t_3
```

程序运行结果如下：

```
A
A
A
```

【例 14-3】 主线程等待所有的子线程结束后才结束。

```
import threading
from time import sleep,ctime,time

def walk():
    for i in range(3):
    print('散步:%d'%i)
    sleep(1)

def music():
    for i in range(3):
    print('听音乐:%d'%i)
    sleep(1)

if __name__=="__main__":
    print('start:'+ctime())
    res1=threading.Thread(target=walk)
    res2=threading.Thread(target=music)
    res1.start()                                               #启动线程 res1
    res2.start()                                               #启动线程 res2
    sleep(6)
    print('stop:'+ctime())
```

程序运行结果如下：

```
start:Wed Feb 10 06:06:07 2021
散步:0 听音乐:0
散步:1 听音乐:1
散步:2 听音乐:2
stop:Wed Feb 10 06:06:08 2021
```

2. 通过类来创建线程

前面所介绍的线程都是以结构化编程的形式来创建的。通过集成 Threading.Thread 类也可以创建线程。Thread 类首先完成一些基本的初始化，然后调用它的 run()方法，该方法将调用传递给构造函数的目标函数。

【例 14-4】 通过类创建线程。

在下述程序中,通过 Mythread 类创建线程。

```
import threading

class Mythread(threading.Thread):
    def __init__(self, num):
        threading.Thread.__init__(self)
        self.num = num

    def run(self):                          #run()方法结束,则线程结束
        print('x= {0}'.format(self.num))

t1 = Mythread(1)
t2 = Mythread(2)
t3 = Mythread(3)
t1.start()
t2.start()
t3.start()
```

程序运行结果如下:

```
x=1
x=2
x=3
```

又如:

```
import threading                            #通过类定义子线程

class MyThread(threading.Thread):

    def music(self):                        #定义 music()方法
        print(self.name)                    #name 属性中保存的是当前线程的名字 Thread-1

rres=MyThread()                             #实例化自定义的子线程
rres.start()                                #开启子线程
rres.music()
```

程序运行结果如下:

```
Thread-1
```

【例 14-5】 演示线程执行顺序的程序。

```
#coding=utf-8
import threading
import time
```

```
class MyThread(threading.Thread):
    def run(self):                              #run()方法
        for i in range(3):
            time.sleep(1)
            mnm_01 =self.name+':'+str(i)        #name 属性中保存的是当前线程的名字
            print(mnm_01)

def test():                                     #test()函数
        for i in range(5):
            tt=MyThread()
            tt.start()
            time.sleep(5)
if __name__=='__main__':
test()
```

程序运行结果如下:

```
Thread-1:0
Thread-1:1
Thread-1:2
Thread-2:0
Thread-2:1
Thread-2:2
Thread-3:0
Thread-3:1
Thread-3:2
Thread-4:0
Thread-4:1
Thread-4:2
Thread-5:0
Thread-5:1
Thread-5:2
```

14.3 线程同步

如果各线程间共享全局变量,将出现多个线程对该变量执行不同操作的情况,导致该变量最终的结果可能不确定。解决这个问题的方法是采用线程同步技术。线程同步技术是指通过加锁与解锁,使得当一个线程访问某些数据时,其他线程不能访问这些数据,直到该线程完成对该数据的操作。在 threading 模块中,定义了 Lock()互斥锁和 RLock()递归锁两种类型的锁。将 threading.Lock 和 threading.RLock 称为锁对象。一个线程一旦获得锁,其他需要获取锁的线程将被阻塞。凡是存在被争抢共享资源的地方都可以使用锁,从而保证只有一个使用者可以完全使用这个资源,这就是线程同步的目的。

14.3.1 Lock()锁

1. Lock()锁的概念

线程同步能够保证多个线程安全访问共享资源，最简单的同步机制是引入Lock()锁。Lock()锁为资源引入锁定状态和非锁定状态。某个线程要更改共享数据时，先将其锁定，此时资源的状态为锁定状态，其他线程不能更改，直到该线程释放资源，将资源的状态变成非锁定状态，其他的线程才能再次锁定该资源。Lock()锁保证每次只有一个线程进行写入操作，从而保证了多线程情况下数据的正确性。锁Lock()可以有效地访问程序中的共享资源，以防止数据损坏，它遵循互斥，因为一次只能有一个线程访问特定的资源。

2. Lock()锁的方法

Lock()锁有两个基本方法，即acquire()方法和release()方法。这两个方法必须成对出现。在acquire()后，必须先执行release()后才能再执行acquire()，否则会造成死锁。锁支持上下文管理协议，即支持with语句。

(1) acquire()方法。当状态为非锁定时，acquire()方法将使其状态改为锁定。当状态是锁定时，处在阻塞态，这时将阻塞其他的线程调用内容。

获取锁成功返回True，否则返回False。当获取不到锁时，默认进入阻塞状态，直到获取到锁后才继续。阻塞可以设置超时时间。非阻塞时，超时时间禁止设置。如果超时，但依旧未获取到锁，则返回False。

(2) release()方法。在线程锁定时，可用release()方法将其改为非锁定状态，然后再调用acquire()重置其为锁定状态，只有在锁定状态下才可以调用release()。如果未加锁就调用release()方法，则将抛出RuntimeError异常。

锁定方法acquire()有一个超时时间的可选参数，即acquire([timeout])。如果设定timeout，则在超时后通过返回值可以判断是否得到了锁，从而可以进行一些其他的处理。

【例14-6】 Lock()锁程序。

```
import threading

ss= threading.Lock()                              #lock对象
ss.acquire()                                      #加锁
def func():
    ss.release()                                  #释放锁
    print("锁已释放")

test = threading.Thread(target=func)
test.start()
```

程序运行结果如下：

```
锁已释放
```

在上面的代码中，在主线程中创建锁并加锁，但是在test子线程中释放锁，将正常输出结果。

又如,访问共享资源。

```
import threading

lock = threading.Lock()                    #创建一个 lock 对象
a = 0                                      #初始化共享资源 a

def sum_1():
    global a
    lock.acquire()                         #锁定共享资源
    a = a + 10
    lock.release()                         #释放共享资源

def sum_2():
    global a
    lock.acquire()                         #锁定共享资源
    a = a + 200
    lock.release()                         #释放共享资源

sum_1()                                    #调用函数
sum_2()
print(a)
```

程序运行结果如下:

```
210
```

在上面的程序中,lock是一个锁对象,全局变量a是一个共享资源,sum_1()和sum_2()函数扮作两个线程,在sum_1()函数中首先锁定共享资源a,然后将其增加10,然后a被释放。sum_2()函数执行类似操作。两个函数sum_1()和sum_2()不能同时访问共享资源a,一次只能有一个函数访问共享资源。

14.3.2 RLock()锁

由于Lock()锁可能出现死锁的情况,为了解决此问题,提出了可重入锁RLock()。RLock()可以在同一个线程中连续调用多次acquire()方法进行加锁,但必须再执行相同次数的release()方法才可解锁。也就是说,RLock()锁为多重锁。在同一线程中可进行多次acquire()调用。如果使用RLock()锁,那么acquire()和release()必须成对出现。RLcok类的用法和Lock类相同,但它支持嵌套,又称为递归锁。

默认的Lock不能识别lock当前被哪个线程所持有。如果多个线程正在访问共享资源,那么只有一个线程在访问共享资源,而其他线程将被阻塞,即使锁定共享资源的线程也是如此。在这些情况下,可重入锁(RLock)用于防止访问共享资源时出现不必要的阻塞。如果共享资源在RLock中,那么可以安全地再次调用它。共享资源可以被不同的线程重复访问,并且在被不同的线程调用时仍然可以正常工作。例如:

```
import threading

lock = threading.Lock()                    #创建一个 lock 对象
a = 0                                      #初始化共享资源
lock.acquire()                             #本线程访问共享资源
a = a + 1
lock.acquire()                             #这个线程访问共享资源会被阻塞
a = a + 2
lock.release()
print(a)
```

在上面的程序中，两个线程同时访问共享资源 a，当一个线程当前正在访问共享资源 a 时，另一个线程访问将被阻止。当两个或多个线程试图访问相同的资源时，有效地阻止了彼此访问该资源，阻止了死锁，因此上述程序没有生成任何输出。在程序中上述问题可以通过使用 RLock 解决。例如：

```
import threading

ss = threading.RLock()                     #创建一个 RLock()锁的实例对象 ss
a = 0                                      #初始化共享资源
ss.acquire()                               #本线程访问共享资源
a = a + 10
ss.acquire()                               #这个线程尝试访问共享资源
a = a + 200
ss.release()
print(a)
```

程序运行结果如下：

```
210
```

在这里，没有阻止程序中的线程访问共享资源 a。对于 RLock()对象锁的每个 acquire()，都需要调用 release()一次。

【例 14-7】 RLock 加锁和释放锁程序。

```
import threading

ss = threading.RLock()                     #ss 是 RLock()锁的对象

def func():
    if ss.acquire():                       #第一把锁
        print("first Rlock")
        if ss.acquire():                   #第一把锁没解开的情况下接着加第二把锁
            print("second Rlock")
            ss.release()                   #解开第二把锁
        ss.release()                       #解开第一把锁
```

```
test = threading.Thread(target=func)
test.start()
```

程序运行结果如下：

```
first Rlock
second Rlock
```

在同一线程中，RLock 只有当前线程才能释放本线程上的锁，而不能在 test 线程中已经执行 rlock.acquire 且未释放锁的情况下，在另一个 test 线程中还能执行 rlock.acquire(这种情况会导致 test 阻塞)。线程是进程中可以调度执行的实体，而且它是操作系统中可以执行的最小处理单元。简单地说，一个线程就是一个程序中可以独立于其他代码执行的指令序列，线程是进程的子集。

Lock 对象和 RLock 对象的比较如表 14-1 所示。

表 14-1　Lock 对象和 RLock 对象的比较

Lock	RLock
Lock 对象无法再被其他线程获取，除非持有线程释放它	RLock 对象可以被其他线程多次获取
Lock 对象可被任何线程释放	RLock 对象只能被持有的线程释放
Lock 对象不可以被任何线程拥有	RLock 对象可以被多个线程拥有
对一个对象锁定速度快	对一个对象加 RLock 比加 Lock 慢

14.3.3　event 事件

事件可用于线程之间通信，即程序中的一个线程需要通过判断其线程状态来确定自己下一步的操作。全局定义了一个内置标志 Flag，如果 Flag 值为 False，那么当程序执行 event.wait()方法时就会阻塞；如果 Flag 值为 True，那么该方法将不会阻塞。event 事件说明如下：

(1) set()方法：将标志设为 True，并通知所有处于等待阻塞状态的线程恢复运行状态。

(2) clear()方法：将标志设为 False。

(3) wait(timeout)方法：如果 Flag 值为 False，那么当程序执行 event.wait()方法时就会阻塞，等待其他线程调用 set()。如果 Flag 值为 True，那么 event.wait()方法时便不再阻塞。

(4) isSet()方法：获取内置标志状态，返回 True 或 False。如图 14-3 所示。

例如，定义一个模拟按钮函数 button，在 button 函数中，如果 event.wait()方法为 True 将立即返回，否则进入阻塞状态，等待其他线程调用 set()方法解除阻塞。等待时间为 2 秒。

```
#定义函数 button()
```

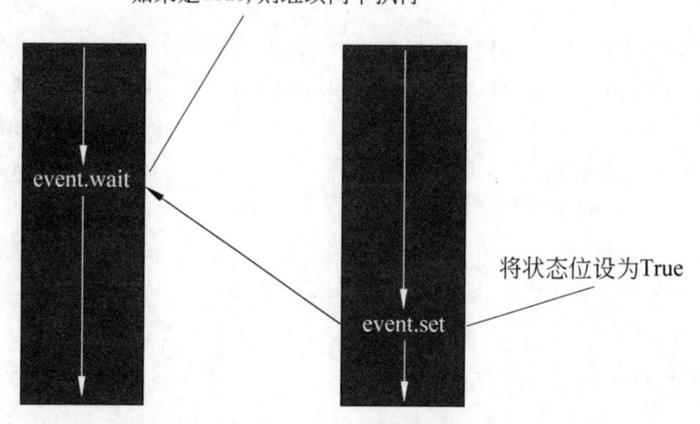

图 14-3 基于 event 对象的线程间的通信

```
def button():
    event.set()
    event.clear()
    if event.wait(2):
        pass
    else:
        print("do the action")
#多线程调用
for x in range(10):
    print("start button")
    t = Thread(target=button)                    #t 为线程对象
    t.start()
```

【例 14-8】 多线程 event 事件的使用。

场景：召开人工智能讨论会，开会时间到了，会议主持人宣布开会。参会者 x 和 y 准备就绪，当收到通知 event.set()时，执行 x 线程和 y 线程。

```
#coding:utf-8
import threading
import time

event = threading.Event()                        #event 为 threading.Event()对象
def meeting(name):                               #定义 meeting()函数
    #进入等待阻塞状态
    print ('%s 已经启动' % threading.currentThread().getName())
    print ('参会者 %s 已经进入会场'%name)
    time.sleep(1)
    event.wait()
    #收到事件后进入运行状态
    print ('%s 收到通知' % threading.currentThread().getName())
```

```
    print ('参会者%s开始开会'%name)

threads = []                                                     #设置线程组
thread1 = threading.Thread(target= meeting, args= ("x", ))       #创建新线程
thread2 = threading.Thread(target= meeting, args= ("y ", ))      #创建新线程
threads.append(thread1)                                          #添加到线程组
threads.append(thread2)                                          #添加到线程组

for thread in threads:                                           #开启线程
    thread.start()
time.sleep(0.1)
print ('主线程通知参会者开会')                                      #发送事件通知
event.set()
```

程序运行结果如下：

```
Thread-1已经启动
参会者x已经进入会场
Thread-2已经启动
参会者y已经进入会场
主线程通知参会者开会
Thread-1收到通知
参会者x开始开会
Thread-2收到通知
参会者y开始开会
```

【例 14-9】 主线程和子线程之间通信的程序。

```
import threading
import time

event1=threading.Event()          #创建事件的对象event1

def ff():
    print('wait server')
    event1.wait()                 #括号中的数字表示等待的秒数,不带数字表示阻塞状态
    print('connect to server')

t5=threading.Thread(target=ff,args=())   #t5为线程对象
event.clear()
t5.start()                        #启动t5线程
time.sleep(3)
print('start server successful')
time.sleep(3)
event1.set()                      #子线程中的ff()函数解除阻塞状态的程序运行结果
wait server
```

```
start server successful
connect to server
```

【例 14-10】 子线程与子线程间通信。

```
import threading
import time

event1=threading.Event()

def ff():
    print('wait server...')
    event1.wait()
    print('connect to server')

def start():
    time.sleep(3)
    print('start server successful')
    time.sleep(3)
    event1.set()

t1=threading.Thread(target=ff,args=())        #子线程执行 ff()函数
t1.start()
t2=threading.Thread(target=start,args=())     #子线程执行 start()函数
t2.start()
```

```
wait server...
start server successful
connect to server
```

14.4 线程优先级队列

Python 的 Queue 模块中提供了同步的、线程安全的队列类，包括 FIFO（先进先出）队列 Queue、LIFO（后进先出）队列 LifoQueue 和优先级队列 PriorityQueue。这些队列能够在多线程中直接使用，实现线程间的同步。

14.4.1 生产者消费者模式

生产者指的是生产数据的任务，消费者指的是处理数据的任务。在并发编程中，如果生产者处理速度很快，而消费者处理速度很慢，那么生产者就必须等待消费者处理完，才能继续生产数据。同样的道理，如果消费者的处理能力大于生产者，那么消费者就必须等待生产者。为了解决这个问题于是引入了生产者消费者模式。

生产者消费者模式是通过一个容器来解决生产者和消费者之间的强耦合问题。生产

者和消费者彼此之间不直接通信，而通过阻塞队列来进行通信，所以生产者生产完数据之后不用等待消费者处理，直接送给阻塞队列；消费者不找生产者要数据，而是直接从阻塞队列中获取数据。阻塞队列就相当于一个缓冲区，平衡了生产者和消费者的处理能力。

生产者消费者问题是多线程中一个经典的并发协作问题，这个问题主要包含两类线程，一个是生产者用于生产数据，另一个是消费者用于消费数据，两者操作同一个数据共享区域，这种模型在编程中非常常见。例如爬虫，生产者负责爬取链接，消费者负责解析链接所指向的网页内容。这种模型需要满足下面的两个特征：

- 消费者在数据共享区域为空时阻塞，直到共享区域出现新数据为止。
- 生产者在数据共享区域填满时阻塞，直到数据共享区出现空位为止。

14.4.2 Queue 模块

Queue 模块实现了基于多生产者多消费者模式的队列。使用 Queue 模块可以实现信息在多线程间安全交换，Queue 模块实现了所有要求的锁机制，能够保证多线程安全运行。

1. 队列

队列是一种数据结构，如图 14-4 所示。Queue 模块队列有下述三种数据存取方式。

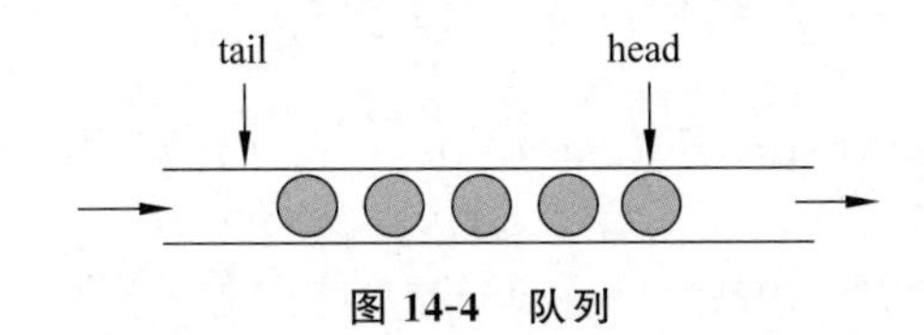

图 14-4 队列

(1) 先进先出(FIFO)队列 Queue：与队列类同，先存入的数据先取出。

(2) 后进先出(LIFO)队列 LifoQueue：与堆栈类同，最后存入的数据最先取出。

(3) 优先级队列 PriorityQueue：存入数据时加入一个优先级，取数据时优先级最高的先取出。

三种队列都实现了锁原语，可在多线程中直接使用，实现线程间的同步。

2. Queue 模块的常用方法

Queue 模块提供了操作队列的常用方法，如表 14-2 所示。

表 14-2 Queue 模块的常用方法

方　法	描　述
Queue.qsize()	返回队列的大小
Queue.empty()	判断队列是否为空，如是则返回 True；否则返回 False
Queue.full()	如果队列满了，返回 True，否则返回 False
Queue.get([block[,timeout]])	获取队列，timeout 为等待时间
Queue.get_nowait()	相当于 Queue.get(False)
Queue.put(item)	写入队列，timeout 为等待时间

续表

方　法	描　述
Queue.put_nowait(item)	相当于 Queue.put((item,False)
Queue.task_done()	完成一项工作后,向已完成任务的队列发送一个信号
Queue.join()	实际上等到队列为空时再执行别的操作

【例 14-11】 先进先出队列的程序。

在下述队列程序中,分别利用 put()和 get()存入和取出数据。

```
import queue
import threading
import time

qq=queue.Queue(5)                                  #qq为先进先出队列对象

def put():
    for i in range(10):                            #顺序存入数据
        qq.put(i)
        time.sleep(0.1)

def get():
    for i in range(10):                            #顺序读取数据
        print(qq.get())

th1=threading.Thread(target=put,args=())           #定义 t1 线程
th1.start()                                        #启动 t1 线程
th2=threading.Thread(target=get,args=())           #定义 t2 线程
th2.start()                                        #启动 t2 线程
```

程序运行结果如下:

```
0
1
2
3
4
5
6
7
8
9
```

【例 14-12】 后进先出程序。

```
import queue
```

```
import threading
import time

qq=queue.LifoQueue()                                    #qq为后进先出队列对象

def put():
    for i in range(10):
        qq.put(i)
    qq.join()
    print('ok')

def get():
for i in range(10):
    print(qq.get())
    qq.task_done()

th1=threading.Thread(target=put,args=())
th1.start()
th2=threading.Thread(target=get,args=())
th2.start()
```

程序运行结果如下：

```
9
8
7
6
5
4
3
2
1
0
ok
```

14.5 多线程程序案例

下面通过两个多线程程序说明多线程的使用方法。

14.5.1 基于多线程同步锁的多窗口订票程序

下述的程序介绍了利用多线程 Lock()锁实现多窗口订票程序。利用 threading.lock()方法避免出现一票多卖、无票也卖的情况，并且规范化了输出格式。在下述程序中，以3个窗口和卖10张票为例，设计的程序如下：

```
import threading
import time

tickets =10                                    #为了便于说明,指定出售票数仅为 10 张
lock= threading.Lock()                         #获取线程 Lock()锁对象
class TicketWindows(threading.Thread):         #通过 TicketWindows 类创建线程
    def__init__(self,window_name):
        threading.Thread.__init__(self)
        self.window_name=window_name

    def run(self):                             #run()方法结束,则线程结束
        sell_tickets(self.window_name)

def sell_tickets(threadName):                  #售票函数 sell_tickets
    global tickets
    while tickets>0:
        lock.acquire()                         #对 global tickets 加 Lock()锁
        if tickets>0:
            print(threadName,"剩余票:",tickets,"张")
            tickets-=1
            print(threadName,"卖出 1 张车票,剩余票:",tickets,"张")
            print("===========================")
        else:
            print("车票售完")
        lock.release()                         #对 global tickets 释放 Lock()锁
        try:                         #如出售 1 张票的时间超过 1 秒,则抛出 RuntimeError
            time.sleep(1)
        except RuntimeError:
            print("出错")
if __name__=='__main__':
w1=TicketWindows("窗口 1")
w2=TicketWindows("窗口 2")
w3=TicketWindows("窗口 3")
w1.start()                                     #启动窗口 1
w2.start()                                     #启动窗口 2
w3.start()                                     #启动窗口 3
w1.join()                                      #需要等待 w1 执行完成之后才会向下执行
w2.join()                                      #需要等待 w2 执行完成之后才会向下执行
w3.join()                                      #需要等待 w3 执行完成之后才会向下执行
print("退出主线程")
```

程序运行结果如下:

```
窗口 1 剩余票: 10 张
窗口 1 卖出 1 张车票,剩余票: 9 张
```

```
===========================
窗口 2 剩余票: 9 张
窗口 2 卖出 1 张车票,剩余票: 8 张
===========================
窗口 3 剩余票: 8 张
窗口 3 卖出 1 张车票,剩余票: 7 张
===========================
窗口 1 剩余票: 7 张
窗口 1 卖出 1 张车票,剩余票: 6 张
===========================
窗口 2 剩余票: 6 张
窗口 2 卖出 1 张车票,剩余票: 5 张
===========================
窗口 3 剩余票: 5 张
窗口 3 卖出 1 张车票,剩余票: 4 张
===========================
窗口 1 剩余票: 4 张
窗口 1 卖出 1 张车票,剩余票: 3 张
===========================
窗口 2 剩余票: 3 张
窗口 2 卖出 1 张车票,剩余票: 2 张
===========================
窗口 3 剩余票: 2 张
窗口 3 卖出 1 张车票,剩余票: 1 张
===========================
窗口 1 剩余票: 1 张
窗口 1 卖出 1 张车票,剩余票: 0 张
===========================
车票售完
退出主线程
```

14.5.2 利用 Lock()锁实现线程间的同步

下述程序是应用 Lock()锁实现线程间的同步,进而使用 4 个线程处理 5 个数据。

```
import queue
import threading
from time import sleep,ctime

exitflag = 0
class Mythread(threading.Thread):                                    #创建 Mythread 类
    def __init__(self,threadID,name,qq):
        super(Mythread, self).__init__()
        self.threadID = threadID
        self.name = name
```

```
        self.qq = qq

    def run(self):                        #开启线程,调用函数 process_data(),退出线程
        print("开启线程:" + self.name + " at:" + ctime())    #线程启动时间
        process_data(self.name,self.qq)
        print("退出线程:" + self.name+ at:" + ctime())

def process_data(threadName,qq):                                  #process_data()函数
    while not exitflag:
        queueLock.acquire()
        if not workqueue.empty():
            data = qq.get()
            queueLock.release()
            print("%s processing %s" % (threadName,data))
        else:
            queueLock.release()
        sleep(1)

threadList = ["Thread-1","Thread-2","Thread-3","Thread-4"]    #线程名列表
nameList = ["A","B","C","D","E"]                              #数据名列表
queueLock = threading.Lock()                           #queueLock为锁线程的对象
workqueue = queue.Queue(10)                                   #队列对象
threads = []
threadID = 1
for tName in threadList:                                      #创建新线程列表
    thread = Mythread(threadID,tName,workqueue)
    thread.start()
   threads.append(thread)
    threadID +=1
queueLock.acquire()                               #将word写入队列workqueue
for word in nameList:
    workqueue.put(word)
queueLock.release()
while not workqueue.empty():                      #清空等待队列workqueue
    pass
#线程退出
exitflag = 1
for t in threads:
    t.join()                                      #所有子线程退出后,主线程退出
print("退出主线程")
```

程序运行结果如下：

```
开启线程:Thread-2 at:Sun Feb 14 11:56:03 2021 开启线程:Thread-4 at:Sun Feb 14 11:
56:03 2021
```

```
开启线程:Thread-1 at:Sun Feb 14 11:56:03 2021 开启线程:Thread-3 at:Sun Feb 14 11:
56:03 2021
Thread-2 processing A

Thread-1 processing C
Thread-3 processing DThread-4 processing B


Thread-2 processing E
退出线程:Thread-1 at:Sun Feb 14 11:56:04 2021
退出线程:Thread-4 at:Sun Feb 14 11:56:04 2021 退出线程:Thread-3 at:Sun Feb 14 11:
56:04 2021

退出线程:Thread-2 at:Sun Feb 14 11:56:05 2021
退出主线程
```

在上述程序中,增加了一个 join()方法,用于等待线程终止。join()方法的作用是,在子线程完成运行之前,这个子线程的父线程将一直被阻塞。也就是说必须等待 for 循环中的进程都结束后,才执行主进程。

本章小结

本章首先介绍了进程与线程的概念和区别,然后结合多线程的作用介绍了多线程程序设计的基本方法。在此基础之上,详细描述了 Lock()锁和 RLock()锁,以及线程优先级队列的实用方法和程序设计。最后,给出了两个典型程序说明多线程的作用。

习题 14

1. 举例说明三种创建线程的方法。
2. 设计一个含有 2 个线程的多线程程序。
3. 设计一个多线程程序,要求:有 100 个数据,启动 5 个线程,每个线程分配 20 个数据。
4. 设计一个加 Lock()锁的程序。
5. 设计一个加 RLock()锁的程序。
6. 设计一个主线程和子线程间通信的程序。
7. 设计一个先进后出队列程序。

第 15 章

数据获取与处理

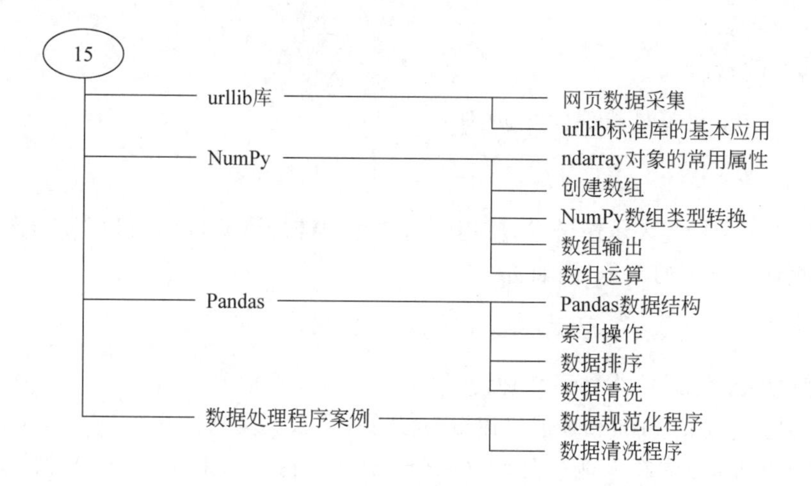

15.1 urllib 库

网页数据采集是一种常用的数据获取方式之一，利用 Python 程序可以较方便地获取网页数据。Python 3.x 标准库 urllib 提供了 urllib.request、urllib.reponse、urllib.parse 和 urllib.error 模块，能够支持网页内容抓取功能。

15.1.1 网页数据采集

在这里，仅简单介绍 Python 实现的网页数据采集（网络爬虫）的基本系统，这是设计功能更为强大的实用系统的基础。

1. HTML 基础

HTML 使用标签来标记要显示的网页中的各个部分。网页文件是一种文本文件，通过在文本文件中添加标签，可以告诉浏览器如何显示其中的内容，包括文字如何处理、画面如何安排以及图片如何显示等。浏览器按顺序阅读网页文件，然后根据标签解释和显示其标记的内容。一个网页对应一个 HTML 文件，HTML 文件以.htm 或.html 为扩展名。标准的 HTML 文件都具有一个基本的整体结构，即 HTML 文件分为头部与实体两大部分。HTML 的标签可用于描述一个网页的结构，标签分有开始标签与结束标签，比如<p>为开始标签，</p>为结束标签，两者之间是需要显示的内容。

HTML 常用的标签如下。

① h 标签。在 HTML 中，使用 h1～h6 标签表示不同级别的标题，其中 h1 级别的标题字体最大，h6 最小，表示方法如下：

```
<h1>1 级标题</h1>
<h2>2 级标题</h2>
<h3>3 级标题</h3>
<h4>4 级标题</h4>
<h5>5 级标题</h5>
<h6>6 级标题</h6>
```

② p 标签。p 标签是段落标签，例如：

```
<p>一个段落</p>
```

③ a 标签。a 标签表示超链接，使用时需要指明链接资源，由 href 属性指定链接的地址以及在页面上显示的文本，例如：

```
<a href=http://www.daidu.com>点这里</a>
```

a 标签的执行方式分为如下三种情况。

- 如果 a 标签的 href 属性值是以 http 开头，那么浏览器立刻启动 http 解释器去解释该网址，首先在本地机器去找一个 hosts 文件。如果在 hosts 文件上没有该域名对应的主机，浏览器就去到对应的 DNS 服务器中寻找该域名对应的主机号。如果找到了对应的主机，则将该请求发给对应的主机。
- 如果 a 标签的 href 属性值没有以任何协议开头，那么浏览就会启动 file 协议解释器来解释该资源路径。
- 如果 a 标签的 href 属性值并不是以 http 开始，而是其他的一些协议，那么这时候浏览器就回到本地的注册表中查找是否有处理这种协议的应用程序。如果有，则启动该应用程序处理该协议。

④ img 标签。img 标签用来显示一个图像，使用 src 属性指定图像文件地址，可以使用本地文件，也可以指定互联网上的图片，例如，用来显示 Python ABC.jpg 图像的代码如下：

```
<img src="Python ABC.jpg"width="200" height="300"/>
```

在技术上，<img>标签并不会在网页中插入图像，而是从网页上链接图像，<img>标签创建的是被引用图像的占位空间。

⑤ table、tr 和 td 标签。在 HTML 中，table 标签用于创建表格，tr 标签用于创建行，td 标签则用于创建单元格，例如：

```
<table BigData="1">
    <tr>
        <td>第 1 行第 2 列</td>
```

```
        <td>第一行第二列</td>
    </tr>
    <tr>
        <td>第 2 行第 1 列</td>
        <td>第 2 行第 2 列</td>
    </tr>
</table>
```

⑥ ul、ol 和 li。ul 标签用来创建无序列表，ol 标签用来创建有序列表，li 标签用来创建其中的列表项。例如：

```
<ul  id="colors" name="color">
    <li>红色< /li >
    <li>兰色< /li >
    <li>黄色< /li >
</ul>
```

⑦ div。div 标签可用于创建一个块，块中可以包含其他标签，例如：

```
<div id="yellowDiv"style="background-color:yellow">
    <ol>
        <li>红色< /li >
        <li>兰色< /li >
        <li>黄色< /li >
    </ol>
</div>
<div id="reddiv" style="background-color:red">
<P>第 1 段</p>
    <P>第 2 段</p>
</div>
```

⑧ form。form 标签用于为用户输入创建 HTML 表单。表单能够包含 input 元素，例如文本字段、复选框、单选按钮、提交按钮等，还可以包含菜单、表格等元素。表单用于向服务器传输数据。例如：

```
<form action="form_action.asp" method="get">
    <p>First name: <input type="text" name="fname" /></p>
    <p>Last name: <input type="text" name="lname" /></p>
    <input type="submit" value="Submit" />
</form>
```

2. JavaScript 基础

网页是一个单独的页面，网站则是一系列相关的页面集合，应用程序可以实现与用户交互，并可完成某种需要的功能。

Java 是服务器端的编程语言，而 JavaScript 的解释器被称为 JavaScript 引擎，为浏览器的一部分。JavaScript 是可由客户端浏览器解释执行的脚本语言，可以用来控制网页内容，进而为网页增加动态的效果。

可以在 HTML 的标签中直接添加 JavaScript 代码。例如，将下述代码保存在一个 index.html 文件中，并使用浏览器打开，单击“保存”按钮后，网页弹出提示“保存成功”。

```
<html>
    <body>
        <form>
            <input type"botton"="保存"onClick="alert('存成功'):">
        </form>
    </body>
</html>
```

如果在网页中使用了 JavaScript 代码，可以写在<script>标签中。例如，将下述代码保存在 index.html 文件中，并使用浏览器打开，在页面上显示出“动态内容”而不是“静态内容”。在这段代码中，<script></script>一对标签要放在<body></body>标签后面。否则由于页面没有完成渲染，导致获取指定 id 的 div 失败。

```
<html>
     body>
        <form>
            <input type"botton"="保存"onClick="alert('保存成功'):">
        </form>
      </body>
    <script type"text/javascript"
        document.getElementById("test").innerHTML"动态内容";
    </script>
</html>
```

如果一个网站中使用了较多的 JavaScript 代码，则可以将这些代码按功能分为不同的函数，并将这些函数封装到一个扩展名为 js 的文件中，然后在网页中使用。例如，与网页文件在同一文件夹下的 myfunctions.js 内容如下：

```
function modify(){
document.getElementById("test".innerHTML"动态内容";
}
```

在下面的页面中，将外部文件 myfunctions.js 导入，然后调用其中的函数。

```
<html>
<head>
    <script type="text/javascript" src="myfunctions.js></script>
</head>
    <body>
        <div id="test">静态内容</div>
    </body>
    <script type="text/javascript" src="modify();</script>
```

```
</html>
```

15.1.2　urllib 标准库的基本应用

urllib 的 request 模块可以非常方便地抓取 URL 内容，也就是发送一个 GET 请求到指定的页面，然后返回 HTTP 响应。requests 模块的基本方法如表 15-1 所示。

表 15-1　requests 模块的基本方法

方　法	说　明
requests.get()	获取 HTML 网页的主要方法，对应于 HTTP 的 GET
requests.head()	获取 HTML 网页头信息的方法，对应于 HTTP 的 HEAD
requests.post()	向 HTML 网页提交 POST 请求的方法，对应于 HTTP 的 POST
requests.put()	向 HTML 网页提交 PUT 请求的方法，对应于 HTTP 的 PUT
requests.patch	向 HTML 网页提交局部修改请求，对应于 HTTP 的 PATCH
requests.delete	向 HTML 网页提交删除请求的方法，对应于 HTTP 的 DELETE

利用 requests 模块获取网页的 HTML 内容如下所示。

1. 获取网页的 HTML 内容

(1) get()函数。可以利用 requests 库中的 get()函数获取网页的 HTML 内容的程序如下：

```
import requests

ff= requests. get('https://------')
fff=ff. encode(encoding='utf-8')
print(fff)                              #输出结果是指明返回的回复数量，而非实际内容
print(fff.text)                         #输出网页内容
```

requests.get 获取的内容是一个完整的 HTML 文档，不仅包括网页显示的信息，还包括 HTML 的标签等。为了将这些标签去掉，就需要使用 BeautifulSoup4。

仅当适用于 get 爬取的网页的请求方式(Requests. Method)是 GET 时才能用 requests.get，可以用浏览器自带的功能查看该网页的请求方式是否是 GET。其过程是：打开一个网页，在页面空白处点击箭头"－>"进行检查，可以进入开发者界面，刷新页面，并在 Name 属性中选中第一个属性，在右侧可以看到 Requests. Method：GET，表明该网页的请求方式是 GET 方式。

(2) urlopen()函数。也可以利用 urlib. request 中的 urlopen()函数获取网页的 HTML 内容。urlopen()函数可以用来打开一个置顶的 URL，打开成功之后，可以像读取文件一样使用 read()方法读取网页上的数据。由于读取的数据是二进制数据，所以需要使用 decode()方法进行正确的解码。利用 urlib.request 中的 urlopen()函数获取网页的 HTML 内容的程序如下：

```
import urlib.request
ffp= urlib.request. urlopen('URL')
print(ffp.read(100))
print(ffp.read(100). decode())
ffp.close()
```

2. BeautifulSoup 扩展库

BeautifulSoup 是一个优秀的 Python 扩展库，可以用来从 HTML 文件中提取数据，并允许指定不同的解释器去掉标签，进而完成网页数据采集。

(1) 从 HTML 文件中提取数据。如下所示，利用 BeautifulSoup 从 HTML 文件中提取带标签的数据。

html_sample 数据如下：

```
html_sample='\
<html>\
    <body>\
    <h1 id="title">hello Python</h1>\
    <a href="#"class="link">This is link1</a>\
    < a href="#"link2"class="link">This is link2</a>\
    </body>\
</html>
```

利用 BeautifulSoup 从 HTML 文件中提取带标签数据的程序如下：

```
from bs4 import BeautifulSoup

soup= BeautifulSoup(html_sample,' html_parser')  #指定解析器 html. parser
print(soup)                                       #输出带标签的数据
print(soup.text)                                 #将其中内容截取出来后，再去掉标签
```

程序运行结果如下：

```
<html>.<body>.<h1 id="title">hello Python</h1><.a class="linkhref="#">
This is link1</a> </a><class="link" href="#" link2"> This is link2</a></body>
</html>
hello Python This is link1 This is link2
```

(2) 含有 h1 标签的元素。使用 select 找出含有 h1 标签的元素的程序如下：

```
from bs4 import BeautifulSoup

html_sample='\
    <html>\
        <body>\
        <h1 id="title">hello Python</h1>\
        <a href="#"class="link">This is link1</a>\
        < a href="#"link2"class="link">This is link2</a>\
```

```
        < body>\
    <html>\'
soup= beautifulsoup(html_sample,'html_parser')  #指定解析器 html_sample
header=soup.select('h1')                        #选择了 h1 标签
print(header)                                   #回传 Python 的一个列表
print(hesder[0])                #解开回传的列表,输入[0]时不用输入其两端的中括号
print(header[0].text)                           #只获取其中的文字
```

程序运行结果如下：

```
[<h1 id="title"> hello Python</h1>]
<h1 id="title"> hello Python</h1>
hello Python
```

(3) 找出含有 a 标签的元素。使用 select 找出含有 a 标签的元素的程序如下：

```
soup= beautifulsoup(html_sample,'html_parser')  #指定解析器 html_sample
alinks=soup.select('a')                         #选择带 a 标签的内容送至 alinks
print(alinks)                                   #输出带 a 标签的内容
for link in alinks:
    print(link)                                 #输出带标签、不带方括号的内容
    print(link.text)                            #输出不带标签的内容
```

程序运行结果如下：

```
[<a class="link"bref="#">This is link1</a><a class="link"href="#link2">
  This is link2/a]
<a class="link" href ="#" This is link1</a>
This is link1
< a class = "link" href ="#link2">This is link2</a>
This is link2
```

(4) 找出含有 id 为 title 的元素。

```
soup= BeautifulSoup(html_sample,'html.parser')  #选择 html.parser 解析器
alinks=soup.select('#title')                   #选择 title 标签,id 前面需要加上#
print(alinks)
[\h1 id"title"/hello Python|\h1/]
```

(5) 获取所有 a 标签内的超连接。程序如下：

```
soup= BeautifulSoup(html_sample,'html.parser')  #选择 html.parser 解析器
alinks=soup.select('a')
for link in alinks:
    print(link)
    print(link['href'])    #用中括号取得其中内容,select 将取得的大部分内容包装起来
<a class="link" href ="#" >This is link1</a>
#
< a class = "link" href ="#link2">This is link2</a>
```

```
#link2
```

3. 联合使用 BeautifulSoup 和 request

可以联合使用标准库 urllib 和扩展库 BeautifulSoup,这样功能更强大,使用更灵活。

(1) 获取主页信息。

```
import requests
from bs4 import beautifulsoup

ress1= requests. get('https://……')                #获取某主页的全部信息
ress1.encoding='utf-8'                             #避免中文乱码
ssoup1= beautifulsoup(ress1.text,'html.parser')
for news in ssoup1.select('right-content')         #提取新闻标题、来源的全部列表
    alink=news.select('a'):
    for link in alink:
        tl=link.next                               #
        a=link['href']
        print(tl,a)                                #输出标题和超链接
```

(2) 获取某篇文章的标题、日期、来源和正文。程序如下:

```
import requests
from bs4 import Beautifulsoup

ress2= requests. get('https://……/……/……')
ress2.encoding='utf-8'
ssoup2= beautifulsoup(ress2.text,'html.parser')

title=ssoup2.select('.main-title')[0].text        #获取标题
datesource=ssoup2.select('.date')[0].text         #获取日期
source=ssoup2.select('.source')[0].text           #获取来源
sourcelink=soup.select('.source')[0]['href']      #获取源超链接
article=ssoup2.select('.article')[0].text         #获取正文内容
print(title, datesource, source, sourcelink, article)
```

(3) 输出字符串型的 date 和时间型的 date,如果需要对时间数据进行类型转换,一个简单的方法是使用 datetime 包中的 strftime()方法。

```
from datetime import datetime

datesource="2021年2月10日 16:45"
dt1=datetime.strftime(datesource,' %Y年%m月%d%日%H:%M')
print(dt1)
type(dt1)
```

程序运行结果如下:

```
2021-02-10 16:45:00
<class'datetime.datetime')
```

15.2 NumPy

NumPy 科学计算库主要用于存储和计算大型矩阵，尤其对 Python 自身的嵌套列表结构更为高效。几乎所有的科学运算的模块底层使用的都是 NumPy 数组。

15.2.1 ndarray 对象的常用属性

具有 N 维数组对象(ndarray 对象)是 NumPy 的重要特点之一，ndarray 对象的常用属性集如表 15-2 所示。

表 15-2 ndarray 对象的常用属性集

属　性	描　述
T	转置，与 self.transpose()函数功能相同，如果维度小于 2 则返回自身
size	数组中的元素个数
itemsize	数组中单个元素的长度
dtype	数组元素的数据类型
ndim	数组的维度
shape	数组的形状
data	指向存放数组数据的 buffer 对象
flat	返回数组的一维迭代器
imag	返回数组的虚部
real	返回数组的实部
nbytes	数组中所有元素的长度

例如，使用 reshape()函数重新调整矩阵的行数、列数和维数。

```
>>> import numpy as np
>>> a1 = np.array(range(15)).reshape(3,5)    #创建 3 行 5 列的数组对象
>>> a1
array([ [ 0  1  2  3  4]
        [ 5  6  7  8  9]
        [10 11 12 13 14]])
>>> a1.T                                     #将 a1 转置
array([[ 0, 5, 10],
       [1, 6, 11],
       [2, 7, 12],
       [3, 8, 13],
```

```
        [4, 9, 14]])
>>> a1.size                                    #数组 a1 中的元素个数
15
>>> a1.itemsize                                #数组 a1 中单个元素的字节长度
8
>>> a1.ndim                                    #数组 a1 的维度
2
>>> a1.shape                                   #数组 a1 的形状
(3, 5)
    >>> a1.dtype                               #数组 a1 中的元素的数据类型对象
dtype('int64')
```

15.2.2 创建数组

1. array()函数

创建 ndarray 对象的最简单方式是使用 NumPy 的 array()函数，在调用该函数时需要传入 Python 的列表、元组等，然后创建一维数组和二维数组。语法格式如下：

```
np.array(列表/元组)
```

例如：创建一维数组和二维数组。

```
>>> np.array([1, 2, 3])
array([1, 2, 3])
>>> np.array([[1, 2],[3, 4]])
array([[1, 2],
       [3, 4]])
```

2. 用其他函数创建 ndarray

当在创建数组之前就已经设定了数组的维度以及各维度的长度时，就可以使用 NumPy 的内置函数创建 ndarray。例如使用函数 ones()创建一个全 1 的数组，用函数 zeros()创建一个全 0 的数组以及用函数 empty()创建一个内容随机的数组等，在默认情况下，用这些函数创建的数组类型都是 float64，如果需要指定数据类型，则需要设置 dtype 参数，例如：

```
>>> a3= np.ones(shape = (2, 3))                #可以使用元组来指定数组形状
>>> a3
array([[1.,1.,1.],
       [1.,1.,1.]])
>>> a3.dtype
dtype('float64')
```

还可以利用 ones_like、zeros_like、empty_like 等函数创建形状相同的多维数组，例如：

```
>>> a5 = [[1,2,3],[3,4,5]]
```

```
>>> b5 = np.zeros_like(a5)
>>> b5
array([[0,0,0],
       [0,0,0]])
```

除了上述几个用于创建数组的函数，还可以使用如表15-3所示的特殊函数创建数组。

表15-3　创建数组的特殊函数

函　数　名	用　　途
eye	生成对角线全1、其余位置全0的二维数组
identity	生成单位矩阵
full	生成由固定值填充的数组
full_like	生成由固定值填充并且形状与给定数组相同的数组

15.2.3　NumPy数组类型转换

利用atype()方法对ndarray对象的数据类型进行转换。

1. 整型转换为浮点型

```
>>>data_01=np.array([[1,2,3],[7,8,9]])
>>>data_01. dtype()
atype('int64')
>>>float_data_01= data_01. astype(np.float64)  #将 data_01 转换为 float64
>>> float_data_01.dtype()
dtype('float')
```

2. 浮点型转换为整型

```
>>>float_data_01=np. array([1.3,2.5,3.9])
>>> float_data_01
array([1.3,2.5,3.9])
>>>int_data-01= float_data_01.astype((np.int64)  #将 float_data_01 转换为 int64
>>>int_ data-01
array([1,2,3]),dtype=int64
```

3. 数字字符串转换为数值型

```
>>>str_data=np.array(['4','5','6'])
>>>int_data= str_data. astype((np.int64)
array([4,5,6]), dtype=int64
```

15.2.4　数组输出

数组输出的规则是：从左到右，从上向下。一维数组输出成行，二维数组输出成矩阵，三维数组输出成矩阵列表。

```
>>> np.arange(1,6,2)                                    #输出一行
array( [1 6 2])
>>> np.arange(12).reshape(3,4)                          #可以改变输出形状
array( [[ 0 , 1 , 2 , 3],
        [ 4 , 5 , 6 , 7],
        [ 8 , 9 ,10 ,11]])

>>> np.arange(24).reshape(2,3,4)                        #2页、3行、4列
array( [[[ 0  1  2  3]
         [ 4  5  6  7],
         [ 8  9  10 11]],

        [[12 13 14 15],
         [16 17 18 19],
         [20 21 22 23]]]
```

15.2.5 数组运算

NumPy数组运算主要包括矢量运算、数组广播和标量运算等。NumPy数组不需要循环遍历,但可以对其元素进行批量算术运算,称为矢量运算。如果两个数组的大小不同,则可以通过广播机制克服大小不等的情况后,再完成算术运算。

1. 矢量运算

NumPy中的大小相等(形状相同)的任何运算都将应用到的元素级运算称为矢量运算,矢量运算只用于位置相同的元素之间,并将运算结果组成一个新的数组。例如:

```
>>> import numpy as np
>>> x = np.array([1,2,3,4])
>>> y = np.array([1,1,2,3])
```

加法:

```
>>> x+y
array([2,3,5,7])
```

乘法:

```
>>>x * y
array([1,2,6,12])
```

减法:

```
>>>x-y
array([0,1,1,1])
```

除法:

```
>>>x//y
```

```
array([1,2,1,1])
```

乘方：

```
>>> x**2
array([1,4, 9,16])
```

2. 数组广播

进行矢量运算时，如果数组的形状不一致，就需要对数组进行扩展，使扩展后的数组的形状属性一致，然后再进行矢量运算，将这种机制称为广播机制。

```
>>>import numpy as np
>>> arr_01= np.array([[1],[2],[3],[4],[5]])
>>> arr_01.shape
(5,1)
>>>arr_02=np. array([1,2,3))
>>> arr_02.shape(3,)
>>> arr_01+ arr_02

array ([[2,3,4],
        [3,4,5],
        [4,5,6],
        [5,6,7],
        [6,7,8])
```

在上例中，arr_01 的形状是(5,1)，arr_02 的形状是(1,3)，这两个数相加时，需要按照广播机制扩展，使得 arr_01 和 arr_02 都扩展成(5,3)。在图 15-1 中，左图为 arr_01 的扩展结果，中图为 arr_02 的扩展结果，右图为 arr_01＋arr_02 的计算结果。

(5, 1)

1	1	1
2	2	2
3	3	3
4	4	4
5	5	5

(1, 3)

1	2	3
1	2	3
1	2	3
1	2	3
1	2	3

(5, 3)

2	3	4
3	4	5
4	5	6
5	6	7
6	7	8

图 15-1 数据广播举例

3. 标量运算

标量运算是将原始矩阵的每个元素与标量进行加、减、乘、除运算，其结果将产生与数组的行和列数量相同的矩阵，例如：

```
>>>import numpy as np
>>>data_03=np.array([[1,2,3],[5,6,7]])
>>>data_04=20
>>>data_03+ data_04
array ([[21,22,23],
```

```
        [25,26,27]])

>>> data_03 * data_04
array ([[ 20, 40,  60],
        [100,120,140]])

>>> data_03-data_04
array ([[-19,-18,-17],
        [-15,-14,-13]])

>>> data_03/data_04
array ([[0.05,0.1, 0.15],
        [0.25,0.3,0.35]])
```

4. 索引与切片

索引与切片支持 ndarray 对象,尤其是索引功能比 Python 序列的功能更为强大。需要注意的是索引的最后一个位置将访问不到。

(1) 一维数组的索引与切片。

```
>>>import numpy as np
>>>x = np.arange(0,10,1)**2
>>>x
array([ 0,1,4,9,16,25,36,49,64,81])
>>> x[6]
36
>>>x[2:5]
[4,9,16]
>>> x[1:4]=100       #批量赋值
>>>x
array( [ 0,100,100,100,16,25,36,49,64,81])
>>> x[:6:2] = -100   #从开始到第 6 个索引(最后一个取不到),每隔一个元素(步长=2)赋值
>>>x
array( [-100 , 100,-100, 100, -100 ,25 ,36 ,49,64 ,81])
```

(2) 多维数组的索引与切片。多维数组索引与切片的使用方式与列表不一样,在二维数组中,每个索引位置上的元素不再是一个标量,而是一个一维数组,例如:

```
>>>import numpy as np
>>>arr_05=np.array([[1,2,3],[4,5,6]])
>>> arr_05
array([[1,2,3],
       [4,5,6]])
>>> arr_05[1]        #获取索引为 1 的元素
array([4,5,6])
>>> arr_05[0,1]      #获取索引为第 0 行第 1 列的元素
```

```
2
>>> arr_05[:2]
array([[1,2,3],
       [4,5,6]])
>>> arr_05[0:2,0:2] #两个切片
array([[1,2],
       [4,5]])
>>> arr_05[1,:2]     #两个切片
array([4,5])
```

15.3　Pandas

Pandas是基于NumPy的一个工具，其建立的初衷是解决数据分析任务。Pandas纳入了大量库和一些标准的数据模型，提供了高效地操作大型数据集所需的工具。Pandas提供了大量快速、便捷地处理数据的函数和方法。

```
import pandas as pd  #在程序中，Pandas采用pd简写作为Pandas的别名
```

15.3.1　Pandas数据结构

Pandas主要提供了三种数据结构：带标签的一维数组Series、带标签且大小可变的二维表格结构DataFrame和带标签且大小可变的三维数组Panel。本节介绍前两种常用的数据结构。

1. Series一维数组

Series是一个类似于一维数组的对象，能够存储整数、字符串和浮点数等任何类型的数据。

(1) 创建Series一维数组对象。Pandas中的Series类可以接收Python列表、元组、range对象和map对象等可迭代对象作为参数来创建一维数组对象Series。Series一维数组对象可以由索引与数值组成，索引(index)在左边，值(value)在右边，如表15-4所示。如果没有为数据指定索引，则将自动创建一个0～N－1(N为数据的长度)之间的整数型索引。可以通过Series的index和label属性获取其数组和索引对象。

表15-4　Series一维数组对象

index	values
0	1
1	2
2	3
3	4
4	5

① 通过列表构建一个Series类对象s。例如，通过列表创建一个Series类对象ser_1。

```
import pandas as pd

ser_1=pd.Series([1,2,3,4,5])
print(ser_1)
```

程序运行结果如下：

```
0     1
1     2
2     3
3     4
4     5
dtype: int64
```

从输出结果可以看出，左边一列是从0开始递增的索引，右边一列是数据，数据类型则根据传入列表的元素类型而定，即int64。

也可以在创建Series类对象时通过index为数据指定索引，例如：

```
>>>s1= pd.Series([1,2,3,4,5],index= ['a','b','c','d','e'])
>>>s1
a     1
b     2
c     3
d     4
e     5
dtype:int64
```

② 通过传入字典来构建一个Series类对象，例如：

```
>>>year_month={2017:01,2018:05,2019:12,2020:08}
>>>s_2=pd.series(year_ month)
>>>ser_2
2017   01
2018   05
2019   12
2020   08
dtype:float64
```

③ range到Series类的转换。可以将Python的range对象转换成一个Series类对象，例如：

```
>>>pd.Series(range(5))
0     0
1     1
2     2
3     3
4     4
dtype:int32
```

(2) Series属性。Series一维数组对象可以由索引与数值组成，索引(index)在左边，值(value)在右边。index和values属性计算如下：

```
a1 = pd.Series([1,2,3])
index = a1.index                              #Series 索引
```

```
values = a1.values                          #Series 数值
```

(3) Series 查找元素。Series 一组数据对象查找元素和键值索引查找元素计算如下:

```
a3 = pd.Series([1, 2, 3], index=["index1", "index2", "index3"])
value1 = a3["index1"]                       #索引查找元素
value2 = a3.index1                          #键值索引查找元素
value3 = a3[0]                              #绝对位置查找元素
value7 = a3[0:2]                            #绝对位置切片
value8 = a3["index1":"index3"]              #索引切片
```

(4) Pandas 常用统计方法。Pandas 对象有一些统计方法。它们大部分都属于约简和汇总统计,用于从 Series 中提取单个值,或从 DataFrame 的行或列中提取一个 Series。常用的统计方法如表 15-5 所示。

表 15-5 Pandas 常用的统计方法

方 法	功能说明
count	非 NA 值的数量
describe	针对 Series 或 DF 的列计算汇总统计
min、max	最小值和最大值
argmin、argmax	最小值和最大值的索引位置(整数)
idxmin、idxmax	最小值和最大值的索引值
quantile	样本分位数(0～1)
sum	求和
mean	均值
median	中位数
mad	根据均值计算平均绝对离差
var	方差
std	标准差
skew	样本值的偏度(三阶矩)
kurt	样本值的峰度(四阶矩)
cumsum	样本值的累计和
cummin、cummax	样本值的累计最大值和累计最小值
cumprod	样本值的累计积
diff	计算一阶差分(对时间序列很有用)

例如,median()方法的使用。

```
>>>import pandas as pd
```

```
>>>import numpy as np
>>>s = {"li":20,"gao":18,"wang":19,"liu":22,"chen":24,"car":None}
>>>sa = pd.Series(s,name="age")
>>>sa.median()                      #median()是 Pandas 的方法,其功能是统计出中位数
20.0
>>>print(sa>sa.median())            #判断是否大于中位数
li      false
gao     false
wang    false
liu     true
chen    true
car     false
>>>print(sa[sa > sa.median()])      #找出大于中位数的数值与键
liu    22.0
chen   24.0
```

(5) Series 修改元素。

```
a3["index3"] = 100                  #按照索引修改元素
a3[2] = 1000                        #按照绝对位置修改元素
```

(6) Series 添加元素。

```
a3["index4"] = 10                   #按照索引添加元素
```

(7) Series 删除元素。

```
a3.drop(["index4", "index3"], inplace=True)
                                    #inplace=True 表示作用于当前 Series
```

2. 二维数组 DataFrame

DataFrame 是一个表格或二维数组的对象,它含有一组有序的列,每列可以是不同的值类型(数值、字符串、布尔值等)。DataFrame 既有行索引也有列索引,其结构如图 15-2 所示。

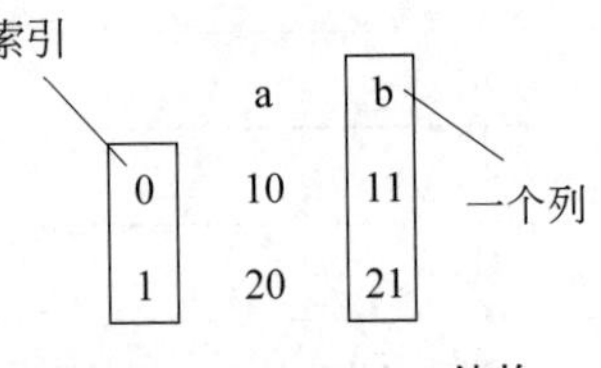

图 15-2 DataFrame 结构

与其他类似的数据结构相比,DataFrame 中的行和列的操作平衡。DataFrame 提供的是一个类似表的结构,由多个 Series 组成,而在 DataFrame 中 Series 称为列。

在图 15-2 中,行索引位于最左边的一列,列索引位于最上面的一行,并且数据有多列。DataFrame 索引也是自动创建的,默认是 0～N 之间的整数型索引。

(1) DataFrame 的创建。DataFrame 的语法格式如下:

```
pandas.DataFrame(data=None,index=None,columns=None,dtype=None,copy=False)
```

其中,index 是行标签,如果没有传入索引参数,则默认自动创建一个 0～N 之间的整数型索引。Columns 为列标签,如果没有传入索引参数,则默认自动创建一个 0～N 之间的整

数型索引。

① 基于 NumPy 的二维数组创建。基于 NumPy 的二维数组创建 Pandas 的二维数组的程序如下：

```
import numpy as np
import pandas as pd
arr_06=np.array([['a', 'b', 'c'],[ 'd', 'e', 'f']])  #创建 NumPy 数组
dataf_06=pd. DataFrame(arr_06)                   #基于 NumPy 数组创建 DataFrame 对象
print(dataf_06)
```

程序运行结果如下：

```
   0  1  2
0  a  b  c
1  d  e  f
```

在上述程序中，首先创建了一个 2 行 3 列的数组 arr_06，然后通过 arr_06 构建了一 DataFrame 对象 dataF_06，从输出结果可以看出，dataF_06 对象的行索引和列索引都是自动从 0 开始。

② 允许使用 index 参数指定索引以及使用 colunmns 指定列名。

```
import numpy as np
import pandas as pd

arr_06=np.array([['a', 'b', 'c'],[ 'd', 'e', 'f']])  #创建 NumPy 数组
dataf_06=pd. DataFrame(arr_06,columns=['No1', 'No2', 'No3'])
                                                    '''创建 DataFrame 对象'''
print(dataf_06)
```

程序运行结果如下：

```
   No1  No2  No3
0  a    b    c
1  d    e    f
```

(2) DataFrame 的存取。

① 为了方便每列数据的获取，既可以使用列索引的方式进行获取，也可以通过访问属性的方式来获取数据，并返回结果，该对象具有与原 DataFrame 对象相同的列索引。例如，获取列索引为 No3 的一列数据：

```
element= dataf_06['No3']
print(element)
```

程序运行结果如下：

```
0    c
1    f
Name:No3,dtype:object
```

可以通过列索引或列名赋值的方式为DataFrame增加一列数据。这种方法类似于给字典增加键/值对的操作。在这种方法中,需要注意新增列的长度必须与其他列的长度保持一致,否则将出现ValueError异常。

② 增加一列数据。

```
dataf_06['No4']=[ 'g ', 'h ']                    #增加 No4 一列数据
print(dataf_06)
```

程序运行结果如下:

```
No1  No2  No3  No4
0    a    b    c    g
1    d    e    f    h
```

③ 可以使用del语句删除某一列数据。

```
del dataf_06['No2']                              #删除 No2 一列数据
print(dataf_06)
```

程序运行结果如下:

```
No1   No3  No4
0    a    c    g
1    d    f    h
```

15.3.2 索引操作

Pandas中的索引是index类对象,又称为索引对象。为了保证数据安全,该对象不允许修改,进而可以保证各数据结构共享index类对象。例如,创建两个共用同一个index对象的Series类对象的程序如下:

```
>>>dataf_061=pd.Series(range(3),index=['a', 'b', 'c'])
>>>dataf_062=pd.Series(['a', 'b', 'c'], index= dataf_061.index)
>>>dataf_062.index is dataf_061.index
True
```

1. 重置索引

利用Pandas中的reindex()方法可以使原索引和新索引匹配,也就是说,新索引含有原索引的数据,而原索引的数据按照新索引排序。如果新索引中没有原索引数据,那么程序不仅不会报错,而且将添加新的索引,并将值填充为NaN或者使用fill_vlues()方法填充。

reindex()方法的语法格式如下:

```
DataFrame. reindex(labels=None, index=None, coluns=None, axis=None, method=
None, copy=True, level=None, fill_value=nan, limit=None, tolerance=None)
```

其中,主要参数的解释如下。

(1) index: 用作索引的新序列。

(2) method：表明插值填充方式。

(3) fill_value：表明引入缺失值时使用的替代值。

(4) limit：表明前向或者后向填充时的最大填充值。

例如，重置索引程序。

```
import pandas as pd
>>>dataf_07=pd.Series([1,2,3],index=['c', 'd', 'a'])
>>>dataf_07
c     1
d     2
a     3
dtype:int64
#重新索引
>>> dataf_08= Dataf_07. Reindex(['a', 'c', 'd','e'])
>>> dataf_08
a     3.0
c     1.0
d     2.0
e     NaN
dtype:float64
```

在上述例子中，创建了一个 dataf_07 对象，并为其指定索引为 c、a、d，然后调用 reindex()方法对索引重新排列，变为 a、c、d、e，由于索引 e 无对应值，所以使用 NaN 填充缺失的数据。

如果不填充 NaN，可以使用 fill_value 参数指定缺失值，例如：

```
>>>dataf_08= dataf_07. Reindex(['a', 'c', 'd','e'] ,fill_value=8)
>>> dataF_08
a     3
c     1
d     2
e     8
dtype:int64
```

fill_value 参数可使所有的缺失值都填充同一值，如果需要使用相邻的元素值进行填充，那么可以使用 method 参数，其可用值如表 15-6 所示。

表 15-6　method 参数的可用值

参　　数	说　　明
ffill 或 pad	前向填充值
bfill 或 backfill	后向填充值
nearest	从最近的索引值填充

例如，method 参数的使用。

```
>>>dataf_09=pd.Series([11, 13,15,17],index=[0,2,4,6])
                                                    #创建 Series 对象,并为其指定索引
>>>dataf_09
0    11
2    13
4    15
6    17
dtype:int64
>>> dataf_09.reindex(range(6),method='ffill')  #重新索引,前向填充值
>>> dataf_09
0    11
1    11
2    13
3    13
4    15
5    15
dtype:int64
>>> dataF_09.reindex(rangge(6),method='bfill')   #重新索引,后向填充值
>>> dataF_09
0    11
1    13
2    13
3    15
4    15
5    17
dtype:int64
```

上述操作说明如下：

- 创建 dataF_09 对象，为其指定索引 0、2、4、6。然后调用 reindex()方法对索引重新排列为：0、1、2、3、4、5。
- 当 method 参数值设定为'ffill'时，表示使用前一个索引对应的数据填充到缺失的位置，即索引 1 填充索引 0 对应的数据 1，索引 3 填充索引 2 对应的数据 3，以此类推。
- 当 method 参数值设定为'bfill'时，表示使用后一个索引对应的数据填充到缺失的位置，即索引 1 填充索引 2 对应的数据 3，索引 3 填充索引 4 对应的数据 5，以此类推。

2. 索引操作

灵活的索引操作增强了数据处理能力，由于 Series 类对象（一维数组）与 DataFrame 类对象（二维数组）的结构不同，所以其索引操作也不同。

Series 的索引操作如下。

（1）使用索引名称或位置获得数据。Series 的索引值不只是整数，可以通过名称或位置来获得索引。例如：

```
>>>import pandas as pd
>>>ser_10= pd.Series([11,12,13,14,15],index=['aa', 'bb', 'cc', 'dd', 'ee'])
>>>ser_10[2]                                    #使用索引位置获取数据
13
>>> ser_10['cc']                                #使用索引名称获取数据
13
```

(2) 使用位置索引切片获取数据。Series 可以使用位置索引切片获取数据，其结果与列表切片相同，即包含起始位置但不包括结束位置。

```
>>>ser_10[2:4]                                  #使用位置索引切片
cc   13
dd   14
dtype:int64
```

(3) 使用索引名称进行切片获取数据。如果使用索引名称进行切片，那么切片结果包括结束位置。例如：

```
>>>ser_10['cc':'ee']                            #使用索引名称切片
cc   13
dd   14
ee   15
dtype:int64
```

(4) 使用不连续索引获取不连续数据。可以通过不连续索引实现不连续数据的获取，例如：

```
>>>ser_01[[0,2,4]]
aa   11
cc   13
ee   15
dtype:int64
```

(5) DataFrame 索引操作。DataFrame 索引包括行索引和列索引，行索引是通过 index 属性进行获取，而列索引是通过 columns 属性进行获取。

① 获取一列数据。创建一个 3 行 4 列的 DataFrame 对象，并获取其中的一列数据。

```
>>>arr=np.arrange(12).reshape(3,4)
>>>dataF_10=pd. DataFrame(arr,columns=['e', 'f', 'g', 'h'])
>>> dataF_10
   e  f   g   h
0  0  1   2   3
1  4  5   6   7
2  8  9  10  11
>>> dataF_10 ['h']                              #获取 h 列的数据
0   3
1   7
2  11
```

② 获取多列不连续数据。

```
>>>arr=np.arange(12).reshape(3,4)
>>>dataF_10=pd. DataFrame(arr,columns=['e, 'f', 'g', 'h'])
>>> dataF_10[['f','h']]
   f   h
0  1   3
1  5   7
2  9  11
>>> dataF_10 ['f']
```

也可使用切片获取第0～1行的数据：

```
>>>arr=np.arrange(12).reshape(3,4)
>>>dataF_10=pd. DataFrame(arr,columns=['e, 'f', 'g', 'h'])
>>> dataF_10
   e  f  g  h
0  0  1  2  3
1  4  5  6  7
```

使用切片获取第0～1行的数据，再使用不连续索引获取第f、h列的数据：

```
>>> dataF_10[:2]
   f  h
0  1  3
1  5  7
```

3. 数据抽取

利用loc()函数可以通过行索引Index中的具体值来抽取行数据，例如取Index为"A"的行。利用iloc()函数可以通过行号来抽取行数据，例如抽取第二行的数据。

(1) 抽取行数据。

```
import numpy as np
import pandas as pd
#创建一个Dataframe
data=pd.DataFrame(np.arange(16).reshape(4,4),index=list('abcd'),columns=
list('ABCD'))
>>>data
    A   B   C   D
a   0   1   2   3
b   4   5   6   7
c   8   9  10  11
d  12  13  14  15
>>>data.loc['a']                          #抽取索引为'a'的行数据
A    0
B    1
C    2
```

```
D    3
>>data.iloc[1]                        #抽取位置为1的行数据
A    4
B    5
C    6
D    7
```

(2) 抽取列数据。

```
>>>data.iloc[:,[0,1]]                 #抽取第0列和第1列的所有行数据

A
a   0   1
b   4   5
c   8   9
d  12  13
```

(3) 抽取指定行、指定列的数据。

```
>>>data.loc[['a','b'],['A','B']]     #抽取index为'a'和'b'且列名为'A'和'B'中的
                                      #数据
  A B
a 0 1
b 4 5
```

4. 抽取所有数据

```
>>>data.loc[:,:]                      #抽取A、B、C、D列的所有行的数据
    A   B   C   D
a   0   1   2   3
b   4   5   6   7
c   8   9  10  11
d  12  13  14  15
```

15.3.3 数据排序

在数据处理中,数据排序是一种常用的需求。在Pandas中既可以实现按索引进行排序,也可以实现按数据值进行排序。

1. 按索引排序

使用sort_index()方法可以完成按索引排序,即可以按行索引或按列索引选择性地进行排序,sort_index()方法的语法格式如下:

```
sort_index(axis=0,level=None,ascending=True,inplace=False,kind='quicksort',
na_position='last', sort_remaing=True)
```

常用参数说明如下:

- axis:表示排序的方向,0表示按行(index)排序,1表示按列(columns)排序。

- level：如果不为None，则按指定索引级别进行排序。
- ascending：表示是否按升序排序，默认为True，表示升序。
- inplace：默认为False，表示对数据进行排序，不创建新的实例。
- kind：选择排序算法。

在默认情况下，表示Pandas对象按升序排序，但也可通过参数ascenting=False改为按降序排序。

（1）Series按索引排序。例如：

```
>>>import pandas as pd
>>>ser_03=pd.Series(range(0, 5), index=[15,13,11,13,12])
>>> ser_03
15   0
13   1
11   2
13   3
12   4
dtype:int64
>>> ser_03.sort_index()                                  #按索引进行升序排序
11   2
12   3
13   1
13   3
15   0
dtype:int64
```

（2）DataFrame按索引排序。例如：

```
>>>import pandas as pd
>>>import numpy as np
>>> df_01=pd. DataFrame(np.arange(9).reshape(3,3),index=[4,3,5])
>>> df_01
   0  1  2
4  0  1  2
3  3  4  5
5  6  7  8
>>>df_01.sort_index(ascending=False)                     #按索引进行降序排序
   0  1  2
5  6  7  8
4  0  1  2
3  3  4  5
```

对DataFrame排序时，如果没有指定axis参数值，则默认按行索引排序；如果指定axis=1，则按列索引进行排序。

2. 按值排序

（1）Series按值排序。按值排序的方法为sort_values()，其语法格式如下：

```
sort_value (by,axis=0, ascending=True, inplace=False, kind='quicksort', na_
position='last')
```

参数说明如下：

- by 参数表示排序的列。
- na_position 参数有两个取值：first 和 last。如果为 first，则将 NaN 放在开头；如果为 last，则将 NaN 放在最后。

例如：

```
>>>ser_5 = pd.Series(['17','15','22','18'],index=list(' efgh '))
                                                   '''生成 Series 类型数据'''
>>> ser_5
e    17
f    15
g    22
h    18
dtype: object
>>>ser_5.sort_values()                             #按值排列，默认升序
f    15
e    17
h    18
g    22
dtype: object
```

(2) DataFrame 按值排序。例如：

```
>>>import numpy as np
>>>import pandas as pd
>>> df_02=pd.DataFrame([[2,4,1,5],[3,1,4,5],[5,1,4,2]],columns=['b','a','d',
'c'], index=['1','2','3'])
>>>df_02

     b a d c
1    2 4 1 5
2    3 1 4 5
3    5 1 4 2
dtype: int64
>>>df_02.sort_values(by='a')                       #根据 a 列的值进行升序排序
     b a d c
2    3 1 4 5
3    5 1 4 2
1    2 4 1 5
```

15.3.4　数据清洗

一般来说，数据处理的过程可以概括为 5 个步骤，分别是数据获取与存储管理、数据

抽取与清洗、数据约简与集成、数据分析与挖掘，以及数据分析结果解释与展现。其中数据抽取与清洗以及数据约简与集成属于预处理过程。高质量的数据是数据分析与挖掘成功的重要条件，而对数据进行清洗是获得高质量数据的重要措施。

1. 缺失值清洗

在数据预处理中，出现缺失数据是经常遇到的问题，空值表示数据未知、不适用或将在以后添加数据。缺失值是指数据集中的某个数据或某个属性的值不完整。在数据清洗中，首先需要判定空值和缺失值，然后再进行处理。在 Python 中，使用 None 表示空值，并使用 NaN 表示缺失值。使用 isnull()函数和 notnull()函数可以判断数据集中哪些位置存在空值或缺失值。

(1) isnull()函数。isnull()函数的语法格式如下：

```
pandas. isnull(参数)
```

在上述格式中，仅设有一个参数，表示检查空值或缺失值的对象，当发现数据中存在 None 或 NaN 时，就将这个位置标记为 True；否则标记为 False。例如：

```
>>>from pandas import Dataframe, Series
>>> import pandas as pd
>>>from numpy import NaN
>>>ser_06=Series([NaN,Non, 11,12])
>>>pd. isnull(ser_06)                          #检查是否为空值或缺失值
0   True
1   True
2   False
3   False
Dtype:bool
```

在上例中，首先创建了一个 Series 对象，该对象包含 Non、NaN、11、12 四个值。然后调用 isnull()函数检查 ser_06 中的数据，数据为空值或缺失值就标识为 True；如为其他值就标识为 False。结果表明，第 1 个数据是空值，第 2 个数据为缺失值，而第 3 个和第 4 个数据是正常的。

(2) notfull()函数。notfull()函数与 isnull()函数功能类似，都是判断数据中是否存在空值或缺失值。不同的是，isnull()函数发现空值或缺失值时返回 True，而 notfull()函数则返回 False。例如：

```
>>>from pandas import dataframe, Series
>>> import pandas as pd
>>>from numpy import NaN
>>>ser_03=Series([NaN,Non, 11,12])
>>>pd. isnull(ser_03)                          #检查是否为空值或缺失值
0   False
1   False
2   True
3   True
```

```
Dtype:bool
```

（3）填充空值或缺失值。删除缺失值和空值的方法很简单，但却影响数据质量，更好的方法是填充空值或缺失值。使用Fillna()方法可以填充空值或缺失值，该方法的语法格式如下：

```
Fillna(value=None, method=None, axis=None, inplace=False, limit=None,
Downcast=None, **kwarqs)
```

主要参数说明如下：

① value：用于填充的数值。

② method：表示填充方式，默认值为None，另外还支持以下取值：

- pad/ffil：将最后一个有效数据向后传播，也就是用缺失值前面的一个值代替缺失值。
- backfill/bfill：将最后一个有效数据向前传播，也就是用缺失值后面的一个值代替缺失值。

③ limit：可以连续填充的最大数量，默认为None。

④ value参数和method参数不能同时使用。当使用fillna()方法进行填充时，既可以是标量、字典，也可以是Series对象和DataFrame对象。

例如，填充常数以替换缺失值的程序。

```
>>>import pandas as pd
>>>import numpy as np
>>>from numpy import NaN
>>> df_09=pd. DataFrame({'a':[ NaN,2,3,10],
                          'b':[12,4,NaN,6],
                          'c':['a',7,8,9],
                          'e':[5,2,3,NaN]})
>>> df_09
a     b     c  e
0   NaN  12.0  a  5.0
1   2.0   4.0  7  2.0
2   3.0   NaN  8  3.0
3  10.0   6.0  9  NaN
>>> df_09.fillna('35.0')                        #使用35.0替换缺失值
      a     b  c    e
0  35.0  12.0  a   5.0
1   2.0   4.0  7   2.0
2   3.0  35.0  8   3.0
3  10.0   6.0  9  35.0
```

2. 重复值清洗

在数据集中，需要删除重复数据。Pandas提供了两个方法处理重复数据，分别是duplicated()方法和drop_duplicated()方法。其中，duplicated()方法用于标记是否有重复数据，drop_duplicated()方法用于删除重复数据。重复数据的判断标准是：两条数据中的所有条目完全相同就是重复数据。

(1) duplicated()方法。duplicated()方法的语法格式为：

```
duplicated(subset=None,keep='first')
```

上述方法中的参数含义如下：

① subset：用于识别重复的列标签或列标签序列，默认识别所有的列标签。

② keep：删除重复项并保留第一次出现的项，其中可以为 first、last 或 False，它们代表的含义如下：

- first：从前向后查找，除了第一次出现外，其余相同的都标记为重复，默认为此选项。
- last：从后向前查找，除了第一次出现外，其余相同的都标记为重复。
- False：所有相同的都标记为重复。

duplicated()方法用于标记 Pandas 对象的数据是否重复，如果重复，则标记为 True；否则标记为 False。所以该方法返回一个布尔 Series 对象(由布尔值组成)，它的行索引保持不变，数据则变为标记的布尔值。

只有数据表中的两个条目间所有列的内容都相等时，duplicated()方法才会把它们判断为重复值。此外，duplicated()方法也可以单独对某一列进行重复判断。该方法支持从前向后(first)和从后向前(last)两种重复值查找模式，默认是从前向后查找并判断重复值。也就是说，将后出现的相同条目判断为重复值。

例如，duplicated()方法的使用。

```
>>>import pandas as pd
>>>per_01=pd. DataFrame({'id': [1, 2, 3, 4, 5],
   'name':['wang',' li',' zhang',' liu',' liu',' zhou'],
   'age':[18,19,20,21,21,22],
   'height':[70,70,75,80,80,66]})
>>>per_01. duplicated()
0   False
1   False
2   False
3   False
4   True
5   False
```

在上述程序中，首先创建了一个结构与 per_01 表一样的 DataFrame 对象，然后调用 duplicated()对表中的数据进行重复判断，使用默认的从前向后的查找方式，也就是说将第二次出现的数据判定为重复数据。

从输出结果可以看出，索引 4 对应的判断结果为 True，表明这一行是重复的。

(2) drop_duplicated()方法。使用 drop_duplicated()方法可以处理重复值，其语法格式如下：

```
drop_duplicated(subset=None,keep='first',inplace=False)
```

在 drop_duplicated()方法中，subset 参数和 keep 参数的含义与 duplicated()方法中的 subset 参数和 keep 参数的含义相同，inplace 参数的含义是接收一个布尔类型的值，表示是否将原来的数据默认值替换为 False。

例如，使用 drop_duplicated()方法删除 per_12 表中的重复数据。

```
>>>import pandas as pd
>>>per_12=pd.DataFrame({'id': [1, 2, 3, 4, 5],
                        'name':['wang',' li',' zhang',' liu',' liu',' zhou'],
                        'age':[18,19,20,21,21,22]
                        'height':[70,70,75,80,80,66]})
>>> per_12. drop_duplicated()
   id  name   age  height
0   1  wang   18     70
1   2  li     19     70
2   3  zhang  20     75
3   4  liu    21     80
5   5  zhou   22     66
```

在上述程序中，同样创建了一个 per_12 的 DataFrame 对象，之后调用 dro_puplicated()方法执行删除重复值操作。从输出结果可以看出，name 列中的值为 liu 的数据只出现了一次，重复数据已被删除。

3. 异常值清洗

异常值是指样本中的个别数据值明显偏离所属样本的其他观测值，这些数据是不合理的、错误的。使用箱形图可以检测数据集中的异常值。

(1) 百分位数。X_1，X_2，…，X_n 是一组从大到小排列的 n 个数据，处于 p%位置的值称为第 p 百分位数，中位数是第 50 百分位数。第 25 百分位数又称为第一个四分位数，用 Q1 表示。第 50 百分位数又称为第二个四分位数，用 Q2 表示。第 75 百分位数又称为第三个四分位数，用 Q3 表示。

如果求得第 p 百分位数为小数，可以向上取整为整数。利用分位数可以检测数据的位置，但它所获得的不一定是中心位置。利用百分位数能够提供数据项在最小值与最大值之间分布的信息。对于无大量重复的数据，第 p 百分位数将它分为两个部分。大约 p%的数据项的值比第 p 百分位数小，而大约(100－p)%的数据项的值比第 p 百分位数大。第 p 百分位数是这样一个值，它使得至少有 p%的数据项小于或等于这个值，且至少有(100－p)%的数据项大于或等于这个值。高等院校的入学考试成绩经常以百分位数的形式描述。

例如，假设某个考生在入学考试中的数学的原始分数为 54 分。相对于参加同一考试的其他学生，并不容易知道他的成绩如何。但是如果原始分数 54 分恰好对应的是第 70 百分位数，就能知道大约 70%的学生的考分比他低，约 30%的学生考分比他高。

(2) 箱形图。箱形图的绘制使用了常用的统计量，最适宜提供有关数据的位置和分散情况的关键信息，尤其对于不同的母体数据更可表现其差异。常用的统计量为平均数、中位数、百分位数、四分位数、全距、四分位距、变异数和标准差。

箱形图提供了一种只用 5 个点对数据集做简单总结的方式。这 5 个点包括中点、Q1、Q3、分部状态的高位和低位。形象地分为中心、延伸以及分部状态的全部范围。箱形图中最重要的是对相关统计点的计算，这些统计点都可以通过百分位计算方法得到。

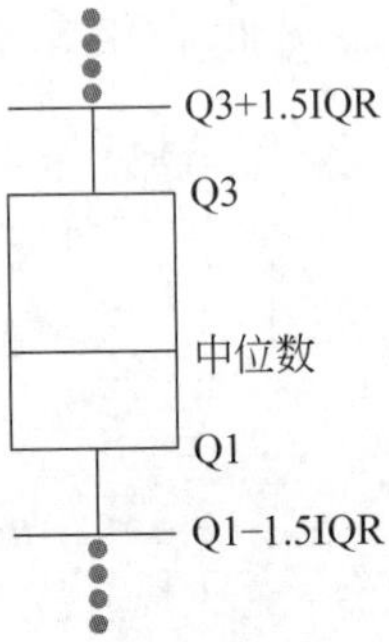

箱形图的结构如图 15-3 所示，主要包含六个数据，分别是上边缘 Q3＋1.5IQR，上四分位数 Q3，中位数，下四分位数 Q1，下边缘 Q1－1.5IQR，还有用“·”表示的异常值区域。其中四分位数差(interquartile range，IQR) IQR＝Q3－Q1。大于上四分位数 1.5 倍四分位数差的值，或者小于下四分位数 1.5 倍四分位数差的值，划为异常值。

图 15-3 箱形图

为了从箱形图中找出异常值，Pandas 提供了一个 boxplot()方法，专门用于绘制箱形图。例如，将一组带有异常值的数据集绘制成箱形图的程序如下：

```
import pandas as pd
import matplotlib.pyplot as plt

df_2=pd.DataFrame({'a':[1,2,4, 6],
                   'b':[2,3,5,28],
                   'c':[1,4,7,4]
                   'd':[1,5,25,3]})
df_2.boxplot(column=['a','b','c','d'])
plt.show()
```

程序运行结果如图 15-4 所示。

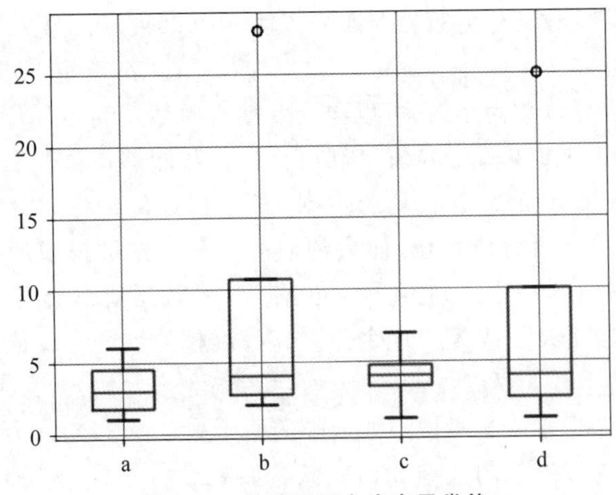

图 15-4 从箱形图中找出异常值

在 df_2 对象中含有 16 个数据，其中有 14 个数据的数值位于 10 以内，还有两个数值比 10 大得多，从输出的箱形图可以看出，b 列和 d 列各有一个离散点，表明利用箱形图检测出了异常值。

通常采用下述三种方式处理这些异常值：

- 直接将含有异常值的数据删除。
- 不处理，直接在具有异常值的数据集上进行分析。
- 利用缺失值的处理方法修正异常值。

15.4 数据处理程序案例

15.4.1 数据规范化程序

数据规范化处理主要包括数据同趋化处理和无量纲化处理两个方面。数据同趋化处理主要解决不同性质的数据问题，对不同性质的指标直接加总不能正确反映不同作用力的综合结果，须先考虑改变逆指标数据性质，使所有指标对测评方案的作用力同趋化，再加总才能得出正确结果。数据无量纲化处理主要解决数据的可比性。数据规范化的方法有很多种，常用的有最小-最大规范化、Z-score 规范化和按小数定标规范化等。

数据规范化可将原来的度量值转换为无量纲的值。通过将属性数据按比例缩放，将一个函数给定属性的整个值域映射到一个新的值域中，即每个旧的值都被一个新的值替代。更准确地说，将属性数据按比例缩放，使之落入一个较小的特定区域，就可实现属性规范化。例如将数据－3、35、200、79、62 转换为 0.03、0.35、2.00、0.79、0.62。对于分类算法，例如，神经网络学习算法以及最临近分类和聚类的距离度量分类算法的规范化作用巨大，有助于加快学习速度。规范化可以防止具有较大初始值域的属性与具有较小初始值域的属性相比较的权重过大。

为了消除指标之间的量纲和取值范围差异的影响，需要进行标准化(归一化)处理，将数据按照比例进行缩放，使之落入一个特定的区域，便于进行综合分析。常用的数据规范化方法主要有最小-最大规范化和零-均值规范化等方法，相应的规范化程序如下：

```
import pandas as pd
import numpy as np

datafile_01 = 'normalization_data.xls'       #指定路径参数值
data_01 = pd.read_excel(datafile_01, header = None)
                                             #按 datafile 指定的路径读取数据
max_min=(data - data.min())/(data.max() - data.min())  #最小-最大规范化
zero_aver=(data - data.mean())/data.std()    #零-均值规范化
print('max_min',max_min)
print(========================)
print('zero_aver',zero_aver)
```

15.4.2 数据清洗程序

1. 将本地 SQL 文件写入 MySQL 数据库

本地文件为 source，写入 Python 数据库的 xyz 表中。其中数据量为 9616 行，包括 title、link、price、comment 四列。使用 Python 查看数据的程序如下：

```
import numpy as np
import pandas as pd
import matplotlib.pylab as plt
import mysql.connector

conn=mysql.connector.connect(host='localhost',user='root', asswd='202020',
db='python')                                        #链接本地数据库
sql = 'select * from xyz'                           #SQL 语句
data_01 = pd.read_sql(sql,conn)                     #获取数据
print(data_01.describe())                           #汇总统计
```

2. 缺失值处理

```
a=0                                                 #行计数器
for i in data-01.columns:
    for j in range(len(data_01)):
        if (data_01[i].isnull()) [j]:               #isnull()函数判断是否为缺失值，该处
                                                    #为缺失值，返回 true

            data_01[i][j]='35'
            a+=1
    print(a)                                        #指明了修改 data-01 的 a 行的数据
```

3. 异常值处理

```
#绘制散点图，价格为横轴
data_02 = data_01.T                                 #转置
price = data_02.values[2]
comments = data_02.values[3]
plt.plot(price,comments,'o')
plt.xlabel('price')
plt.ylabel('comments')
plt.show
```

程序运行结果如图 15-5 所示，从图中可以看出，在 price 值为 0 时 comment 值较大，可以认为这是一个异常值。

假设异常值的阈值设置为 20 万，如果 comment 大于 20 万个数据时，则将 comment 设置为 58。程序如下：

```
cont_ columns = len(data_01)                        #获取总行数
#遍历数据进行处理
for i in range(0,cont_ columns):
```

```
    if(data_01.values[i][3]>200000):
        data_01[i][3]='58'
```

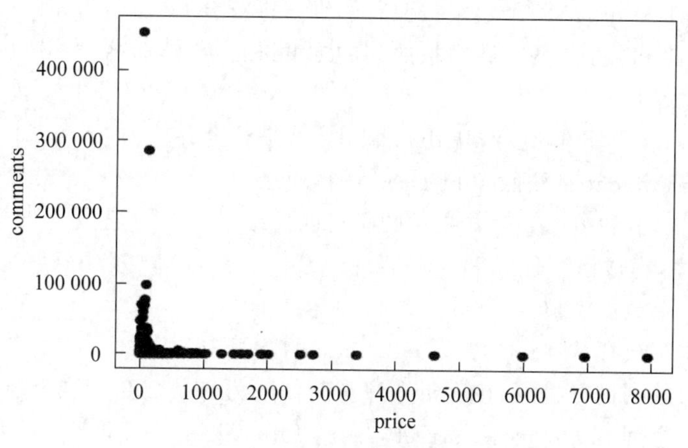

图 15-5　价格与评论数的关系

本章小结

本章介绍了urllib、NumPy和Pandas标准库，主要内容包括网页数据采集、Pandas的索引操作、数据排序、数据预处理和数据处理程序案例等。NumPy和Pandas功能强大，应用广泛，特别适用于数据处理，掌握这些内容可以提高基于Python语言程序设计的数据处理能力。

习　题　15

1. 编写程序，完成以下任务：

(1) 将数据集存入一个名为data_set的数组中。

(2) 查看前10行的内容。

(3) 统计数据集中的列数。

(4) 打印出全部的列名称。

(5) 查看数据集的索引。

2. 编写程序，完成以下任务：

(1) 将数据库命名为students。

(2) 统计出各科平均分最高的学生。

(3) 打印出某科分数最高的学生。

(4) 打印出某科平均分。

(5) 打印出某科分数最低的学生。

3. 编写程序，完成以下任务：

(1) 创建 DataFrame。

(2) 将上述的 DataFrame 分别命名为 data1、data2、data3。

(3) 将 data1 和 data2 两个数组按照行的维度进行合并,命名为 all_data。

(4) 将 data1 和 data2 两个数组按照列的维度进行合并,命名为 all_data_col。

(5) 打印 data3。

(6) 按照 subject_id 的值对 all_data 和 data3 进行合并。

(7) 对 data1 和 data2 按照 subject_id 进行连接。

(8) 找到 data1 和 data2 合并之后的所有匹配结果。

4. 编写程序,完成以下任务:

(1) 创建一个数据字典。

(2) 将数据字典存放在一个名为 pokemon 的数组中。

(3) 对数组的列进行排序,按字母顺序重新修改为 0、1、2、3、4 这个顺序。

(4) 添加一个列 place['park','street','lake','forest']。

(5) 查看每个列的数据类型。

5. 编写程序,完成以下任务:

(1) 将数据集存于变量 data-10 中。

(2) 创建数组的列名称['sepal_length','sepal_width', 'petal_length', 'petal_width', 'class']。

(3) 检测数组中是否有缺失值。

(4) 将列 petal_length 的第 10～19 行设置为缺失值。

(5) 将列 petal_length 的缺失值全部替换为 1.0。

(6) 删除列 class。

(7) 将数组前三行设置为缺失值。

(8) 删除有缺失值的行。

(9) 重新设置索引。

第16章 数据可视化

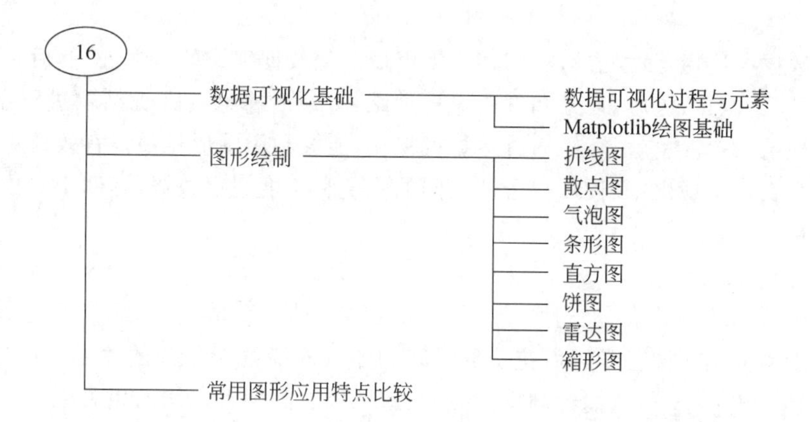

数据可视化技术是大数据技术中的重要分支,利用 Python 的扩展库 Matplotlib 可以快速有效地实现数据可视化。数据可视化和数据挖掘都是分析数据的一种手段,数据挖掘是以代码为探索途径,而数据可视化是将数据转换为图形与图表等可视的形式来进行分析。通过数据可视化不但可以实现分析结果的可视化展示,而且可以通过可视分析获得更有价值的结果。

16.1 数据可视化基础

一幅图画最伟大的价值莫过于它能够使我们实际看到的比期望看到的内容丰富得多。

可视化技术最早运用于计算机科学中,并形成了可视化技术的一个重要分支——科学计算可视化。科学计算可视化能够把科学数据(包括测量获得的数值、图像或是计算中涉及、产生的数字信息)变为以图形图像信息表示并且可能会随时间和空间变化的直观物理现象或物理量呈现在研究者面前,使他们能够观察、模拟和计算。

16.1.1 数据可视化过程与元素

1. 数据可视化的基本过程

数据可视化是利用计算机图形学和图像处理技术将数据转换成图形或图像在屏幕上显示出来,并进行交互处理的理论、方法和技术。它涉及计算机图形学、图像处理、计算机视觉、计算机辅助设计等多个领域,成为研究数据表示、数据处理、决策分析等一系列问题的综合技术。目前,正在飞速发展的虚拟现实技术也是以图形图像的可视化技术为依托。

数据可视分析是指将数据以图形与图表的形式表示并使用数据分析工具来发现未知的信息过程。

数据可视化的基本过程如图 16-1 所示。

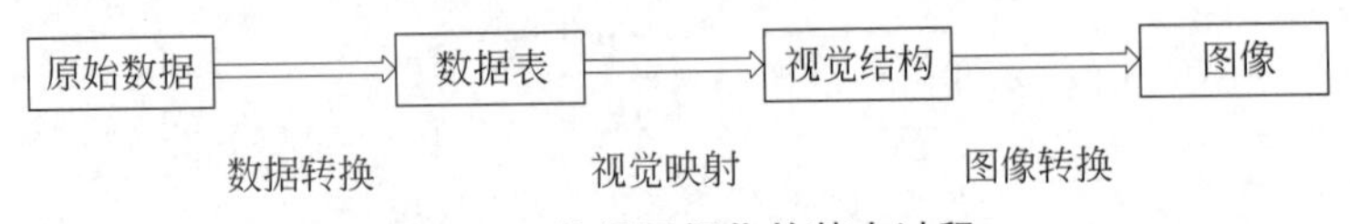

图 16-1 数据可视化的基本过程

原始数据经过规范化处理,将其转换为由规范化数据组成的数据表,然后将表中的数据映射成形状、位置、色彩、尺寸和方向等视觉结构,最后将这些视觉结构进行组合,转换成图形呈现给用户。也就是说,通过数据可视化,能够利用图形化手段有效地将数据中的各种属性和变量呈现出来,使用户可从不同的维度和角度观察数据,有助于对数据进行更深入的分析。

2. 基本的视觉元素

(1) 基本的视觉元素有三种:点、线、柱状等。对于数值类型,用点来进行可视化。例如寻找学生为某科课程学习所花费的时间和考试成绩两者之间的关系,可以将每个学生的数据绘制成一个点,从而绘制出散点图,就可以看到两者之间的相关性。

(2) 对于时间序列的数据类型,用线条来进行可视化。用线条将相关的数据点连接在一起,就可以观察到随着时间变化的数据变化趋势,这样的折线图叫做趋势图。

(3) 对于分类数据,需要查看数据是如何在各个类别之间分布的,可以使用柱状图。用来表示第三个维度时,可以使用颜色。一般很难在二维平面上表示三维数据,这时可以使用颜色视觉元素,通过颜色或大小(气泡图)表示用户热衷的区域。

16.1.2 Matplotlib 绘图基础

在 Matplotlib 图形中,图的最上方是标题 title,用来给图形起名字。坐标轴 Axis 中的横轴叫 x 坐标轴 xlabel,纵轴叫 y 坐标轴 ylabel。图例 Legend 代表图形中的内容。网格 Grid 用虚线表示。Markers 表示点的形状。

1. Matplotlib 常用绘图函数

Matplotlib 是一个 Python 的二维绘图库,通过 Matplotlib 库,开发者可以完成折线图、散点图、条形图、饼图、直方图和雷达图等多种图形的绘制。绘图需要定义 x 轴和 y 轴上的值,并且绘制图形属性和添加文本。属性为:颜色、形状标记、线条和 axis 坐标轴范围;文本为:坐标轴、标题和点坐标、注释坐标和箭头形状等。Matplotlib 常用绘图函数如下所述。

在绘图之前,需要一个 figure 对象,可以将其看作是一张空白的画布,用于容纳图表的各种组件,例如图例和坐标等。

在默认的方式下,可以在画布上创建简单的图形,默认的画布是一个固定大小的白色画布。如果需要绘制更为复杂的图形,则需要在绘制之前,首先使用 figure()函数创建画布。

(1) figure()函数。可以使用figure()函数创建画布,其格式为:

```
plt.figure(num=None, figsize=None, dpi=None, facecolor=None, edgecolor=None,
frameon=True)
```

其中:

① plt: Matplotlib扩展库的别名。

② num: 图像编号或名称,其中数字为编号,字符串为名称。

③ figsize: 指定figure的宽和高,单位为英寸。

④ dpi: 指定绘图对象的分辨率,即每英寸多少个像素,默认为80,1英寸等于2.5 cm,A4纸是21 cm×30 cm的纸张。

⑤ facecolor: 正面颜色。

⑥ edgecolor: 边框颜色。

⑦ frameon: 指示是否显示边框。

(2) plot()函数。利用plot()函数可以展现变量的趋势变化。例如:

```
plt.plot(x, y, ls="-", lw=2, label="plot figure")
```

其中:

① x: x轴上的数值。

② y: y轴上的数值。

③ ls: 折线图的线条风格。

④ lw: 折线图的线条宽度。

⑤ label: 标记图内容的标签文本。

例如,figure(figsize=(4,3),facecolor='blue')表示figure的宽为4英寸,高为3英寸,正面颜色为蓝色。

(3) linspace()函数。linspace()函数是按线性方法在指定区间取数,但它不像range()那样能指定步长,这是它们之间的区别。如linspace(m,n,z),z是指定在m与n之间取点的个数,另外它取点的区间是[m,n],即包括终点n。例如linspace(10,15,5)是指在10~15取5个点,包括终点15。

例如,绘制cos(x)图形。

```
import matplotlib.pyplot as plt
import numpy as np

x = np.linspace(0. 5, 10, 100)                    #取100个点
y = np.cos(x)                                     #计算100个点的cos(x)值
plt.plot(x, y, ls="-", lw=2)
plt.show()
```

程序运行结果如图16-2所示。

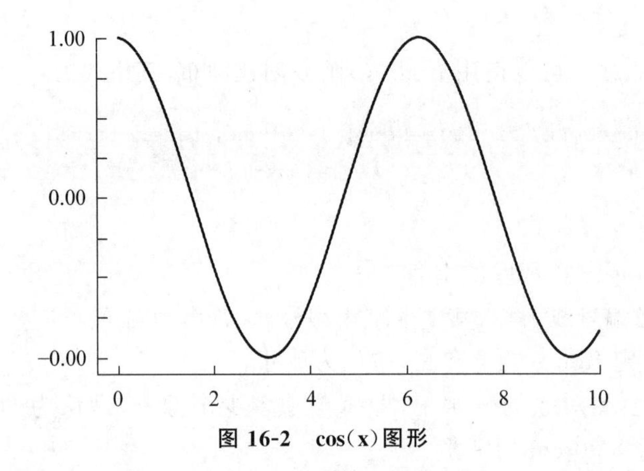

图 16-2　cos(x)图形

2. 绘制直线与折线

```
import matplotlib.pyplot as plt

fig=plt.figure(figsize=(4,3))                          #创建自定义的空白画布
plt.plot([1,2,3,4])
plt.show()
```

程序运行结果如图 16-3 所示。

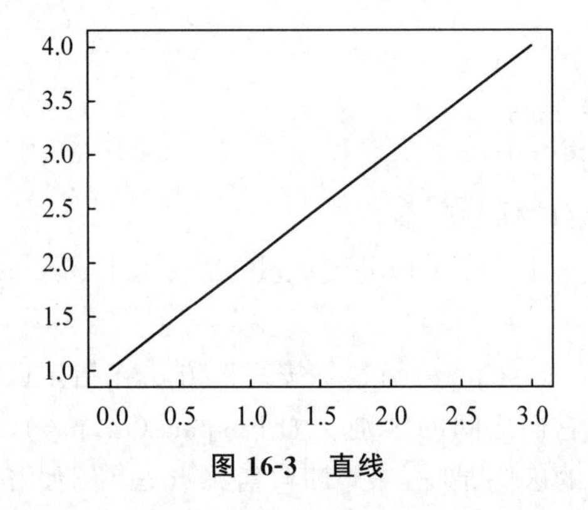

图 16-3　直线

X 轴和 Y 轴上的取值分别是 0～3 和 1～4 的原因是，为 plot()命令提供了一个列表作为在 Y 轴上的取值，并且自动生成 X 轴上的值。因为 Python 中的范围是从 0 开始的，因此 X 轴就是从 0 开始，其长度与 Y 轴的长度相同，也就是[0,1,2,3]。

plot()命令的参数可以是任意数量的列表，例如：

```
plt.plot([1, 2, 3, 4], [1, 4, 9, 16])
```

其中有两个列表作为参数，表示的是(x,y)对：(1,1)(2,4)(3,9)(4,16)。还有第三个可选参数，它是字符串格式的，表示颜色和线的类型。例如：

```
import matplotlib.pyplot as plt
```

```
plt.plot([1,2,3,4], [1,4,9,16], 'black')
plt.axis([0, 6, 0, 20])
plt.show()
```

程序运行结果如图 16-4 所示。

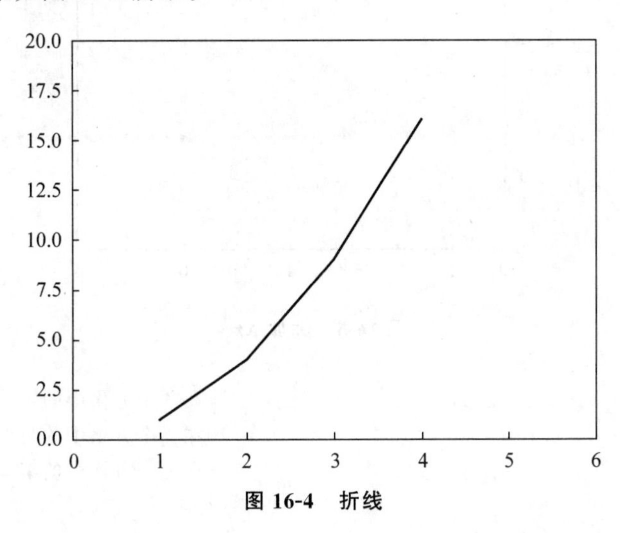

图 16-4　折线

axis()命令可以获取和设置 X 轴和 Y 轴的属性。

Matplotlib 不仅限于使用上面那种列表,通常还可以使用 NumPy 数组,并将所有的序列都在内部转换成 NumPy 数组。

3. 多图形和多坐标系

plot 所有的绘图命令都是应用于当前坐标系。当创建 figure 对象之后,还需要设置绘图的基准坐标系,即需要添加坐标。例如:

```
fig = plt.figure()
ax = fig.add_subplot(111)
ax.set(xlim=[0, 8], ylim=[0, 5], title='An Axes',ylabel='Y', xlabel='X')
plt.show()
```

运行上述程序,可以在一幅图上添加了一个 Axes,然后设置这个 Axes 的 x 轴以及 y 轴的取值范围,如图 16-5 所示。

使用 fig.add_subplot(112)完成添加 Axes,参数(111)表明在画板的第 1 行第 1 列的第 2 个位置生成一个 Axes 对象来准备绘画。也可以通过 fig.add_subplot(2, 2, 1)的方式生成 Axes,其中前面两个参数确定了面板的划分,例如"2,2"表示将整个面板划分成 2×2 的方格,第 3 个参数表示第 3 个 Axes。如果都为个位数,则(2, 2, 1)与(221)等效,否则需要写成(x, y, z)形式。title='An Axes'表示 Axes 对象的标题,ylabel='y'和 xlabel='x'分别标记 y 轴和 x 轴。

例如:

```
fig = plt.figure()
```

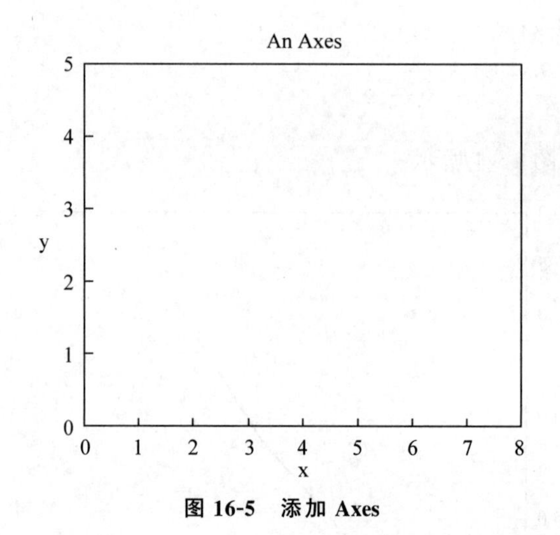

图 16-5　添加 Axes

```
ax1 = fig.add_subplot(221)                   #在 4 个方格中的第 1 个方格添加 Axes
ax2 = fig.add_subplot(222)                   #在 4 个方格中的第 2 个方格添加 Axes
ax4 = fig.add_subplot(224)                   #在 4 个方格中的第 4 个方格添加 Axes
plt.show()
```

程序运行结果如图 16-6 所示。

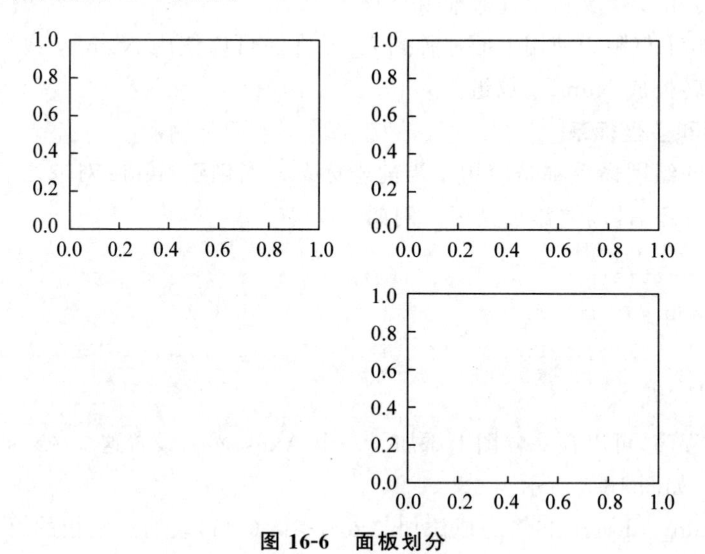

图 16-6　面板划分

4. 创建子图的方法

创建子图的方法较多，下面介绍两种常用的方法。

(1) 利用 subplots()函数创建子图。subplots()语法格式如下：

```
subplots(nrows,ncols,sharex,sharey,subplot_kw,**fig_kw)
```

subplots()参数说明如表 16-1 所示。

表 16-1 subplots()参数说明

参 数	说 明
nrows	subplot 行数
ncols	subplot 列数
sharex	所有 subplot 使用相同的 x 轴刻度,调节 xlim 将影响所有 subplot
sharey	所有 subplot 使用相同的 y 轴刻度,调节 ylim 将影响所有 subplot
subplot_kw	用于创建各 subplot 的关键字字典
**fig_kw	创建 figure 时的其他关键字,如 plt.subplots(2,2,figsize=(8,6))

使用 subplot()函数可以将画布划分为 n 个子图,但每条 subplot()函数只创建一个子图。例如:

```
import matplotlib.pyplot as plt

fig,axes=plt.subplots(2,2,figsize=(5,4),sharex=False,sharey=False)
#创建一个被分割为四个子图的 figure 对象,不具有公用坐标轴
x=[1,2,3]
y=[8,5,4]
axes[1,1].plot(x,y)                              #在第 2 行第 2 列的子图上绘图
plt.subplots_adjust(wspace=0,hspace=0.1)    #调整子图间的间隙
#wspace 和 hspace 分别用于控制间距宽度和高度的百分比
plt.show()
```

程序运行结果如图 16-7 所示。

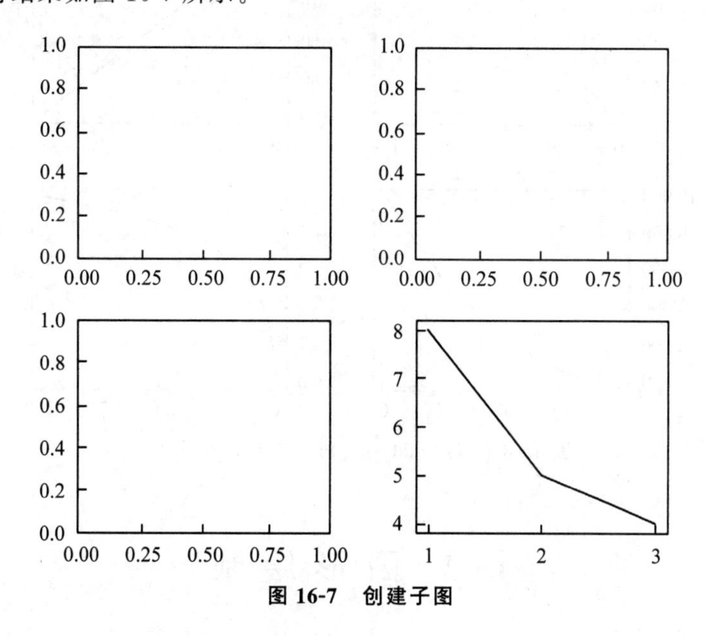

图 16-7 创建子图

(2) 利用 add_subplot()创建子图。利用 add_subplot()的创建子图的语法格式如下：

```
ax=fig.add_subplot(xxx)
```

其中,xxx 为子图编号。

例如,绘制 4 个子图的程序如下：

```
import numpy as np
import matplotlib.pyplot as plt

x = np.arange(0, 100)
fig = plt.figure()
ax1 = fig.add_subplot(221)
ax1.plot(x, x)
ax2 = fig.add_subplot(222)
ax2.plot(x, -x)
ax3 = fig.add_subplot(223)
ax3.plot(x, x ** 2)
ax4 = fig.add_subplot(224)
ax4.plot(x, np.log(x))
plt.show()
```

程序运行结果如图 16-8 所示。

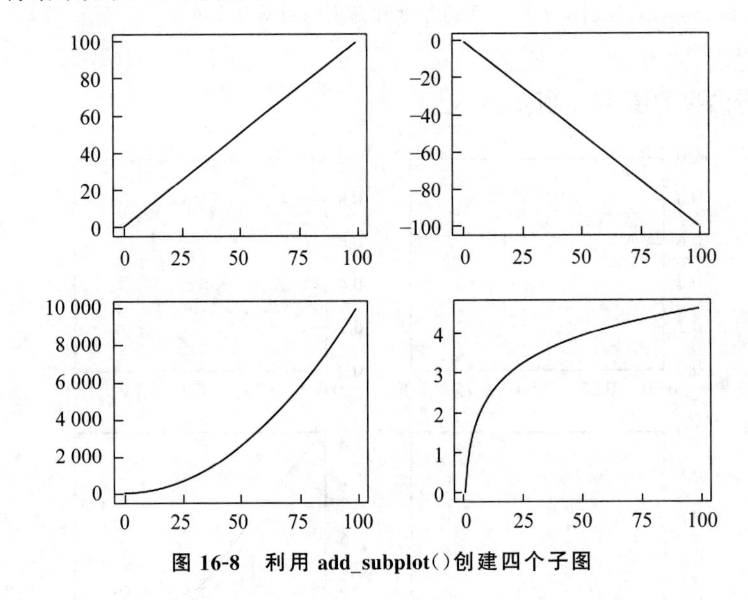

图 16-8 利用 add_subplot()创建四个子图

16.2 图 形 绘 制

在这里,给出利用 Python 绘制常用图形的方法。

16.2.1　折线图

折线图可以显示随时间而变化的数据，适用于显示在相等时间间隔下数据的趋势，尤其适合二维的大数据集并且趋势比单个数据点更重要的场合，折线图是趋势图的一种常用展示方式。在折线图中，类别数据沿水平轴均匀分布，所有值数据沿垂直轴均匀分布，如图 16-9 所示。

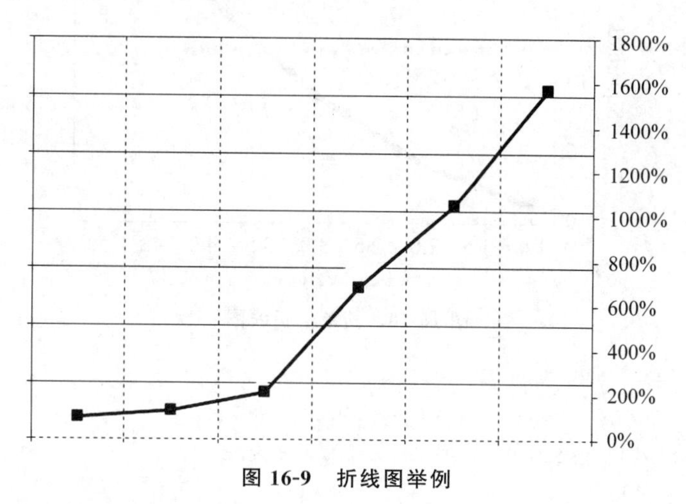

图 16-9　折线图举例

折线是最基本的数据可视化方式，绘制折线的程序如下：

```
import matplotlib.pyplot as plt

input = [1, 2, 3, 4, 5]
squares = [1, 4, 9, 16, 25]
plt.plot(input, squares, linewidth=5)
plt.title("Square Numbers", fontsize=14)
plt.xlabel("Value", fontsize=12)
plt.ylabel("Square of Value", fontsize=12)
plt.tick_params(axis='both', labelsize=10)
plt.show()
```

程序说明如下：

- 导入 matplotlib.pyplot 模块并赋予其别名 plt。
- plot()函数：将存放了一组平方数的列表传入 plot()，根据这些数据绘制出图形。再调用 show()函数，将图形显示出来。实参 linewidth＝5 指定了折线的宽度。
- title()函数：使用 title()可为图标添加标题，实参 fontsize＝24 指定了文字尺寸，在后面的方法中该参数含义相同。
- xlabel()函数和 ylabel()函数：分别为 x 轴和 y 轴命名。
- tick_params()函数：设置坐标轴刻度的样式，实参 axis＝'both'表示同时设置两条轴，也可以指定为 x 轴或 y 轴分别单独设置。

程序运行结果如图 16-10 所示。

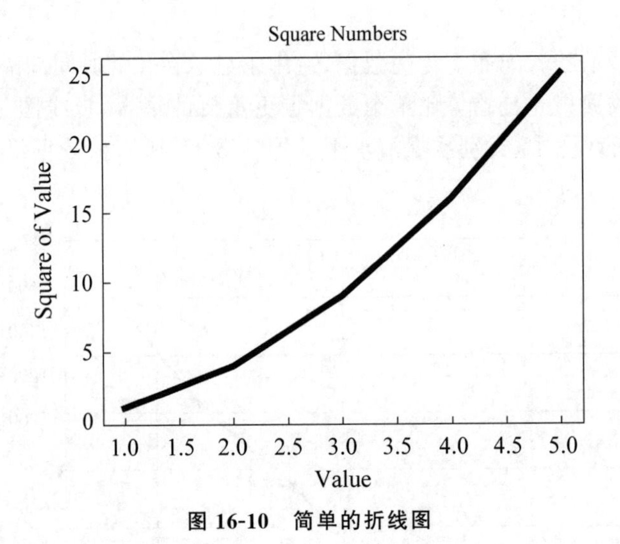

图 16-10 简单的折线图

又如：

```
import matplotlib.pyplot as plt
import numpy as np

#将-10000~10000 区间等分成 100 份
y=x**2+x**3+x**7
x=np.linspace(-10000,10000,100)
plt.plot(x,y)
plt.show()
```

程序运行结果如图 16-11 所示。

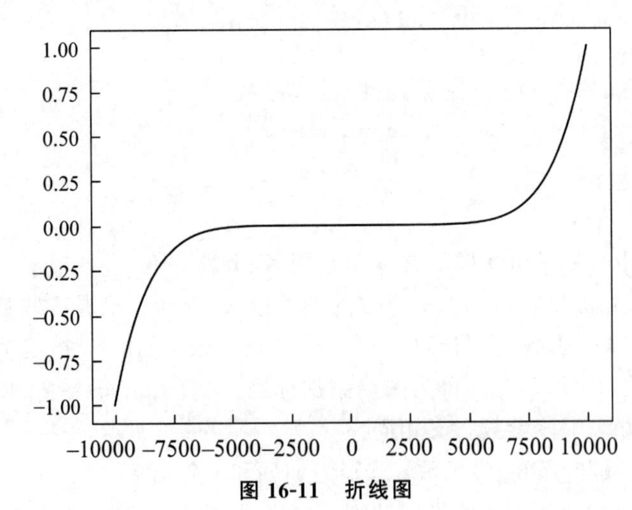

图 16-11 折线图

1. 平滑折线

SciPy 是高级科学计算库，它与 NumPy 联系很密切，SciPy 一般都是操控 NumPy 数组来进行科学计算和统计分析，所以是它基于 NumPy 之上。SciPy 有很多子模块可以应对不同的应用，例如插值运算、优化算法等。可以说，SciPy 是在 NumPy 的基础上构建的功能更强大、应用领域也更广泛的科学计算包。

使用 SciPy 库可以平滑折线。例如，平滑前的折线如图 16-12 所示，它是运行下述程序后得到的。

```
import matplotlib.pyplot as plt
import numpy as np

T = np.array([6, 7, 8, 9, 10, 11, 12])
power = np.array([1.53E+03, 5.92E+02, 2.04E+02, 7.24E+01, 2.72E+01, 1.10E+01,
4.70E+00])
plt.plot(T,power)
plt.show()
```

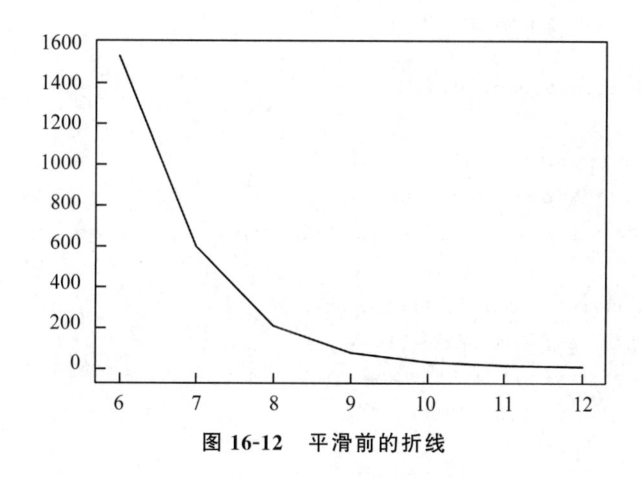

图 16-12 平滑前的折线

使用 scipy.interpolate.spline()方法平滑曲线，程序如下：

```
import matplotlib.pyplot as plt
import numpy as np

T = np.array([6, 7, 8, 9, 10, 11, 12])
power = np.array([1.53E+03, 5.92E+02, 2.04E+02, 7.24E+01, 2.72E+01, 1.10E+01,
4.70E+00])
from scipy.interpolate import spline
xnew = np.linspace(T.min(),T.max(),300) #300 represents number of points to
make between T.min and T.max
power_smooth = spline(T,power,xnew)
plt.plot(xnew,power_smooth)
plt.show()
```

程序运行结果如图 16-13 所示。

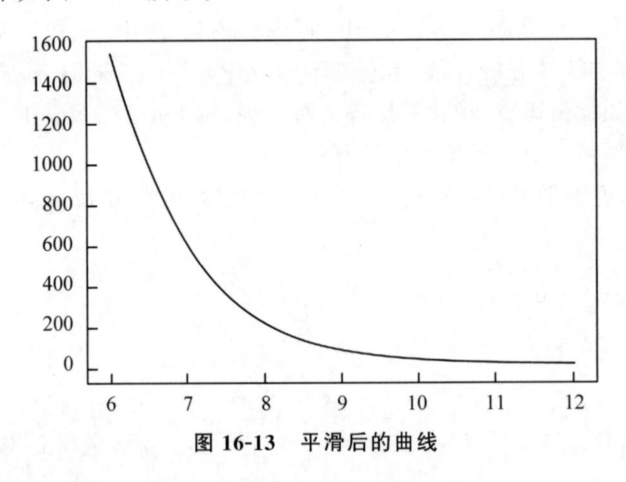

图 16-13　平滑后的曲线

2. 基于散点的折线图

在绘制折线图时，可以使用 plot()方法来接收数据。而对于基于散点的折线图，则需要使用 scatter()方法来接收数据。例如：

```
import matplotlib.pyplot as plt

xvalues = list(range(1, 101))
syvalues = [x ** 2 for x in xvalues]
plt.scatter(xvalues, yvalues, c= yvalues, cmap=plt.cm.Blues, edgecolors= 'none',
s=40)
plt.title("Square Numbers", fontsize=24)
plt.xlabel("Value", fontsize=14)
plt.tick_params(axis="both", labelsize=14)
plt.axis([0, 110, 0, 11000])
plt.show()
```

上述程序说明如下：

① xvalues 和 yvalues 定义的数据源分别对应 x 轴的输入值和 y 轴的输出值，相互间的关系为 y 轴的输出值是 x 轴输入值的平方。在 Python 中，range()方法的含义是产生一个可迭代的对象，它与列表相似，例如在遍历 range(1, 101) 并输出 1～100 之间的值时。但是它与列表有本质区别，即它在迭代的情况下返回的是一个索引值，而非在内存中真正生成一个列表对象，所以执行 print(range(1, 101))后，将得到的结果是 range(1, 101)，而非一个 1～100 之间的列表。为了得到一个真正的列表，则需要与 list()方法结合使用。可以把代码[x ** 2 for x in xvalues]看成遍历列表 xvalues，每次遍历时都将取出一个 x 值，并计算它的平方值放入 yvalues 中，生成一个列表。

② scatter()方法与 plot()方法相似，都是负责接收数据并绘制图形，可以通过传入实参 c、edgecolors、s，分别指定散点颜色、散点边缘颜色和散点大小。在本段程序代码中，则是通过颜色映射设置颜色，即代码中的实参 cmap 结合 c=y_values 绘制出散点，并

根据 y 轴的值由小到大逐渐加深颜色。

③ axis()方法：指定每个坐标轴的取值范围，即[xmin，xmax，ymin，ymax]。

程序运行结果当然是在项目目录下生成如图 16-14 所示的基于散点的折线图。

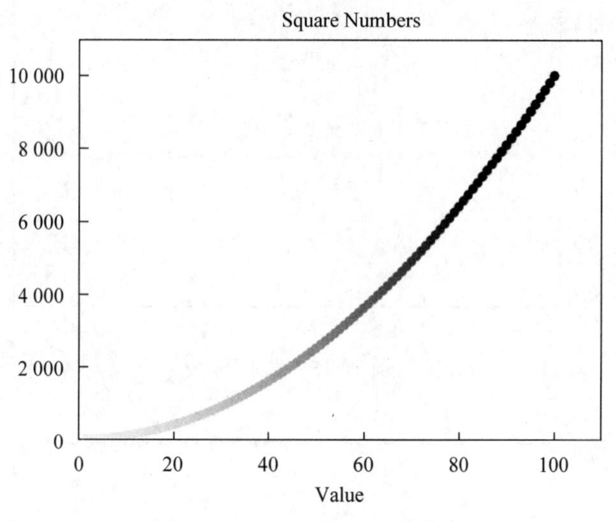

图 16-14　基于散点的折线图

16.2.2　散点图

散点图将只画出点，但是不用线连接起来，绘制散点图的程序如下：

```
import matplotlib.pyplot as plt
import numpy as np

x = np.arange(10)
y = np.random.rand(10)
plt.scatter(x, y, color='red', marker='+')
plt.show()
```

程序运行结果如图 16-15 所示。

也可用下述代码实现：

```
import matplotlib.pyplot as plt
import numpy as np

x = np.random.rand(10)
y = np.random.rand(10)
plt.scatter(x,y)
plt.show()
```

程序运行结果如图 16-16 所示。

在下述的程序中，x 表示 x 轴，y 表示 y 轴，s 表示圆点面积，c 表示颜色，marker 表示

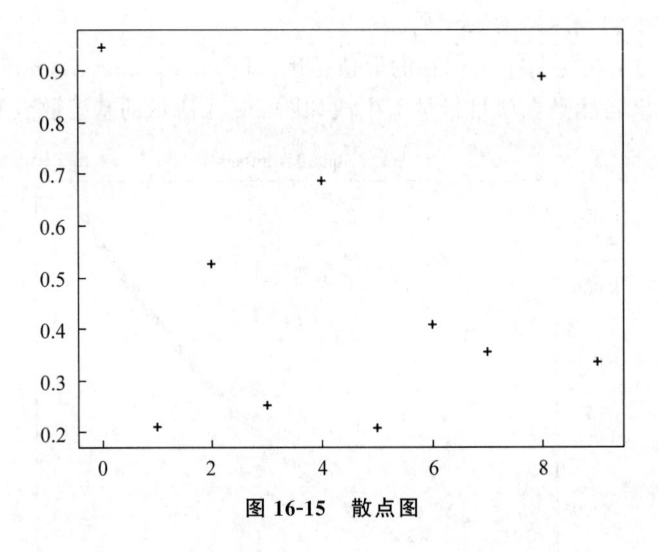

图 16-15 散点图

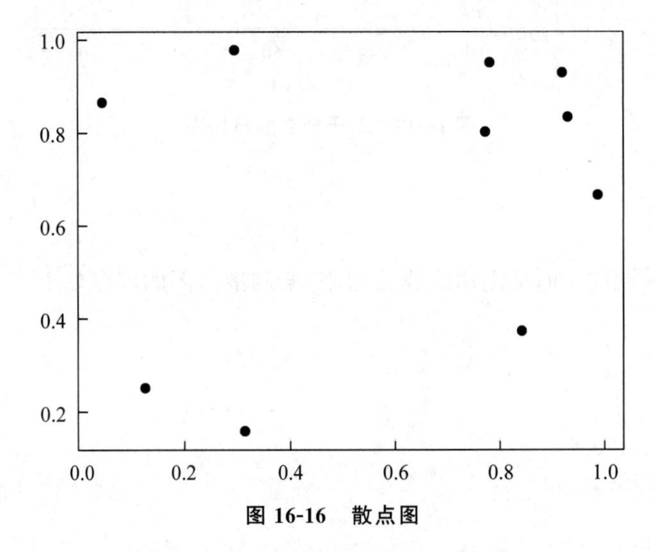

图 16-16 散点图

圆点形状,alpha 表示圆点透明度。绘制 50 个点的散点图的程序如下:

```
import matplotlib.pyplot as plt
import numpy as np

N=50
#height=np.random.randint(150,180,20)
#weight=np.random.randint(80,150,20)
x=np.random.randn(N)
y=np.random.randn(N)
plt.scatter(x,y,N=50,c='blue',marker='o',alpha=0.5)
plt.show()
```

程序运行结果如图 16-17 所示。

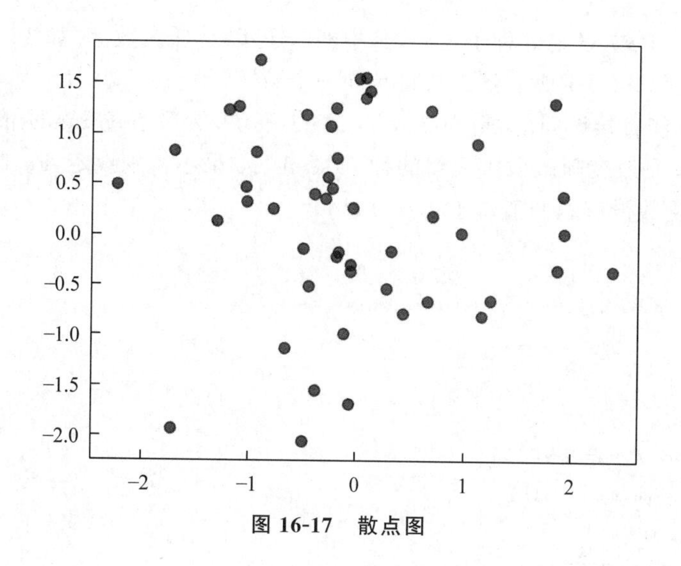

图 16-17 散点图

16.2.3 气泡图

气泡图是可用于展示三个变量之间的关系。它与散点图类似，绘制时将一个变量放在横轴，另一个变量放在纵轴，而第三个变量则用气泡的大小来表示，如图 16-18 所示。

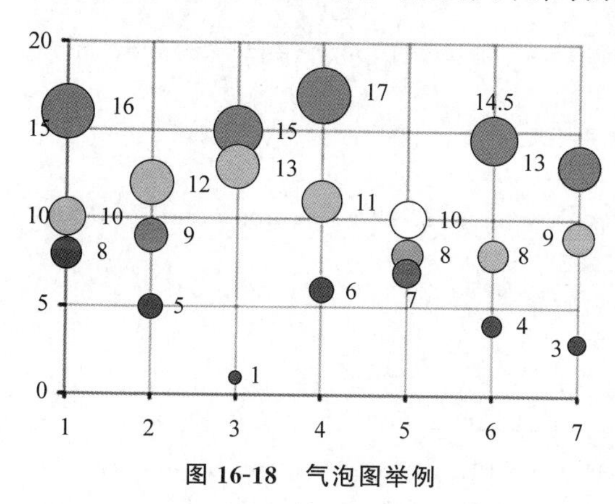

图 16-18 气泡图举例

气泡图是一种散点图，加入了第三个值可以理解成普通散点，画的是二维，气泡图体现了第三维 z 的大小。在绘制气泡图时经常用到 seed()方法。

1. seed()方法

seed()的功能是改变随机数生成器的种子，可以在调用其他随机模块函数之前调用此函数。seed()语法格式如下：

```
import random

random.seed (x)
```

调用 random.random() 生成随机数时，每一次生成的数都是随机的。但是，当预先使用 random.seed(x) 设定好种子之后，其中的 x 可以是任意数字，如 10，在先调用它的情况下，使用 random()生成的随机数将是同一个数字。

seed()是不能直接访问的，需要导入 random 模块，然后通过 random 静态对象调用该方法。参数 x 是改变随机数生成器的种子 seed。如果不特别设定，Python 系统将完成选择 seed。本函数没有返回值。

例如：

```
#!/usr/bin/python
#-*- coding: UTF-8 -*-
import random

print (random.random())
print (random.random())

print ("-----seed-----")
random.seed( 10 )
print("Random number with seed 10 : ", random.random())

#生成同一个随机数
random.seed( 10 )
print("Random number with seed 10 : ", random.random())

#生成同一个随机数
random.seed( 10 )
print("Random number with seed 10 : ", random.random())
```

程序运行结果如下：

```
0.31689457928
0.78969784712
------- set seed -------
Random number with seed 10 :  0.69270593140
Random number with seed 10 :  0.69270593140
Random number with seed 10 :  0.69270593140
```

例如：

```
import matplotlib.pyplot as plt
import numpy as np

np.random.seed(10001)
N = 50
x = np.random.rand(N)
y = np.random.rand(N)
colors = np.random.rand(N)
```

```
area = (30 * np.random.rand(N))**2                  #0 to 15 point radii

plt.scatter(x, y, s=area, c=colors, alpha=0.5)
plt.show()
```

程序运行结果如图16-19(1)所示。

2. 从散点图到气泡图

```
import sys, os
import matplotlib.pyplot as plt
import numpy as np
import random

#气泡散点图
def scatterplot_bubble():
    N=80
    x=np.random.rand(N)                             #随机获取 x<1 的数字 80 个
    y=np.random.rand(N)                             #随机获取 y<1 的数字 80 个
    colors=['red','green','gray','purple','yellow','orange','blue']
                                                    #定义颜色的列表
    random_colors=random.sample(colors,7)           #随机排列颜色
    area=np.pi * (np.random.rand(N) * 10)**2        #计算每个随机散点的大小
    plt.scatter(x,y,c=random_colors,s=area)         #绘制散点图
    plt.show()                                      #显示绘制的图
if __name__ == '__main__':                          #当前模块为主模块
    plot=scatterplot_bubble()
```

程序运行结果如图16-19(2)所示。

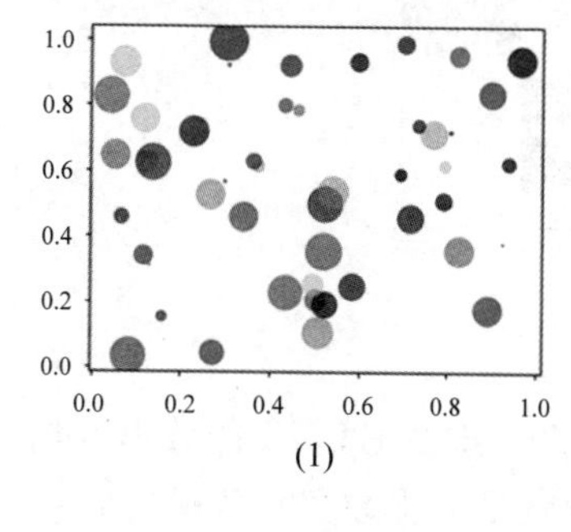

(1)

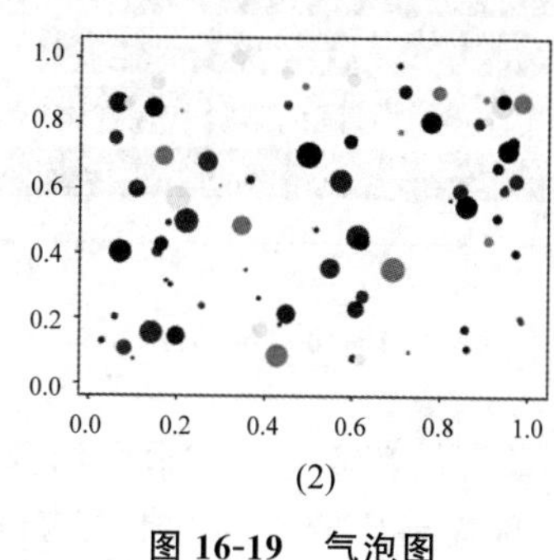

(2)

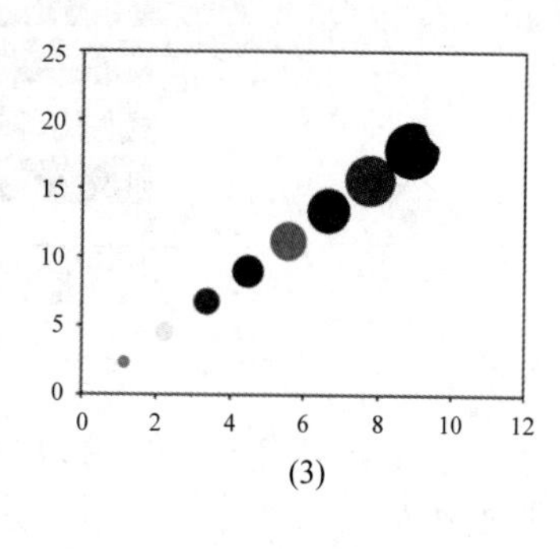

(3)

图16-19　气泡图

【例16-1】 绘制气泡图。

绘制从小到大的气泡图的程序如下：

```
import matplotlib.pyplot as plt
import numpy as np

x = np.linspace(0.05, 10, 10)
```

```
y = x * 2
sValue = x * 3                    #大小随着 x 增大而变大
cValue = ['r','orange','yellow','g','b','c','purple','red','black','white']
lValue = sValue                   #线宽
plt.scatter(x,y, c = cValue ,s = sValue * 10, linewidth = lValue, marker = 'o')
plt.xlim(0,12)
plt.ylim(0,25)
plt.show()
```

程序运行结果如图 16-19(3)所示。

16.2.4 条形图

条形图是指使用宽度相同的条形并用其高度或长短表示数据多少的图形,条形图可以是水平的,也可以垂直的,水平条形图如图 16-20 所示。

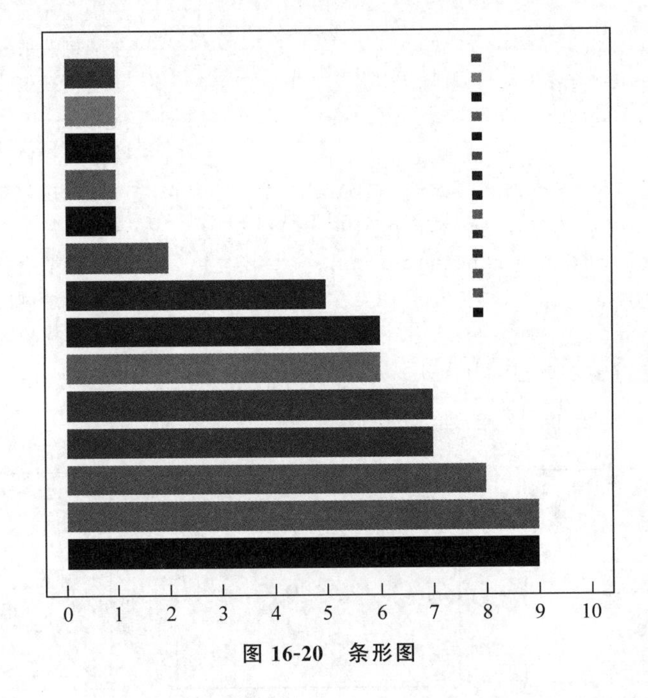

图 16-20 条形图

条形图是最常用的图表,也最容易解读。它的适用场合是二维数据集(每个数据点包括两个值 x 和 y),但只有一个维度需要比较。例如年销售额就是二维数据,"年份"和"销售额"就是它的两个维度,但只需要比较"销售额"这一个维度。条形图利用柱子的高度,反映数据的差异。肉眼对高度差异很敏感,辨识效果非常好。条形图的局限在于只适用于中小规模的数据集。通常条形图的 x 轴是时间维,用户习惯性认为存在时间趋势。如果遇到 x 轴不是时间维的情况,建议用颜色区分每根柱子,改变用户对时间趋势的关注。在图 16-20 中,右上角带色彩的小方框标注了各种色彩条形表示的含义。

基本条形图要满足下述三个原则:

① 有效,能够向读者传递重要信息。

② 简洁，尽量用最少的图形传递最多的信息。

③ 美观，图形美观实用。

1. bar()函数

使用bar()函数绘制条形图，其语法格式如下：

```
bar(left, height, width, color, align, yerr)
```

left为x轴的位置序列，一般由arange()函数产生一个序列；height为y轴的数值序列，也就是柱形图的高度，就是需要展示的数据；width为条形图的宽度，一般为1；color为条形图填充的颜色；align设置plt.xticks()函数中的标签位置；yerr让条形图的顶端空出一部分。

其中：

(1) plt.title('图的标题')函数：为图形添加标题。

(2) plt.xticks(* args, **kwargs)函数：设置x轴的值域。

(3) plt.legend(* args, **kwargs)函数：添加图例。参数必须为元组legend((line1, line2, line3), ('label1', 'label2','label3'))。

(4) plt.xlim(a,b)函数：设置x轴的范围。

(5) plt.ylim(a,b)函数：设置y轴的范围。

(6) Plt.xticks(* args, **kwargs)函数：获取或者设置x轴当前刻度的标签。

2. 垂直条形图

【例16-2】 绘制垂直条形图。

将三个连锁店A、B、C某一天的销售额(Gross Sales Value,GSV)使用垂直条形图表示的程序如下：

```
import matplotlib.pyplot as plt

values = [120.3, 139.2, 92.9]
width=0.35
plt.bar(range(3), values,width, align='center', color='steelblue', alpha=0.8)
                                                              #绘图
plt.title('GSV')                                              #添加标题
plt.xticks(range(3),['A ', 'B', 'C '])                        #添加刻度标签
plt.ylim([50, 150])                                           #设置y轴的刻度范围
for x, y in enumerate(values):                                #为每个条形图添加数值标签
plt.text(x, y + 100, '%s' %round(y, 1), ha='center')
plt.show()
```

程序运行结果如图16-21所示。

enumerate()方法和round()方法说明如下。

for循环使用enumerate()：

```
>>>seq = ['one', 'two', 'three']
>>> for i, element in enumerate(seq):
```

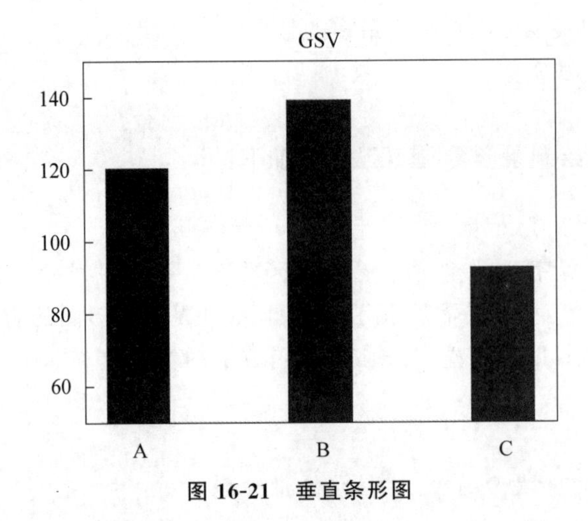

图 16-21 垂直条形图

```
print(i, element)
0 one
1 two
2 three
```

round() 方法返回浮点数 x 的四舍五入值。语法格式为 round(x[, n]),其中 x 是数值表达式,n 表示小数位数。返回的浮点数是 x 的四舍五入值。

例如:

```
>>>round(80.23456,2)
80.23
>>>round(100.000056,3)
100.000
```

3. 水平条形图

【例 16-3】 绘制水平条形图。

表示某商品在 A、B、C、D、E 商店的销售价的水平条形图的程序如下:

```
import matplotlib.pyplot as plt                                  #导入绘图模块

price = [39.1, 39.6, 44.9, 39.1, 32.38]                          #构建数据
plt.barh(range(5), price, align='center', color='blue', alpha=0.8)  #绘图
plt.xlabel('price')                                              #添加轴标签
plt.yticks(range(5),['A', 'B', 'C', 'D', 'E'])                   #添加刻度标签
plt.xlim([32, 47])                                               #设置 x 轴的刻度范围
for x, y in enumerate(price):                                    #为每个条形图添加数值标签
plt.text(y +0.1, x, '%s' % y va='center')
plt.show()
```

程序运行结果如图 16-22 所示。

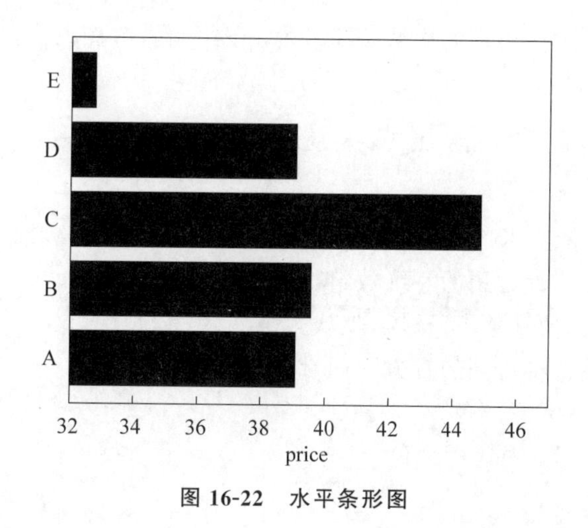

图 16-22　水平条形图

16.2.5　直方图

直方图用于统计数据出现的次数或者频率，一般用于观察数据的分布情况，其中横轴将根据观测到的数据选择合适的范围进行范围分段，即将整个观测数据的范围分成一系列间隔。每一个间隔称为一个组距，然后计算每个间隔中有多少值。每个间隔中的值称为频数，用纵轴来代表频数就是频数直方图，此时直方图中的面积无意义。根据纵轴表示的不同，另一种直方图称为频率直方图。在频率直方图中，在统计出每一个间隔中的频数后，将频数除以总的观测数，就得到了每一个间隔中的频率，然后将频率除以组距（每一个间隔的宽度），即用纵轴来表示频率/组距的大小，除以组距的目的是为了使频率直方图的阶梯形折线将逼近于概率密度曲线。也就是说，当观测数据充分大时，频率直方图近似地反映了概率密度曲线的基本形状，在统计推断中常由此提出对总体分布形式的假设。

直方图是一种二维统计图表，它的两个坐标分别是统计样本和该样本对应的某个属性的度量，六种不同形状的直方图如图 16-23 所示。

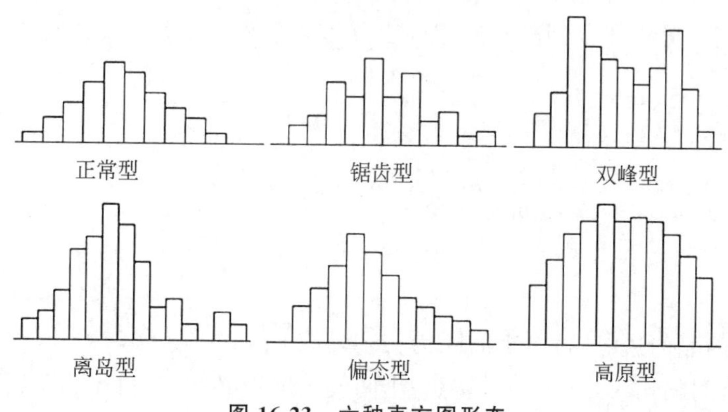

图 16-23　六种直方图形态

直方图用于统计数据出现的次数或者频率，在绘制直方图时，经常使用 hist()函数。hist()函数的调用格式如下：

```
hist(arr, bins=10, normed=0, facecolor='black', edgecolor='black', alpha=1,
hiettype='bar')
```

hist()的参数非常多，但常用的有如下 7 个，只有第一个是必须的，后面的可选。

(1) arr：需要计算直方图的一维数组。

(2) bins：直方图的柱数，可选项，默认为 10。

(3) normed：是否将得到的直方图向量归一化，默认为 0。

(4) facecolor：直方图颜色。

(5) edgecolor：直方图边框颜色。

(6) alpha：透明度。

(7) hiettype：直方图类型，可选择 bar、barstacked、step 或 stepfilled。

返回值如下：

- n：直方图向量，是否归一化由参数 normed 设定。
- bins：返回各个 bin 的区间范围。
- patches：返回每个 bin 里面包含的数据，是一个列表。

【例 16-4】 绘制直方图。

(1) 自动生成有 1000 组均值为 0、方差为 1 的分布数据且指定间隔数为 50 的直方图的程序如下：

```
import numpy as np
import matplotlib.pyplot as plt

data = np.random.normal(0,1,1000)
n, bins, patches =plt.hist(data,50)
plt.show()
```

程序运行结果如图 16-24(1)所示。

(2) 使用列表分为 4 个间隔。使用列表分为 4 个间隔的直方图的程序如下：

```
import numpy as np
import matplotlib.pyplot as plt

data = np.random.normal(0,1,1000)
n, bins, patches = plt.hist(data,[-3,-2,0,1,3])
plt.show()
```

指定的是间隔的边缘，每一个间隔为[−3,−2) [−2,0) [0,1) [1,3]。除了最后一个间隔外，所有间隔均为左闭右开。每一个间隔长度不必相等，位于指定间隔外的数据将直接忽略。程序运行结果如图 16-24(2)所示。

(3) 在[−3,3]的范围内划分 10 个间隔的直方图。如果通过指定 bins 整数来确定间

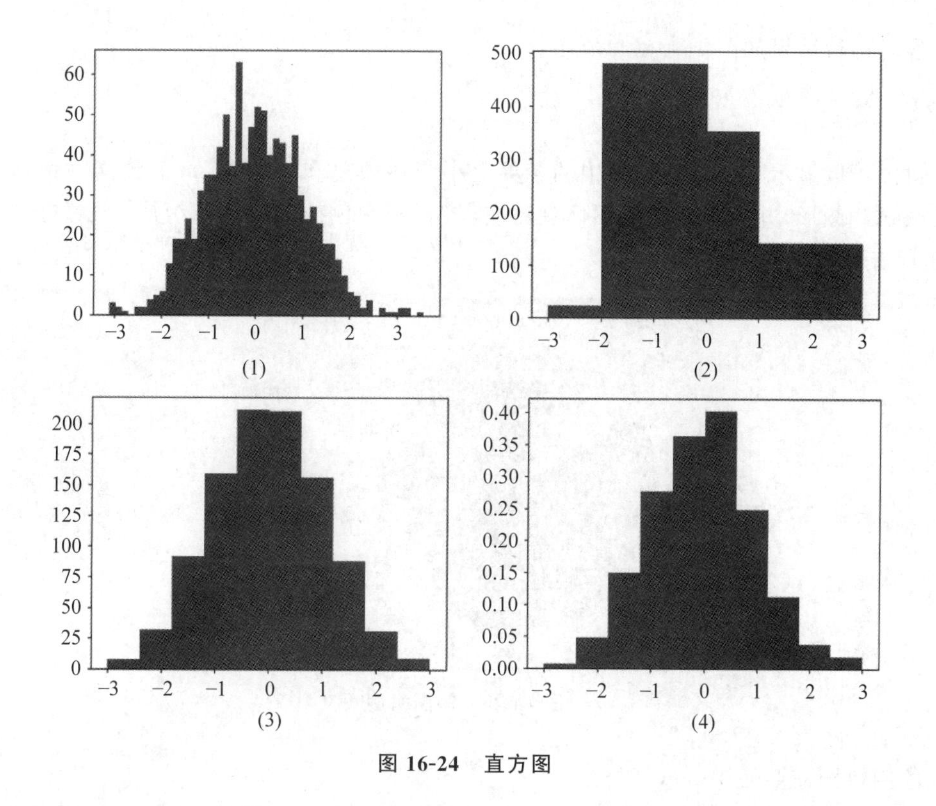

图 16-24　直方图

隔，那么就可以在整个区间上进行分割，但是如果在一定范围内进行分割，就可以利用 range 配合 bins 参数实现，range 的类型为 tuple 型，指定间隔(min，max)。

如果在[－3，3]的范围内划分 10 个间隔来绘制直方图，程序如下：

```
import numpy as np
import matplotlib.pyplot as plt

data = np.random.normal(0,1,1000)
n, bins, patches = plt.hist(data,10,(-3,3))
plt.show()
```

程序运行结果如图 16-24(3)所示。

(4) 频率直方图。上述为频数直方图，如果需要频率直方图，可通过函数中的参数 density 设定，density 的类型是 bool 型，如 density 指定为 True，则为频率直方图；反之则为频数直方图。程序如下：

```
import numpy as np
import matplotlib.pyplot as plt

data = np.random.normal(0,1,1000)
n, bins, patches = plt.hist(t,10,(-3,3),density = True)
plt.show()
```

程序运行结果如图 16-24(4)所示。

16.2.6 饼图

饼图可以显示一个数据序列中的各项大小与各项总和的比例，每个数据序列具有唯一的映射和图形，并与图例中的颜色相对应，将相同颜色的数据标记组成一个数据系列，如图 16-25 所示。

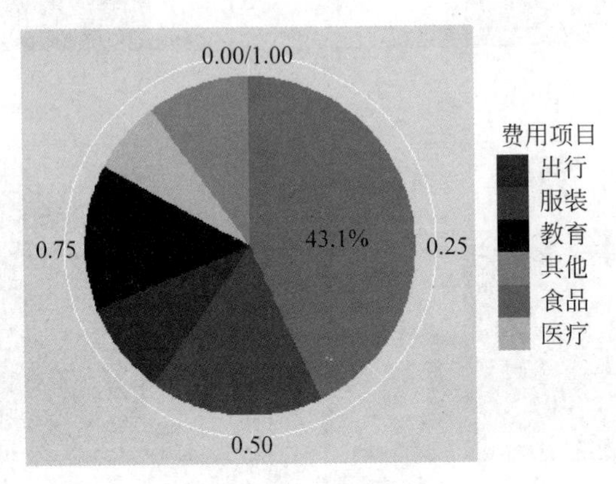

图 16-25 饼图举例

绘制饼图需要使用 pie()方法。

1. pie()方法

pie()方法的语法格式如下：

```
pie(x, explode=None, labels=None, colors=('b', 'g', 'r', 'c', 'm', 'y', 'k', 'w'),
autopct=None,pctdistance=0.6,shadow=False,labeldistance=1.1,startangle=
None, radius = None, counterclock = True, wedgeprops = None, textprops = None,
center = (0, 0), frame = False )
```

上述参数说明：

① x：每一块所占比例，如果 sum(x) > 1，则使用 sum(x)归一化。

② labels：每一块饼图外侧显示的说明文字。

③ explode：每一块饼图离开中心的距离，即指定饼图某些部分的突出显示。

④ startangle：起始绘制角度，默认是从 x 轴正方向逆时针画起。如设定=90，则从 y 轴正方向画起。

⑤ shadow：是否显示阴影。

⑥ labeldistance：设置各扇形标签(图例)与圆心的距离。

⑦ autopct：自动添加百分比显示，可以采用格式化的方法显示。

⑧ pctdistance：设置百分比标签与圆心的距离。

⑨ radius：控制饼图半径。

返回值如下：

- 如果没有设置 autopct，则返回(patches, texts)。

- 如果设置 autopct,则返回(patches, texts, autotexts)。
- patches -- list --matplotlib.patches.Wedge 对象。
- texts autotexts --matplotlib.text.Text 对象。

2. 绘制正圆形饼状图的程序

```
import matplotlib.pyplot as plt

labels = ['A','B','C','D']
x = [15,30,45,10]
plt.pie(x,labels=labels,autopct='%3.2f%%')  #显示百分比
plt.axis('equal')                          #设置x,y的刻度一样,使其饼图为正圆形
plt.show()
```

3. 绘制饼状图并设置文本标签属性值的程序

```
import matplotlib.pyplot as plt

labels = ['A','B','C','D']
x = [15,30,45,10]
plt.pie(x,labels=labels,autopct='%3.2f%%',textprops={'fontsize':18,'color':'k'})
                                           #显示百分比,设置字体大小为18,颜色为黑色
plt.axis('equal')                          #设置x,y的刻度一样,使其饼图为正圆形
plt.show()
```

4. 设置起始角度的程序

```
import matplotlib.pyplot as plt

labels = ['A','B','C','D']
x = [15,30,45,10]
explode = (0,0.1,0,0)                      #饼图分离
#startangle为起始角度,0表示从0开始逆时针旋转,为第一块
plt.pie(x, labels=labels, autopct='%3.2f%%', explode=explode, shadow=True,
startangle=60)
plt.axis('equal')                          #设置x,y的刻度一样,使其饼图为正圆形
plt.legend()
plt.show()
```

程序运行结果如图16-26(1)所示。

5. 基于子图的饼图程序

利用饼图表示A、B、C、D四种类型所占的百分比,程序如下:

```
labels = 'A', 'B', 'C', 'D'
sizes = [15, 30, 45, 10]
explode = (0, 0.1, 0, 0)                   #only "explode" the 2nd slice (i.e. 'Hogs')

fig1, (ax1, ax2) = plt.subplots(2)
```

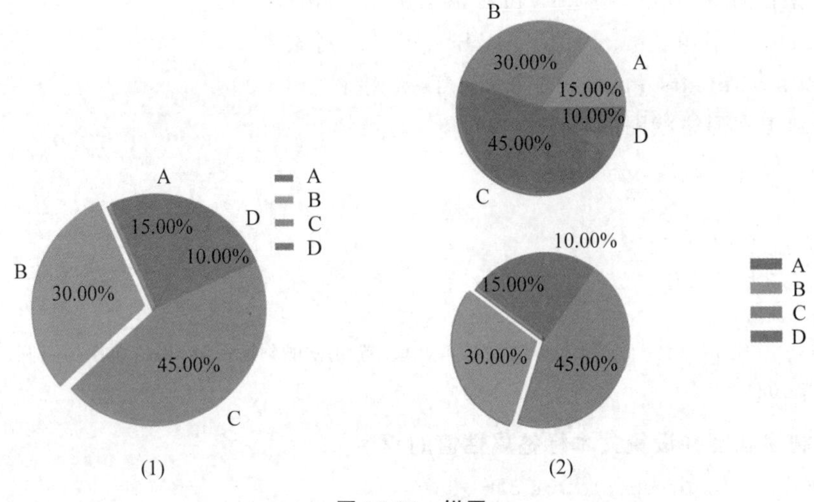

图 16-26 饼图

```
ax1.pie(sizes, labels=labels, autopct='%1.1f%%', shadow=True)
ax1.axis('equal')
ax2.pie(sizes,autopct='%1.2f%%',shadow=True,startangle=90, xplode=explode,
pctdistance=1.12)
ax2.axis('equal')
ax2.legend(labels=labels, loc='upper right')
plt.show()
```

程序运行结果如图 16-26(2)所示，程序自动根据数据的百分比画出了饼图。其中，labels 是各个块的标签；autopct＝%1.1f%%表示格式化百分比的精确输出；explode 表示突出某些块，不同的值突出的效果不一样。pctdistance＝1.12 表示距离圆心的距离，默认为 0.6。

16.2.7 雷达图

雷达图将一个样本的各项指标所得的数字或比率，就其比较重要的指标集中划在一个圆形的图表上，来表现一个样本各项指标重要比率的情况，使用者能一目了然地了解样本各项数据的变动情形及其好坏趋向程度。雷达图适用于多维数据(四维以上)，且每个维度必须可以排序。但是，雷达图的一个局限就是数据点数不宜太多，否则无法辨别，因此适用场合有限，如图 16-27 所示。

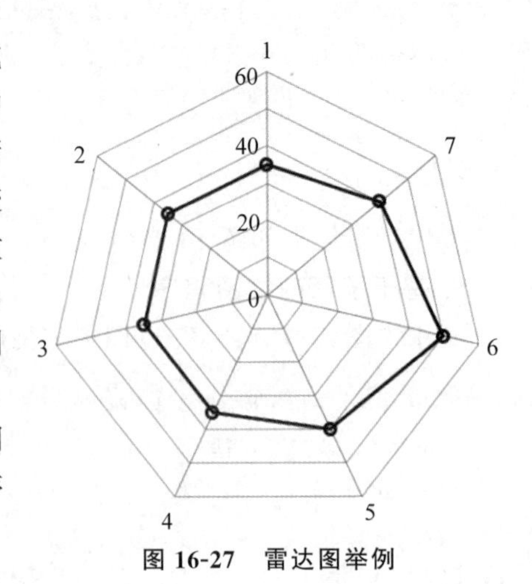

图 16-27 雷达图举例

雷达图是一个封闭的图形，可以利用 Matplotlib 画出多个点并连成封闭图形，程序如下：

```
import matplotlib.pyplot as plt
import numpy as np

#绘制多个点,并且第一个点与最后一个点相同,使其成为闭合图案
theta = np.array([0.25,0.75,1,1.5,0.25])
r = [20,60,40,80,20]
plt.polar(theta * np.pi,r,"r-",lw=2)
plt.ylim(0,100)
plt.show()
```

程序运行结果如图16-28(1)所示。

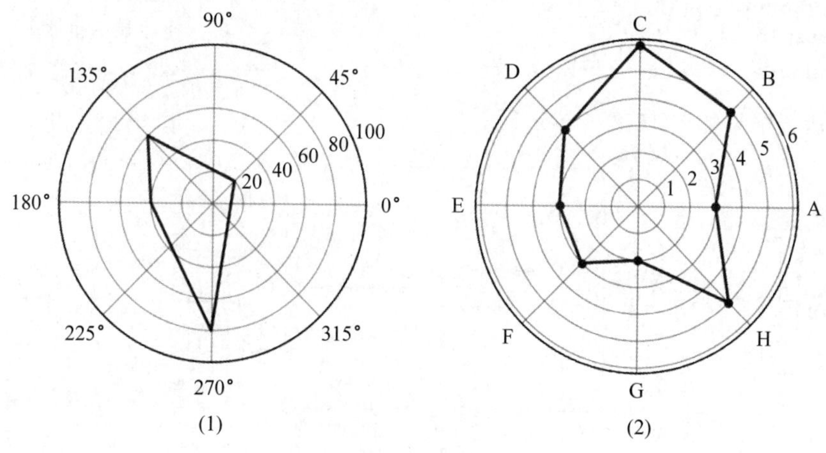

图16-28 雷达图

【例16-5】 绘制能力描述的雷达图。

从事某项工作需要具有的能力为A、B、C、D、E、F、G、H,某人八项得分分别为3、5、6、3、1、3、3、2,其中最高分为6分,绘制其雷达图,程序如下:

```
import numpy as np
import matplotlib.pyplot as plt

labels=np.array(['A','B','C','D','E','F','G','H'])     #设置标签
data_Lenth=8                                           #数据长度
data=np.array([3,5,6,4,3,3,2,5])                       #数据
angles=np.linspace(0, 2 * np.pi, data_Lenth, endpoint=False)
data=np.concatenate((data, [data[0]]))
angles=np.concatenate((angles, [angles[0]]))
fig=plt.figure()
ax=fig.add_subplot(111, polar=True)
ax.plot(angles, data, 'ro-', lw=2)
ax.set_thetagrids(angles * 180/np.pi, labels, fontproperties="SimHei")
ax.grid(True)
plt.show()
```

程序运行结果如图 16-28(2)所示。

16.2.8 箱形图

箱形图主要用于质量管理、人事测评以及探索性数据分析等统计分析活动,尤其可用于识别异常值、判断偏态(非对称分布的偏斜状态)、评估数据集中度等场景。箱形图绘制主要使用 Matplotlib 扩展库。

1. 垂直箱形图绘制程序

```
import matplotlib.pyplot as plt

a = [1,2,3,5]                                   #数据集
plt.boxplot(a)                                  #垂直显示箱形图
plt.show()
```

程序运行结果如图 16-29(1)所示。

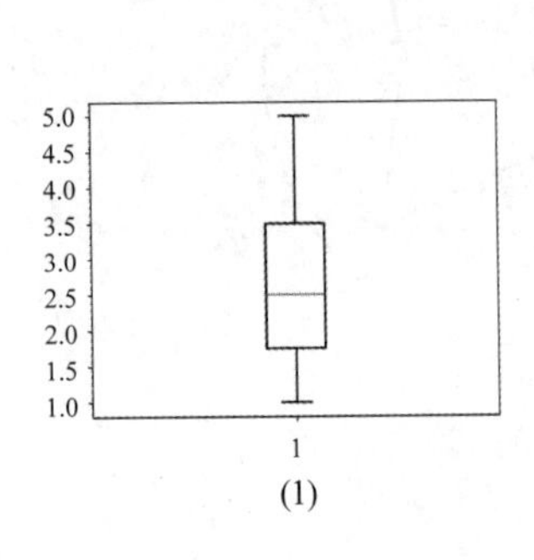

(1)

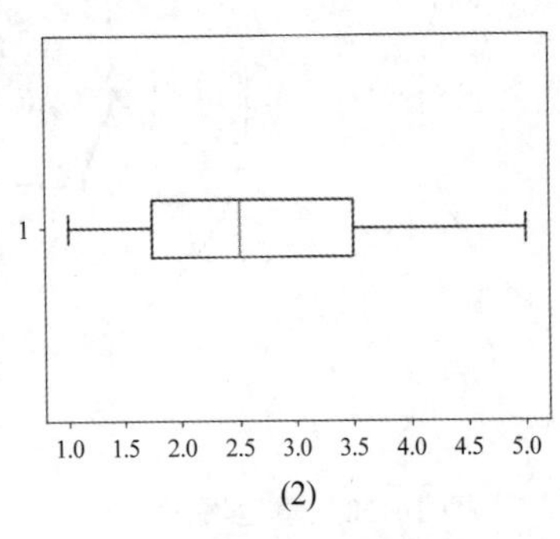

(2)

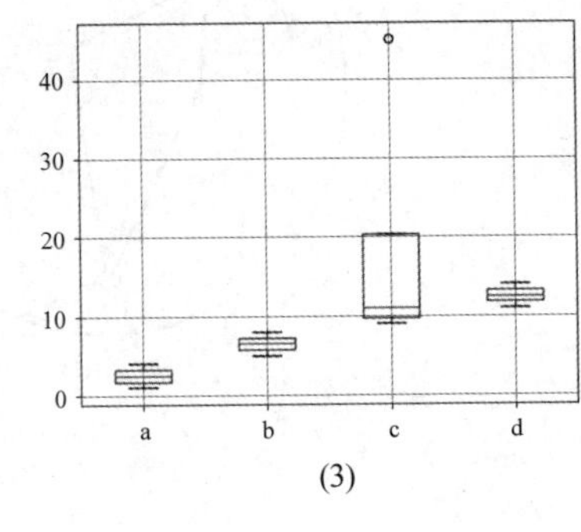

(3)

图 16-29 箱形图

2. 水平箱形图绘制程序

```
import matplotlib.pyplot as plt

a = [1,2,3,5]                                   #数据集
plt.boxplot(a,vert = False)                     #水平显示箱形图
plt.show()                                      #显示该图
```

程序运行结果如图 16-29(2)所示。

3. 多个垂直箱形图绘制程序

在数据框中每列画一个箱线图,总计四个。程序如下:

```
import pandas as pd                             #导入 Pandas
import matplotlib.pyplot as plt

df = pd.DataFrame({'a': [1, 2, 3, 4],
                   'b': [5, 6, 7, 8],
                   'c': [9, 10, 11, 12],
                   'd': [13, 14, 15, 16]})      #用字典去建立数据表
```

```
dt.boxplot()                                    #对数据框中每列画箱形图
plt.show()
```

程序运行结果如图16-29(3)所示，在第3列上有一个离群点。

16.3　常用图形应用特点比较

(1) 条形图

条形图的适用场景是二维数据集(每个数据点包括两个值x和y)，但只有一个维度需要比较。

条形图利用柱子的高度反映数据的差异。肉眼对高度差异很敏感，辨识效果非常好。条形图的局限在于只适用于中小规模的数据集。通常柱状图的x轴是时间维，用户习惯性认为存在时间趋势。如果遇到x轴不是时间维的情况，建议用颜色区分每根柱子，改变用户对时间趋势的关注。

(2) 折线图

折线图适用于二维的大数据集，尤其是那些趋势比单个数据点更重要的场景。它还适用于多个二维数据集的比较。

(3) 饼图

饼图是一种有限使用的图表，因为肉眼对面积大小不敏感。

(4) 散点图

散点图适用于三维数据集，但其中只有两维需要比较。为了识别第三维，可以为每个点加上文字标示，或者使用不同颜色。

(5) 气泡图

气泡图是散点图的一种变体，通过每个点的面积大小反映第三维。气泡图只适用于不要求精确辨识第三维的场合。如果为气泡加上不同的颜色(或文字标签)，气泡图就可用来表达四维数据。

(6) 雷达图

雷达图适用于多维数据(四维以上)，且每个维度必须可以排序。但是其局限性就是数据点不能太多，否则无法辨别，因此应用场景有限。

几种常用图形的比较如表16-2所示。

表16-2　几种常用图形的简单比较

图　表	维　度	关 注 点
条形图	二维	只需比较其中一维
折线图	二维	适用于较大的数据集
饼图	二维	只适用于反映部分与整体的关系
散点图	二维或三维	有两个维度需要比较
雷达图	四维以上	数据点不超过6个

本章小结

Python语言提供了强大的图形图表绘制能力。本章介绍了数据可视化的概念与方法。主要内容包括数据可视化概念、常用的图表类型，以及Matplotlib库的主要功能和使用方法，主要包括图形、多图形和多坐标系、创建子图等。最后介绍了常用图形绘制程序，主要包括折线图、散点图、气泡图、条形图、直方图、饼图、雷达图及箱形图等。通过本章内容的学习，可以为基于Python的数据可视化和可视分析的程序设计建立基础。

习题 16

1. 设计三个子图绘制程序。
2. 设计折线图绘制程序。
3. 设计散点图绘制程序。
4. 设计气泡图绘制程序。
5. 设计条形图绘制程序。
6. 设计直方图绘制程序。
7. 设计饼图绘制程序。
8. 设计雷达图绘制程序。

参 考 文 献

1. 刘宇宙. Python 3.5[M]. 北京：清华大学出版社，2017.
2. 江红，余青松. Python 程序设计与算法基础教程[M]. 北京：清华大学出版社，2017.
3. 黑马程序员. Python 实战编程[M]. 北京：中国铁道出版社，2018.
4. 王学颖. Python 学习从入门到实践[M]. 北京：清华大学出版社，2018.
5. 王茂发. Python 程序设计基础[M]. 北京：北京师范大学出版社，2020.
6. 黑马程序员. Python 数据分析与应用[M]. 北京：中国铁道出版社，2019.
7. 吴惠茹. Python 程序设计[M]. 北京：机械工业出版社，2018.
8. 陈明. 数据科学与大数据技术导论[M]. 北京：清华大学出版社，2021.

图书资源支持

感谢您一直以来对清华版图书的支持和爱护。为了配合本书的使用，本书提供配套的资源，有需求的读者请扫描下方的“书圈”微信公众号二维码，在图书专区下载，也可以拨打电话或发送电子邮件咨询。

如果您在使用本书的过程中遇到了什么问题，或者有相关图书出版计划，也请您发邮件告诉我们，以便我们更好地为您服务。

我们的联系方式：

地　　址：北京市海淀区双清路学研大厦 A 座 714

邮　　编：100084

电　　话：010-83470236　010-83470237

客服邮箱：2301891038@qq.com

QQ：2301891038（请写明您的单位和姓名）

资源下载：关注公众号“书圈”下载配套资源。

资源下载、样书申请

书圈

获取最新书目

观看课程直播